中央高校基本科研业务项目（2652019321）
中国地质大学（北京）研究生教材教改建设专项项目   资助

PLAXIS Python API 案例教程

李亚军　常鹏飞　张　彬　编著

中国建筑工业出版社

图书在版编目（CIP）数据

PLAXIS Python API 案例教程 / 李亚军，常鹏飞，张彬编著. —北京：中国建筑工业出版社，2023.8
ISBN 978-7-112-28879-3

Ⅰ．①P… Ⅱ．①李… ②常… ③张… Ⅲ．①软件工具-程序设计-应用-土木工程-教材 Ⅳ．①TU-39

中国国家版本馆 CIP 数据核字（2023）第 120654 号

PLAXIS 是一款发展成熟、性能好并在国际上广受赞誉的岩土工程通用有限元分析软件。基于命令流的 Python 可使软件的操作完全自动化，不仅方便科研人员进行二次开发，还可为工程设计人员进行大批量的参数化分析提供便利。本书秉承"通过案例学习"的理念，以 Python 命令流的形式讲解 18 个工程案例，使读者一步步学会 PLAXIS Python API 的使用与自动化处理。

本书可作为岩土工程、土木工程、水利工程、地质工程、农业工程等相关专业本科生和研究生有限元辅助教材，也可作为从事岩土工程设计、咨询的工程师和科研人员的参考书。

责任编辑：杨　允　刘颖超
责任校对：党　蕾
校对整理：赵　菲

PLAXIS Python API 案例教程

李亚军　常鹏飞　张　彬　编著

*

中国建筑工业出版社出版、发行（北京海淀三里河路9号）
各地新华书店、建筑书店经销
霸州市顺浩图文科技发展有限公司制版
建工社（河北）印刷有限公司印刷

*

开本：787毫米×1092毫米　1/16　印张：19¼　字数：480千字
2023年10月第一版　2023年10月第一次印刷
定价：75.00元
ISBN 978-7-112-28879-3
（41103）

版权所有　翻印必究
如有内容及印装质量问题，请联系本社读者服务中心退换
电话：（010）58337283　QQ：2885381756
（地址：北京海淀三里河路9号中国建筑工业出版社604室　邮政编码：100037）

前　言

  PLAXIS 软件源于荷兰代尔夫特理工大学（TU Delft）土木与地球科学学院岩土工程系，是一款发展成熟、性能好并在国际上广受赞誉的岩土工程通用有限元分析软件。它操作流程简明清晰，具备强大的建模、计算及后处理功能；能考虑岩土体的非线性、时间相关性、土与结构相互作用及流固耦合、热流耦合等复杂特性，在世界上很多国家和地区被广泛用于各类岩土工程计算分析和辅助设计。PLAXIS 从 2013 年开始陆续推出基于 Python 的应用开发接口（API），到目前为止功能已经非常强大，用户可以使用 Python 来控制 PLAXIS 高效地处理各类复杂工作以及进行二次开发。

  作者李亚军于 2011—2017 年在 Delft 岩土组攻读博士学位及进行博士后研究，早在 2014 年就深度使用 PLAXIS Python API 命令流进行相关工程项目的研究与计算分析（如欧盟项目 PETRUS Ⅲ、荷兰项目 OPERA 的核废料处置地下隧道可靠度分析与安全评价）。在 Delft 期间，PLAXIS 岩土研究中心主管、岩土能力中心经理 Ronald Brinkgreve 博士作为兼职副教授曾讲授课程"Behaviour of Soils and Rocks"，并使用 PLAXIS 作为认识和了解岩土体力学行为的课程软件。近年来作者也使用该软件作为"岩土工程数值分析"的课程软件进行有限元方法的教学。

  目前市面上仍然没有一本相关的 PLAXIS Python API 命令流教程，本书拟弥补现有的空缺。本书不再单独介绍、岩土本构模型等基础理论（相关知识可参考 PLAXIS 官方手册），秉承"通过案例学习"的理念，以 Python 命令流对照的形式，深入解读利用 PLAXIS 进行 18 个岩土工程案例计算分析流程，包括模型构建、参数取值、计算条件设定及计算结果输出与分析的全过程，使读者一步步学会 PLAXIS Python API 的使用与自动化处理，让读者具备基本的"实战"能力。本书可作为土木工程数值分析与工程软件应用系列教程之一，适于岩土工程师、研究人员以及高等院校相关专业师生参考使用。

  全书分为 2 篇，共 19 章。第 1 篇为 PLAXIS Python API 搭建，主要介绍 PLAXIS 远程脚本搭建的配置与测试，以及相关的帮助文档（第 1 章）；第 2 篇为实例演练，包括 18 个案例，第 2～10 章为基础功能案例，第 11 章为循环加载案例，第 12～14 章为渗流相关案例，第 15～17 章为动力相关案例，第 18、19 章为温度相关案例。案例演示视频可扫二维码获取。

  本书的编写由中国地质大学（北京）李亚军、常鹏飞和张彬完成。研究生钱铖、李佳乐、张杰、李厚萱、甘永波、杨鹏靖、余朝军、宋佳鹤、张唯一、王祖荣、贾唯龙、李志澳参与了书稿的整理和校对工作，在此表示感谢。

  由于编者水平所限，书中难免存在疏漏，敬请广大读者批评指正，如有意见和建议，请反馈邮箱：liyajun870824@126.com。

目　　录

第 1 篇　PLAXIS Python API 搭建

1 PLAXIS 远程脚本搭建 ⋯⋯⋯⋯⋯⋯⋯⋯⋯⋯⋯⋯⋯⋯⋯⋯⋯⋯⋯⋯⋯⋯⋯⋯ 2
　1.1 PLAXIS 脚本服务器测试 ⋯⋯⋯⋯⋯⋯⋯⋯⋯⋯⋯⋯⋯⋯⋯⋯⋯⋯⋯⋯⋯ 2
　1.2 PLAXIS 的 Python 模块配置 ⋯⋯⋯⋯⋯⋯⋯⋯⋯⋯⋯⋯⋯⋯⋯⋯⋯⋯⋯ 4
　1.3 简单示例 ⋯⋯⋯⋯⋯⋯⋯⋯⋯⋯⋯⋯⋯⋯⋯⋯⋯⋯⋯⋯⋯⋯⋯⋯⋯⋯⋯ 7
　1.4 其他注意事项 ⋯⋯⋯⋯⋯⋯⋯⋯⋯⋯⋯⋯⋯⋯⋯⋯⋯⋯⋯⋯⋯⋯⋯⋯⋯ 9

第 2 篇　实例演练

2 案例 1：砂土地基上圆形基础沉降分析 ⋯⋯⋯⋯⋯⋯⋯⋯⋯⋯⋯⋯⋯⋯⋯⋯⋯ 13
　2.1 案例 A：刚性基础 ⋯⋯⋯⋯⋯⋯⋯⋯⋯⋯⋯⋯⋯⋯⋯⋯⋯⋯⋯⋯⋯⋯⋯ 14
　2.2 案例 B：柔性基础 ⋯⋯⋯⋯⋯⋯⋯⋯⋯⋯⋯⋯⋯⋯⋯⋯⋯⋯⋯⋯⋯⋯⋯ 27
　2.3 案例 1 完整代码 ⋯⋯⋯⋯⋯⋯⋯⋯⋯⋯⋯⋯⋯⋯⋯⋯⋯⋯⋯⋯⋯⋯⋯⋯ 31
3 案例 2：路堤排水和不排水稳定性 ⋯⋯⋯⋯⋯⋯⋯⋯⋯⋯⋯⋯⋯⋯⋯⋯⋯⋯ 34
　3.1 开始新项目 ⋯⋯⋯⋯⋯⋯⋯⋯⋯⋯⋯⋯⋯⋯⋯⋯⋯⋯⋯⋯⋯⋯⋯⋯⋯⋯ 34
　3.2 定义土层 ⋯⋯⋯⋯⋯⋯⋯⋯⋯⋯⋯⋯⋯⋯⋯⋯⋯⋯⋯⋯⋯⋯⋯⋯⋯⋯⋯ 35
　3.3 创建和指定材料参数 ⋯⋯⋯⋯⋯⋯⋯⋯⋯⋯⋯⋯⋯⋯⋯⋯⋯⋯⋯⋯⋯⋯ 36
　3.4 创建路堤 ⋯⋯⋯⋯⋯⋯⋯⋯⋯⋯⋯⋯⋯⋯⋯⋯⋯⋯⋯⋯⋯⋯⋯⋯⋯⋯⋯ 37
　3.5 生成网格 ⋯⋯⋯⋯⋯⋯⋯⋯⋯⋯⋯⋯⋯⋯⋯⋯⋯⋯⋯⋯⋯⋯⋯⋯⋯⋯⋯ 37
　3.6 定义阶段并计算 ⋯⋯⋯⋯⋯⋯⋯⋯⋯⋯⋯⋯⋯⋯⋯⋯⋯⋯⋯⋯⋯⋯⋯⋯ 38
　3.7 结果 ⋯⋯⋯⋯⋯⋯⋯⋯⋯⋯⋯⋯⋯⋯⋯⋯⋯⋯⋯⋯⋯⋯⋯⋯⋯⋯⋯⋯⋯ 40
　3.8 安全分析 ⋯⋯⋯⋯⋯⋯⋯⋯⋯⋯⋯⋯⋯⋯⋯⋯⋯⋯⋯⋯⋯⋯⋯⋯⋯⋯⋯ 42
　3.9 案例 2 完整代码 ⋯⋯⋯⋯⋯⋯⋯⋯⋯⋯⋯⋯⋯⋯⋯⋯⋯⋯⋯⋯⋯⋯⋯⋯ 46
4 案例 3：水下基坑开挖 ⋯⋯⋯⋯⋯⋯⋯⋯⋯⋯⋯⋯⋯⋯⋯⋯⋯⋯⋯⋯⋯⋯⋯ 49
　4.1 开始新项目 ⋯⋯⋯⋯⋯⋯⋯⋯⋯⋯⋯⋯⋯⋯⋯⋯⋯⋯⋯⋯⋯⋯⋯⋯⋯⋯ 50
　4.2 定义土层 ⋯⋯⋯⋯⋯⋯⋯⋯⋯⋯⋯⋯⋯⋯⋯⋯⋯⋯⋯⋯⋯⋯⋯⋯⋯⋯⋯ 50
　4.3 创建和指定材料参数 ⋯⋯⋯⋯⋯⋯⋯⋯⋯⋯⋯⋯⋯⋯⋯⋯⋯⋯⋯⋯⋯⋯ 51
　4.4 定义结构单元 ⋯⋯⋯⋯⋯⋯⋯⋯⋯⋯⋯⋯⋯⋯⋯⋯⋯⋯⋯⋯⋯⋯⋯⋯⋯ 53
　4.5 生成网格 ⋯⋯⋯⋯⋯⋯⋯⋯⋯⋯⋯⋯⋯⋯⋯⋯⋯⋯⋯⋯⋯⋯⋯⋯⋯⋯⋯ 56
　4.6 定义阶段并计算 ⋯⋯⋯⋯⋯⋯⋯⋯⋯⋯⋯⋯⋯⋯⋯⋯⋯⋯⋯⋯⋯⋯⋯⋯ 57
　4.7 结果 ⋯⋯⋯⋯⋯⋯⋯⋯⋯⋯⋯⋯⋯⋯⋯⋯⋯⋯⋯⋯⋯⋯⋯⋯⋯⋯⋯⋯⋯ 60
　4.8 案例 3 完整代码 ⋯⋯⋯⋯⋯⋯⋯⋯⋯⋯⋯⋯⋯⋯⋯⋯⋯⋯⋯⋯⋯⋯⋯⋯ 63

5 案例4：盾构隧道施工及其对桩基的影响分析［GSE］ ……………………… 66
- 5.1 开始新项目 ……………………………………………………………………… 67
- 5.2 定义土层 …………………………………………………………………………… 67
- 5.3 创建和指定材料参数 …………………………………………………………… 68
- 5.4 定义结构单元 …………………………………………………………………… 70
- 5.5 生成网格 …………………………………………………………………………… 74
- 5.6 定义阶段并计算 ………………………………………………………………… 75
- 5.7 结果 ………………………………………………………………………………… 78
- 5.8 案例4完整代码 …………………………………………………………………… 80

6 案例5：新奥法（NATM）隧道开挖［GSE］ ……………………………… 84
- 6.1 开始新项目 ……………………………………………………………………… 84
- 6.2 定义土层 …………………………………………………………………………… 85
- 6.3 创建和指定材料参数 …………………………………………………………… 86
- 6.4 定义隧道 …………………………………………………………………………… 88
- 6.5 生成网格 …………………………………………………………………………… 91
- 6.6 定义阶段并计算 ………………………………………………………………… 92
- 6.7 结果 ………………………………………………………………………………… 95
- 6.8 案例5完整代码 …………………………………………………………………… 96

7 案例6：锚杆+挡墙支护结构的基坑降水开挖［ADV］ ………………… 99
- 7.1 开始新项目 ……………………………………………………………………… 100
- 7.2 定义土层 …………………………………………………………………………… 100
- 7.3 创建和指定材料参数 …………………………………………………………… 101
- 7.4 定义结构单元 …………………………………………………………………… 102
- 7.5 生成网格 …………………………………………………………………………… 107
- 7.6 定义阶段并计算 ………………………………………………………………… 107
- 7.7 结果 ………………………………………………………………………………… 114
- 7.8 案例6完整代码 …………………………………………………………………… 116

8 案例7：锚杆+挡墙支护结构的基坑降水开挖——承载力极限状态［ADV］ …… 120
- 8.1 输入 ………………………………………………………………………………… 120
- 8.2 定义和执行计算 ………………………………………………………………… 121
- 8.3 结果 ………………………………………………………………………………… 122
- 8.4 案例7完整代码 …………………………………………………………………… 123

9 案例8：道路路堤的施工［ADV］ …………………………………………… 129
- 9.1 开始新项目 ……………………………………………………………………… 130
- 9.2 定义土层 …………………………………………………………………………… 130
- 9.3 创建和指定材料参数 …………………………………………………………… 131
- 9.4 定义施工 …………………………………………………………………………… 133
- 9.5 生成网格 …………………………………………………………………………… 134
- 9.6 定义阶段并计算 ………………………………………………………………… 135

9.7	结果	140
9.8	安全分析结果	142
9.9	使用排水孔	144
9.10	更新网格和更新水压分析	146
9.11	案例8完整代码	148

10 案例9：开挖和排水 [ADV] 152

10.1	创建和指定材料参数	152
10.2	定义结构元素	153
10.3	生成网格	153
10.4	定义阶段并计算	154
10.5	结果	155
10.6	案例9完整代码	156

11 案例10：圆形水下基础在垂直循环荷载下的承载力和刚度 [ADV] 161

11.1	开始新项目	162
11.2	定义土层	162
11.3	创建和指定材料参数	163
11.4	定义结构部件	173
11.5	生成网格	175
11.6	定义阶段并计算	176
11.7	结果	178
11.8	案例10完整代码	178

12 案例11：大坝的渗流分析 [ULT] 181

12.1	开始新项目	181
12.2	定义土层	182
12.3	创建和指定材料参数	182
12.4	生成网格	183
12.5	定义阶段并计算	184
12.6	结果	188
12.7	案例11完整代码	191

13 案例12：降水条件下土体饱和度变化分析 [ULT] 193

13.1	开始新项目	193
13.2	定义土层	194
13.3	创建和指定材料参数	195
13.4	生成网格	196
13.5	定义阶段并计算	197
13.6	结果	200
13.7	案例12完整代码	201

14 案例13：水位骤降情况下土坝的稳定性 [ULT] 204

14.1	开始新的项目	204

14.2	定义土层	205
14.3	创建和指定材料参数	205
14.4	定义结构单元	206
14.5	生成网格	207
14.6	定义阶段并计算	208
14.7	结果	217
14.8	案例13完整代码	220

15 案例14：发电机振动条件下弹性基础的动力学响应分析［ULT］ 223

15.1	开始新项目	224
15.2	定义土层	224
15.3	创建和指定材料参数	224
15.4	定义结构单元	225
15.5	生成网格	226
15.6	定义阶段并计算	227
15.7	结果	231
15.8	案例14完整代码	233

16 案例15：打桩条件下周围土体的动力学响应分析［ULT］ 237

16.1	开始新项目	237
16.2	定义土层	238
16.3	创建和指定材料参数	238
16.4	定义结构单元	240
16.5	生成网格	242
16.6	定义阶段并计算	243
16.7	结果	246
16.8	案例15完整代码	247

17 案例16：建筑自由振动和地震分析［ULT］ 250

17.1	开始新项目	251
17.2	定义土层	251
17.3	创建和指定材料参数	251
17.4	定义结构单元	253
17.5	生成网格	257
17.6	定义阶段并计算	258
17.7	结果	262
17.8	案例16完整代码	263

18 案例17：通航船闸的热膨胀［ULT］ 268

18.1	开始新项目	268
18.2	定义土层	269
18.3	创建和指定材料参数	269
18.4	结构单元定义	271

18.5	网格划分	272
18.6	定义阶段并计算	272
18.7	结果	277
18.8	案例17完整代码	280

19 案例18：隧道施工中冻结管的应用［ULT］ 282

19.1	开始新项目	283
19.2	土层定义	283
19.3	创建和指定材料参数	283
19.4	定义结构单元	285
19.5	网格生成	287
19.6	定义阶段并计算	288
19.7	结果	289
19.8	案例18完整代码	292

参考文献 295

第 1 篇

PLAXIS Python API搭建

1

PLAXIS远程脚本搭建

本章为 PLAXIS 关联 Python API 远程脚本，本地脚本与 PLAXIS 服务器进行交互依赖于 plxscripting 模块，通过命令实现对 PLAXIS 建模过程的控制。但用户通常拥有自己常用的解释器，因此需要用户在自己的解释器上安装相应 plxscripting 模块。

目标

- PLAXIS 自带脚本解释器的使用
- PLAXIS 与用户 Python 解释器的关联
- 通过一个简单案例验证关联是否成功

1.1 PLAXIS 脚本服务器测试

PLAXIS 的脚本服务器是以传输控制协议（TCP）网络监听服务为载体，接受客户端发送的指令，将接受的指令实时传递给命令处理器的一个中台系统。在使用之前需要先在软件中启动远程脚本服务器。PLAXIS 2D 和 PLAXIS 3D 软件中的脚本服务器的启动方式是相同的，具体步骤如下：

（1）首先进入软件的主控制台视图界面，点击"专业"菜单栏，选择"配置远程脚本服务器"，如图 1-1 所示。

（2）配置好端口和连接密码（默认即可），点击"启动服务器"，如图 1-2 所示。

（3）验证服务器是否开启成功，首先点击"专业"菜单栏，选择"Python"→"解释器"，如图 1-3 所示，启动后将弹出 PLAXIS 内置的 Python 解释器命令窗口。

（4）在弹出的解释器中输入以下代码，如果输出和下图中相同且无报错，则服务器启动成功。

```
# 注意,把下面的密码和端口改成你自己服务器的密码和端口
from plxscripting.easy import *
passwd = 'wz54cgx$ ZZ4ntMxS'
s_i, g_i = new_server('localhost', 10000, password= passwd)
```

1 PLAXIS远程脚本搭建

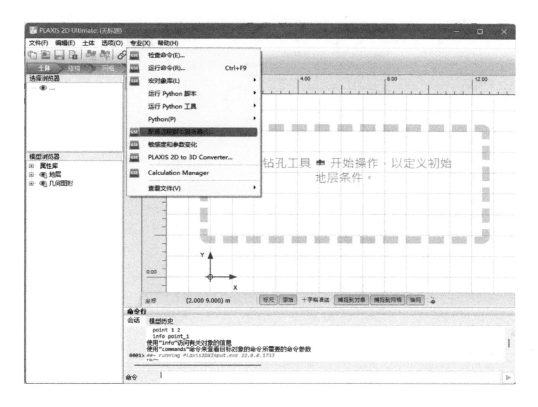

图 1-1 配置远程脚本服务器菜单栏

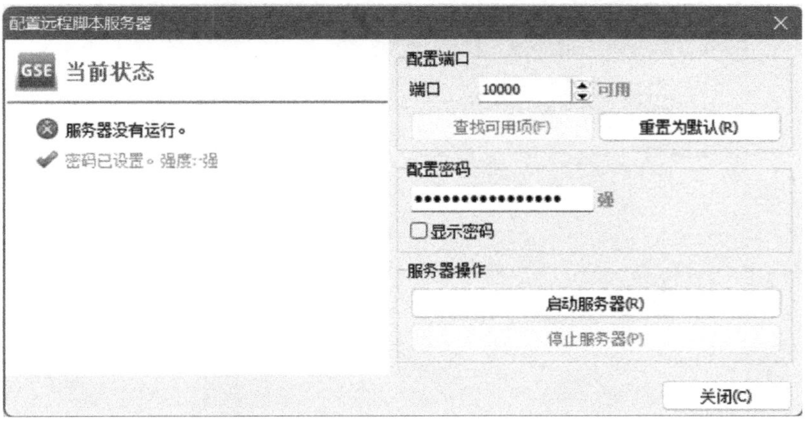

图 1-2 配置远程脚本服务器窗口

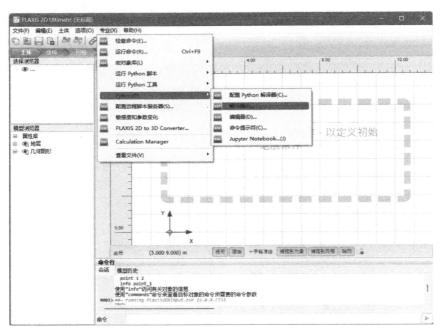

图 1-3　PLAXIS 内置解释器菜单

1.2　PLAXIS 的 Python 模块配置

由上文的测试步骤可以得到：使用本地脚本与 PLAXIS 服务器进行交互依赖于 plxscripting 模块。上文的示例基于 PLAXIS 自带的脚本解释器，如果需要使用自己的解释器需要安装相应的模块。下面介绍如何在自己电脑默认的解释器上安装 plxscripting 模块。本例中的 Python 版本为 3.8.10。

（1）打开 PLAXIS 自带的 Python 解释器，输入图 1-4 所示命令，该命令会打印指定模块的文件路径。

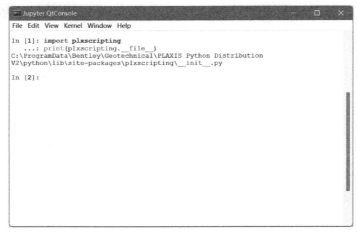

图 1-4　PLAXIS 自带 Python 解释器窗口

（2）复制上文得到的模块路径，进入模块的文件夹的上一级目录，在本例中也就是"C:\ProgramData\Bentley\Geotechnical\PLAXIS Python Distribution V2\python\lib\site-packages"，将其中的 plxscripting 文件夹和 Crypto 文件夹以及 encryption 文件复制出来，文件夹和文件的形式如图 1-5～图 1-7 所示。

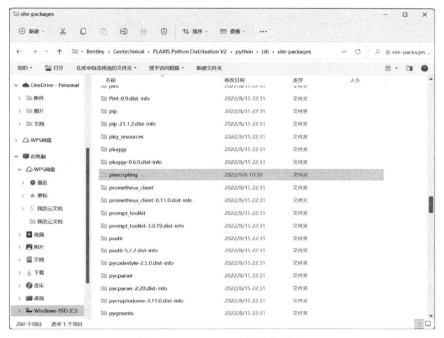

图 1-5　plxscripting 模块文件夹

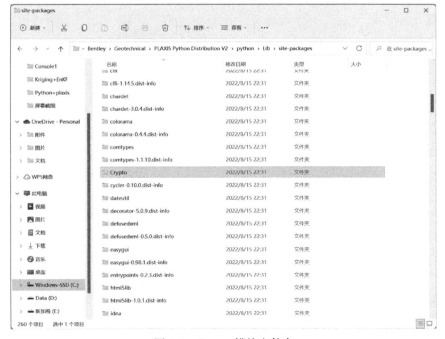

图 1-6　Crypto 模块文件夹

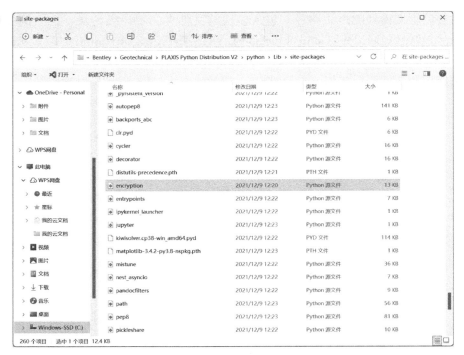

图 1-7 encryption.py 文件

（3）将上文中复制出来的文件夹和文件，复制到电脑的 Python 的模块库中，即 Anaconda 安装目录，找到后打开文件夹，进入"Lib>site-packages"文件夹，把前面两个文件夹以及一个文件复制到此文件夹下，默认的 Python 解释器的 site-packages 文件夹路径如图 1-8 所示。

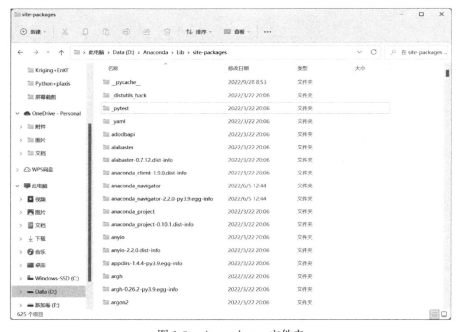

图 1-8 site-packages 文件夹

至此，PLAXIS 与 Python API 的关联完成，即用户可使用自己的 Python 解释器，实现用 Python 命令控制 PLAXIS 自动建模。可用下文的案例进行测试。

1.3 简单示例

PLAXIS 命令行中可用的所有命令可通过 Python 解释器使用。注意，在 Python 中使用时，应用程序中的私有命令（即以双下划线开头的命令）的拼写没有双下划线。与 Python 关键字冲突的命令应在 Python 中使用额外的尾随下划线拼写（例如，import 变为 import_）。不属于 ASCII 字符集的字符标识符将被删除（例如，℃变为 C）。

（1）如上所述，首先从 Python 连接到 PLAXIS 2D。

（2）创建并保存脚本（下面的简单示例），并确保脚本中的工作目录文件夹真实存在，本案例设置的工作目录为"D:\PLAXIS\PLAXIS 2D temp"。

（3）执行下面示例的代码。

在执行 Python 代码时，关注 PLAXIS 应用程序中的命令行非常有用，以便了解 Python 代码如何映射到命令。记住：Python 与 PLAXIS 命令行不同，它区分大小写。

简单示例完整代码如下。

```
from plxscripting.easy import *
s_in, g_in = new_server('localhost', 10000, password= 'yourpassword')
folder   = r'D:\PLAXIS\PLAXIS 2D temp'  # # current running directory
filename = r'Simple example'
s_in.new()   # # creat a new project
g_in.SoilContour.initializerectangular(0,0,10,10)
g_in.borehole(0)
g_in.soillayer(10)
material = g_in.soilmat()
material.setproperties("SoilModel",1,"gammaUnsat",16,"gammaSat",20,"Gref",10000)
g_in.Soils[0].Material = material
g_in.gotostructures()
g_in.lineload((3,0),(7,0))
g_in.gotomesh()
g_in.mesh(0.2)
output_port = g_in.selectmeshpoints()
s_out, g_out = new_server('localhost' , output_port,password= s_in.connection._password)
g_out.addcurvepoint('node',g_out.Soil_1_1,(5,0))
g_out.update()
g_in.gotostages()
```

```
phase1 = g_in.phase(g_in.Phases[0])
g_in.LineLoads[0].Active[phase1] = True
g_in.calculate()
output_port = g_in.view(phase1)
s_out, g_out = new_server('localhost', output_port, password= s_in.connection.
_password)
utot = g_out.getcurveresults(g_out.Curvepoints.Nodes.value[0],g_out.Phases[1],g_
out.ResultTypes.Soil.Utot)
print(utot)
g_in.save(r'%s/%s' % (folder, 'Simple example'))
```

PLAXIS 应用程序端的命令行历史记录如下（不包括发送到 Output 的命令）。

```
0001> initializerectangular SoilContour 0 0 10 10
0002> borehole 0
0003> soillayer 10
0004> soilmat
0005> setproperties SoilMat_1 "SoilModel" 1 "gammaUnsat" 16 "gammaSat" 20 "Gref" 10000
0006> set Soil_1.Material SoilMat_1
0007> gotostructures
0008> lineload (3 0) (7 0)
0009> gotomesh
0010> mesh 0.2
0011> selectmeshpoints
0012> gotostages
0013> phase InitialPhase
0014> set LineLoad_1_1.Active Phase_1 True
0015> calculate
0016> view Phase_1
0017> save "D:\PLAXIS\PLAXIS 2D temp\Simple example"
```

点击 打开 Python 解释器，打开已保存的简单示例的脚本文件，将第二行中的"yourpassword"输入为用户自己的 PLAXIS 远程脚本服务器中的密码。Python 解释器打开脚本后的界面如图 1-9 所示。

启动 PLAXIS 远程脚本服务器并在脚本中输入正确的"password"后，点击上方绿色三角运行按钮 ，右下角 Console 控制台可查看代码运行情况。注意：当用户编写的脚本运行出现错误时，可通过控制台报错信息定位脚本代码错误因素进行指向性修改。Console 控制台如图 1-10 所示。

1 PLAXIS远程脚本搭建

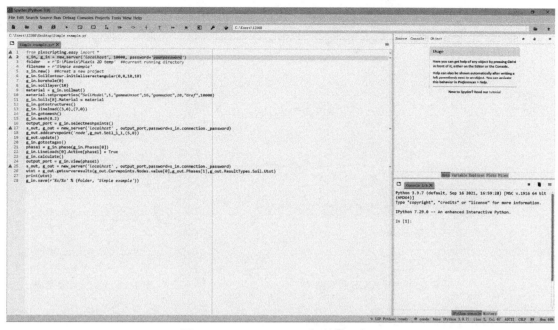

图 1-9　Spyder（Python 解释器）窗口

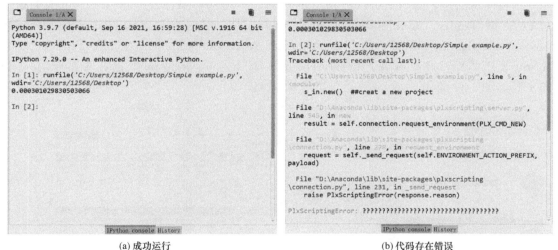

(a) 成功运行　　　　　　　　　　　　(b) 代码存在错误

图 1-10　Console 控制台窗口示意

1.4　其他注意事项

1.4.1　命令参考手册查询

　　由于 PLAXIS 中的命令多而复杂，因此在编写远程脚本时需要查阅相关文档，获得不同命令的作用和用法。命令手册分为 Input、Output 和 SoilTest 三部分，可以根据需求查询命令，查询到后会显示该命令的作用、用法、参数的解释等，如图 1-11，图 1-12 所示。

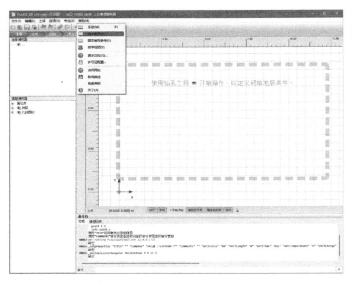 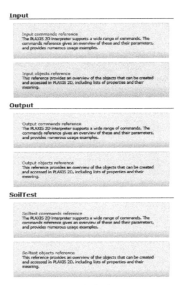

图 1-11　PLAXIS 命令参考　　　　　图 1-12　命令参考模块

1.4.2　材料属性名称版本变更查询

值得注意的是，随着 PLAXIS 版本的更新，不同材料属性及操作命令也可能更新，可以根据 Bently Communities 官网（https://communities.bentley.com/products/geotech-analysis/w/wiki）上的"Geotechnical Analysis Wiki＞PLAXIS＞API/Python scripting-PLAXIS＞Material Property changes for Python scripting"进行对照查询。如图 1-13、图 1-14 所示。

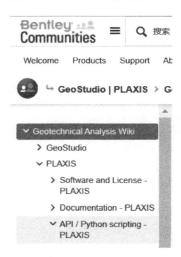 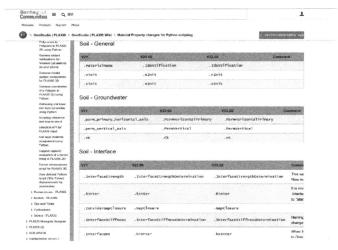

图 1-13　Wiki 目录　　　　　图 1-14　Material Property changes for Python scripting 页面

1.4.3　远程脚本服务器命令查询文档

由于 PLAXIS 中的命令多而复杂，因此在编写远程脚本时需要查阅相关文档，获得不同命令的作用和用法。PLAXIS 2D 和 PLAXIS 3D 中的命令行参考文档按下文方式打开。

（1）打开 PLAXIS 中的"帮助"选项中的"脚本编写参考"，未配置远程脚本服务器，点击"脚本编写参考"后需先"启动服务器"，如图 1-15 所示。

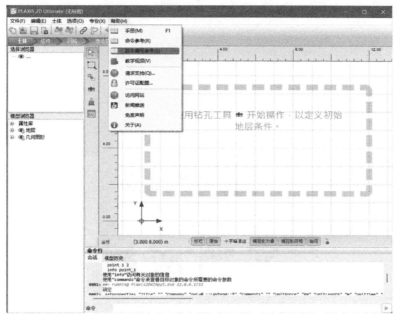

图 1-15　Console 控制台窗口示意

（2）打开后将在默认浏览器弹出 PLAXIS 脚本编写参考，其中分为 Input、Output、Sample scripts 三部分，按照所需命令的首字母可以进行查找，如图 1-16 所示。

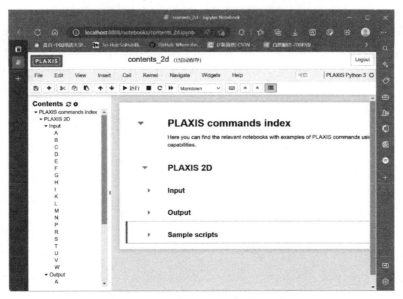

图 1-16　Console 控制台窗口示意

注意：不要关闭出现的黑窗程序。

第 2 篇

实例演练

案例1：砂土地基上圆形基础沉降分析

本章详细讲述了几何模型创建的一般步骤、有限元网格的划分、有限元计算的执行和输出结果的评估等，是熟悉程序实际应用的第一步。本例中涉及的信息将在后面的示例中应用，因此在进一步学习其他案例之前透彻学习本例是十分重要的。本例最后给出了 Python 控制 PLAXIS 远程自动化建模接口的算法。

目标

- 开始一个新的项目
- 创建轴对称模型
- 使用钻孔工具创建土层
- 为土层创建并指定材料数据组（摩尔-库仑模型）
- 定义指定位移
- 使用板单元创建基础
- 为板单元创建并指定材料数据组
- 创建荷载
- 生成网格
- 使用 K_0 生成初始应力场
- 定义塑性阶段
- 在计算阶段激活并修改荷载值
- 查看计算结果
- 为生成曲线选择点 创建"荷载-位移曲线"

几何模型

图 2-1 表示放置在 4m 厚砂土层上半径为 1m 的一个圆形基础，砂土层下是深厚的坚硬岩石层。本章旨在计算土体在上部荷载作用下产生的位移和应力，计算将考虑使用刚性基础和柔性基础两种方法。两种情况下的有限元模型的几何形状是相同的。模型不包含岩石层，在砂土层下应用适当的边界条件来考虑岩石层作用。为了避免边界的影响，适当反

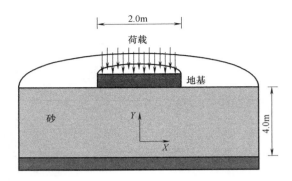

图 2-1　砂土层上圆形基础几何模型

映砂土层的各种变形机理，地基模型在水平方向上扩展到半径为 5m 的圆形。

2.1 案例 A：刚性基础

在本计算实例中基础考虑为刚性，基础的沉降通过在砂土层上的均匀凹陷来模拟。

这一模拟方法使得计算模型非常简单，但这一方法也有其缺点，例如，它没有给出基础结构内力的任何信息。本节提供的第二种方法将讨论作用在柔性基础上的外部荷载，是一个更先进的模拟方法。

在新建项目前应完成 Python 与 PLAXIS 的连接及工作目录创建。

对应代码如下：

```
from plxscripting.easy import *
s_in, g_in = new_server('localhost', 10000, password= 'Yourpassword')
folder  = r'D:\PLAXIS\PLAXIS 2D temp\Test'  # # current running directory
filename = r'footing_caseA'
```

2.1.1 开始新项目

双击输入程序图标 启动 PLAXIS 2D，将出现一个"快速启动"对话框，可以打开一个已有项目或启动一个新项目，见图 2-2。

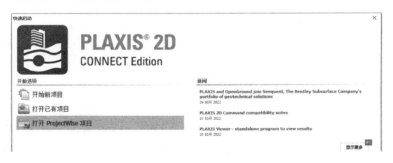

图 2-2　快速启动窗口

选择"开始新项目",将弹出"项目属性"窗口,其中包含"项目"、"模型"、"常量"和"云服务"四个选项卡,见图 2-3。

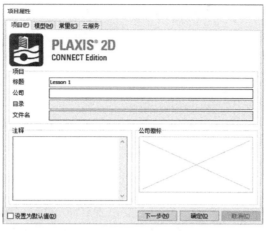

图 2-3 项目属性窗口

提示:每个分析项目的第一步是设置有限元模型的基本参数。该设置通过项目属性窗口完成。这些设置包括问题的描述,分析类型,单元基本类型,绘图区的基本单位和尺寸。

本例的项目属性窗口设置,按照下列步骤:

(1) 在"项目"选项卡,在"标题"框中输入"Lesson 1","注释"框中输入"圆形基础沉降"。

(2) 单击下一步或者切换至"模型"选项卡。

(3) 在模型选项卡,指定"模型"类型和"单元"类型。因为本例考虑圆形基础,因此选择"轴对称"模型和"15 节点"选项,如图 2-4 所示。

(4) 在"等高线"处设置模型尺寸"$x_{min}=0m$, $x_{max}=5m$, $y_{min}=0m$, $y_{max}=4m$"。

(5) 保持常量选项卡中的默认值。

(6) 点击"确定"即关闭工程属性窗口,完成设定。

图 2-4 项目属性窗口模型选项卡

项目将以此给定属性创建。关闭"项目属性"窗口后,将自动显示"土体"模式,在"土体"模式中可以定义土层。

> 提示:如后续想更改项目属性,可以通过从文件菜单中选择相应的选项来访问项目属性窗口。

对应代码如下:

```
s_in.new()
g_in.SoilContour.initializerectangular(0,0,5,4)
g_in.setproperties("Title","Lesson 1","Comments","圆形基础沉降","ModelType","Axisymmetry")
```

2.1.2 定义土层

土层的信息以钻孔的形式展示,包括土层位置和水位标高等信息。如果创建多个钻孔,PLAXIS 2D 将自动在钻孔间内插。超出钻孔位置的土层水平分布。

> 提示:建模过程以 5 种模式(土体、结构、网格、渗流条件和阶段施工)完成。更多关于模式的信息可以查阅参考手册相关章节。

创建土层步骤:

(1) 点击侧(垂直)工具栏中的"创建钻孔"命令 ▦ ,开始定义土层。
(2) 在绘图区 $x=0$ 处单击,定位钻孔位置,"修改土层"窗口将出现(图 2-5)。
(3) 单击"修改土层"窗口中"添加"按钮,添加土层。
(4) 设置土层顶部边界 $y=4$m,保持底部边界 $y=0$m。
(5) 默认情况下水头值 $y=0$m。在钻孔柱状图上修改水头为 2m。

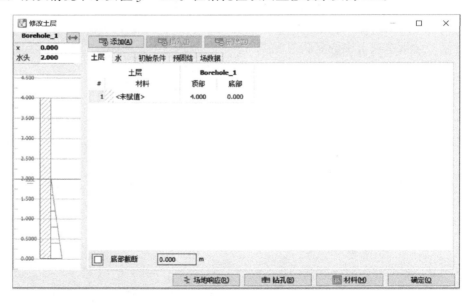

图 2-5　修改土层窗口

对应代码如下：

```
g_in.borehole(0)
g_in.soillayer(0)
g_in.Soillayer_1.Zones[0].Top = 4
g_in.Borehole_1.Head = 2
```

2.1.3 创建和指定材料参数

为了模拟土层行为，要为几何模型赋予合适的本构模型和材料参数。在 PLAXIS 2D 中，土层材料属性放置在材料集中，而材料集又储存在材料库中。从材料库中，土层材料集可以指定给一个或多个土层。对于结构单元（例如墙、板、锚杆、格栅等）赋值方式相同，但不同的结构类型有不同的材料参数和数据集，例如土体和界面、板、锚杆、embedded 桩、土工格栅。

本例砂土层材料属性如表 2-1 所示。

砂土层材料属性 表 2-1

参数类型	参数名称	符号	土体参数值	单位
常规	土体模型	—	摩尔-库仑	—
	排水类型	—	排水	—
	不饱和重度	γ_{unsat}	17	kN/m^3
	饱和重度	γ_{sat}	20	kN/m^3
力学	弹性模量	E'_{ref}	13×10^3	kN/m^2
	泊松比	ν	0.3	—
	黏聚力	c'_{ref}	1	kN/m^2
	摩擦角	φ'	30	°
	剪胀角	ψ	0	°

为土层材料创建材料集可按照以下步骤：

（1）单击"修改土层"窗口中"材料"按钮，打开"材料集"窗口，见图 2-6。

（2）单击"材料集"窗口中"新建"按钮（图 2-6），出现一个新的窗口，窗口包含 6 个选项卡（图 2-7），"常规""力学""地下水""热力学""界面""初始"。

（3）在"常规"页面的"材料集"中，在"标识"中输入"Sand"（砂土）。默认材料本构模型为"摩尔-库仑"，排水类型为"排水"。

（4）根据表 2-1 所列的材料参数，在"常规属性"框中输入正确的值（图 2-7）。表中未提到的参数保持为默认值。

图 2-6 材料设置窗口

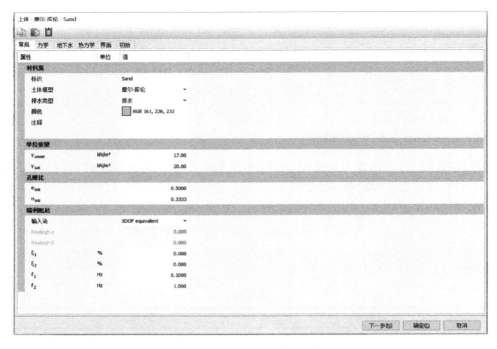

图 2-7 土和界面材料数据组标签

(5) 单击"下一步"按钮,或者直接切换至"力学"页面,设置模型参数。"力学"页面中的参数取决于所选的材料模型(本例使用的是摩尔-库仑模型)。

(6) 在"力学"页面(图 2-8)的编辑框中键入表 2-1 中对应的模型参数。

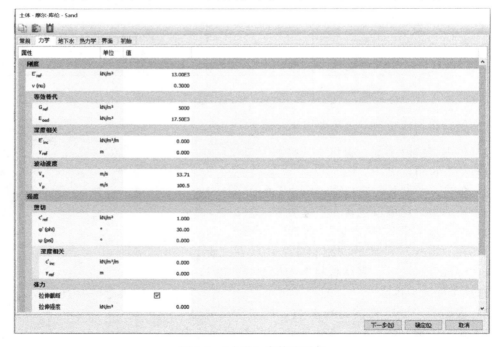

图 2-8 "力学"参数选项卡

(7) 土层是排水的,几何模型中不包括界面,因此"界面"选项卡不需要设置,保持为默认值。单击"确定"按钮,保存定义的材料集。现在,创建的材料集出现在材料设置窗口中。

(8) 拖动刚才创建的"砂土"材料到修改土层窗口左侧土柱的图形上(选中,拖动的时候鼠标按住左键不放),并放下(松开左键)。

(9) 单击材料集窗口中"确定"按钮,关闭数据组。

(10) 单击"确定"按钮关闭修改土层窗口。

提示:
- 通过打开材料设置窗口,点击"编辑"按钮,可以修改已经设置好的材料数据组。也可以通过单击竖向工具栏的材料设置窗口打开材料设置窗口。
- PLAXIS 2D 区别项目数据库和全局数据库。使用全局数据库可以在不同项目中调用材料数据组。通过单击材料设置窗口中"显示全局"按钮显示全局数据库。安装程序时,案例手册中所有案例的材料数据组都储存在全局数据库中。
- 通过"选择浏览器"中材料下拉菜单,可以将材料指定给对象。注意材料的下拉菜单包含了所有的材料数据库。然而,下拉菜单中只有当前项目的材料数据组,而不是全局材料数据库中所有的材料数据组。
- 程序对材料参数执行一致性检查,当材料数据检查不一致时,弹出一个警告信息。

对应代码如下:

```
material = g_in.soilmat()
material.setproperties("Identification", 'sand', "Colour", 15262369, "SoilModel", 2,
"Gammasat", 20.0, "Gammaunsat", 17.00, "nu", 0.3, "Eref", 13000.0, "cref", 1, "phi", 30.0,
"psi", 0.0, "DrainageType", 0)
g_in.Soillayer_1.Soil.Material = material
```

2.1.4 定义结构单元

在程序的结构模式中定义结构单元,利用统一的指定位移来模拟刚性基础的沉降。

提示: 绘图区显示网格可以简化几何模型的定义。网格在绘图区以矩阵的形式显示。它也可以在绘制几何模型时捕捉规则点。单击绘图区域下的相应按钮可以激活网格。若要定义网格单元的大小和捕捉选项,单击竖向工具栏的捕捉按钮 ,在弹出的捕捉窗口中可以指定矩阵单元和间隔数。通过设置捕捉间隔值可以细化捕捉点的间距。本例中使用默认的值。

(1) 单击"结构"标签进入到结构模式中定义结构单元。
(2) 单击竖向工具栏中"创建"指定位移按钮。
(3) 选择扩展菜单中"创建线位移"选项(图 2-9)。
(4) 在绘图区移动鼠标至点 (0, 4) 并单击鼠标左键。
(5) 沿着土层的上边界移动至点 (1, 4) 并再次单击

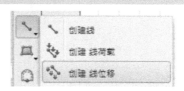

图 2-9 创建线位移

鼠标左键。

(6) 单击右键按钮停止绘制。

(7) 在"选择浏览器"中设置指定位移的 x 分量为"固定"。

(8) 输入"$U_{y,\text{start},\text{ref}}$"值为"$-0.05$"，代表方向向下位移值为 0.05m，指定 y 方向位移分布形式为"统一/均布"（图2-10）。

至此，几何模型已经创建完成。

对应代码如下：

图 2-10　创建位移选项

```
g_in.gotostructures()
g_in.linedispl((0,4),(1,4))
g_in.Line_1.LineDisplacement.uy_start = - 0.05
g_in.Line_1.LineDisplacement.Displacement_x = "Fixed"
g_in.mergeequivalents(g_in.Geometry)
```

2.1.5　网格划分

当几何模型完成后，就可以生成有限元网格。PLAXIS 2D 网格划分是完全自动划分，几何模型被划分为基本的单元类型和相容的结构单元（如果已创建）。

为了考虑土层、荷载和结构的有限元网格化划分，充分考虑了模型中点和线的位置。有限元网格划分基于三角剖分原理，搜索最优三角形。除了生成有限元网格之外，也是几何模型（点、线和类组）到生成有限元网格（单元、节点和应力点）输入数据（属性、边界条件、材料数据等）信息的一次传递。

生成有限元网格，按照下列步骤：

(1) 单击对应标签，切换至"网格"模式。

(2) 单击竖向工具栏中的"生成网格"按钮 ，弹出"网格选项"窗口。使用单元分布参数默认的选项"中等"，见图 2-11。

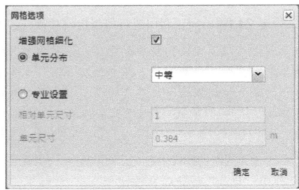

图 2-11　网格划分窗口

(3) 单击"确定"，开始网格生成。

(4) 网格生成后，即可单击"查看网格"按钮 。弹出一个新的窗口显示生成的网格。注意在基础下面网格自动加密，见图 2-12。

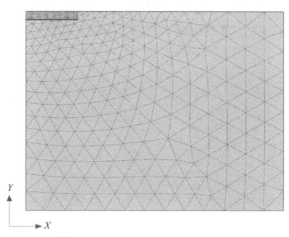

图 2-12 输出窗口生成的网格

(5) 单击"关闭"按钮关闭输出程序回到"输入"程序的"网格"模式。

> **提示：**
> • 默认情况下，单元分布是"中等"，可以在网格划分窗口中改变。此外，还可以对网格进行全局或局部加密。
> • 如果修改了几何模型，需要重新生成有限元网格。
> • 自动生成的有限元网格可能不完全符合计算需要。因此，需要时可以检查网格并细化网格。

对应代码如下：

```
g_in.gotomesh()
g_in.mesh(0.06)    # # smaller finner
```

网格一旦生成，有限元模型便完成。

2.1.6 定义计算

在执行实际计算之前，必须分阶段定义计算。此示例需要两个阶段：初始阶段和模拟承台沉降阶段。

初始阶段总是初始条件的生成，一般来说，初始条件由初始几何模型和初始应力条件组成。例如，有效应力、孔隙水压力和状态参数。

渗流条件可以跳过。单击"分阶段施工"标签进入分阶段施工模式。当一个新的项目被定义后程序自动创建一个阶段并自动选中该阶段，第 1 个阶段就是"初始阶段"（图 2-13）。所有的结构单元和荷载初始阶段自动冻结，只

图 2-13 阶段浏览器

有土体是激活的。

下面将介绍初始阶段的定义。虽然使用的是默认参数，但还是要有一个宏观的概念。

通过双击"阶段浏览器"的"初始阶段"，或点击"编辑阶段"按钮，将弹出初始阶段窗口（图 2-14）。

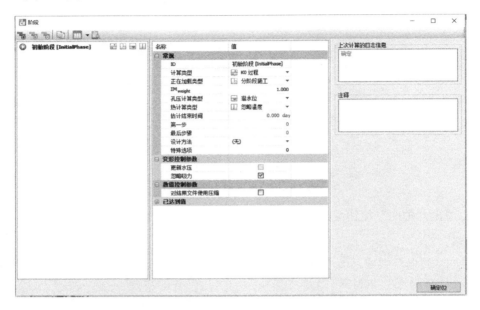

图 2-14 初始阶段窗口

(1) 阶段窗口常规标签下，默认计算类型是"K_0 过程"。本项目将使用"K_0 过程"生成初始应力。

(2) 荷载类型默认"分阶段施工"。

(3) "孔压计算类型"默认选择为"潜水位"。

(4) 阶段窗口其他的值默认，单击"确定"，关闭阶段窗口。

> **提示：**
> - "K_0 过程"主要用于土层水平，地表水平和水位线水平（如果有）的情况。
> - 对于变形问题主要有两种边界条件：指定位移和指定力（荷载）。原则上，任意一个边界在任意一个方向上都必须有一个边界条件。也就是说，没有施加边界条件时（自由边界）意味着指定力为零和位移自由。
> - 为了避免几何模型的位移不确定的情况，几何模型的一些点必须有指定位移。指定位移最简单的形式是固定边界（位移为零），但是也可以指定非零位移。

(5) 展开"模型浏览器"中的"模型条件"子目录。

(6) 展开"变形"子目录。

注意：使用默认边界条件前面的对话框勾选上了。默认情况下，在模型边界底部是完全固定边界条件，垂直边界约束水平向（$U_x=0$；$U_y=$自由）。

(7) 展开"水"子目录。根据修改土层窗口中指定给钻孔的水头标高值生成水位，该水位自动指定为全局水位（图 2-15）。初始的水位线在修改土层窗口中已经输入。

(8) 对钻孔指定的水头生成了水位线，如图 2-16 所示，注意全局水位在渗流条件模式和分阶段施工模式中都显示，但是只有在渗流条件模式中显示所有的水位线。

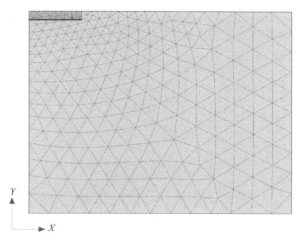

图 2-15 模型浏览器变形和水子目录　　　图 2-16 分阶段施工模式中的初始阶段

为了模拟基础的沉降，需要进行塑性计算。PLAXIS 2D 有一个方便的程序即自动加载步，程序中叫作"分阶段施工"。这个荷载类型适用大多数项目。在塑性计算中，激活指定的位移用来模拟基础的沉降。按照下列步骤定义计算阶段。

(1) 添加新的阶段，命名为 Phase_1。
(2) 双击"Phase_1"打开阶段窗口。
(3) "常规"标签中的 ID 输入一个合适的名字（例如 Indentation）。
(4) 当前阶段从初始阶段开始，本阶段使用默认的选项和值（图 2-17）。

图 2-17 阶段窗口（Indentation 阶段）

(5) 单击"确定"关闭阶段窗口。

(6) 单击"分阶段施工"模式标签进入该模式。

(7) 在绘图区选择指定位移右键，从下拉菜单中选择"激活"选项（图 2-18）。

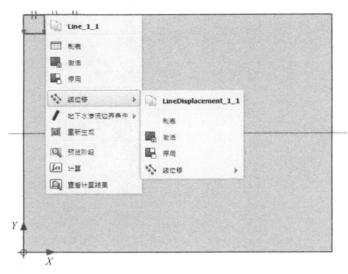

图 2-18　分阶段施工模式中激活指定位移

提示：可以使用阶段浏览器或者阶段窗口中"添加"、"插入"和"删除"按钮，增加、插入或删除计算阶段。

对应代码如下：

```
g_in.gotostages()
phase0 = g_in.InitialPhase
phase1 = g_in.phase(phase0)
g_in.Model.CurrentPhase = phase1
phase1.Identification = 'Indentation'
g_in.activate(g_in.Line_1_1, phase1)
```

2.1.7　执行计算

所有阶段（本例是两个阶段）被标记为计算（蓝色箭头显示）。起始阶段控制计算的顺序。

（1）单击"计算"按钮，开始计算。忽略未选择节点和应力点的提示。在计算过程中，弹出计算窗口，窗口中显示了计算过程信息。如图 2-19 所示。

信息显示了计算过程、当前计算步、当前迭代过程的全局误差和当前步的塑性点数量，并不断更新。执行这个计算需要几秒钟，当计算完成后，计算窗口关闭，返回主窗口。

（2）浏览器的阶段显示已更新。计算阶段前以绿色圆圈显示。

（3）在查看计算结果前保存该项目。

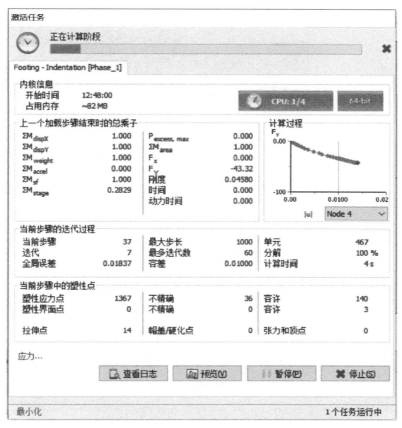

图 2-19　计算窗口

对应代码如下：

```
g_in.set(g_in.Phases[0].ShouldCalculate, g_in.Phases[1].ShouldCalculate,True)
g_in.calculate()
```

2.1.8　结果

一旦计算完成，输出窗口就可以显示计算结果。在输出窗口中，位移和应力以整个二维模型、某一断面或者结构单元显示，也可以用表格形式显示。为了检查由指定 0.05m 位移生成的力，执行下列操作：

（1）打开"阶段"窗口。

（2）从已达到"值"子目录中查找当前应用的重要值"Force-Y"。这个值代表了施加指定位移后反作用力的大小，即对应 1rad 的基础上作用的总反力（注意分析类型为轴对称）。为了获得总的反力，Force-Y 的值乘以 2π（大约 588kN）。

为了查看基础的计算结果，执行下列操作：

（1）选择"阶段浏览器"的最后一个计算阶段。

（2）单击竖向工具栏中"查看计算结果"。输出视窗将显示计算阶段最终变形的网格（图 2-20）。网格可自动缩放查看变形的值。

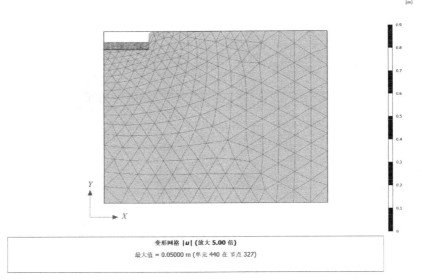

图 2-20 计算完成后的变形网格

(3) 选择"变形"菜单中"总位移-｜u｜"选项。总位移以变形云图显示。显示区右侧图例显示了颜色分布。

> **提示**：变形菜单中既有总位移又有增量位移。增量位移是一个计算步（本例中是最后一步）的位移。增量位移对于查看破坏机理非常有用。

(4) 单击"视图"菜单中对应选项可以显示和关闭图例。

(5) 单击工具栏中"等值线"按钮，视图可以等值线形式显示总位移分布，同时有数值显示等值线的数值大小。

(6) 单击"箭头"按钮，所有节点的总位移以箭头形式显示，箭头长度的大小代表位移值的相对大小。

(7) 选择"应力"菜单中"有效主应力"菜单中选择"有效主应力"选项，视图显示了每一个土体单元的应力点的有效主应力，包括应力大小和方向（图 2-21）。

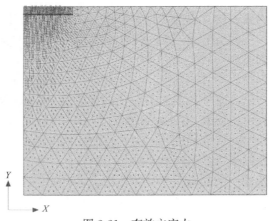

图 2-21 有效主应力

单击工具按钮的"表"按钮。程序将弹出包含表格的新窗口，表中显示了包含主应力的值和所有单元的每一个应力点的应力信息。

2.2 案例 B：柔性基础

现在修改原来的项目，用柔性的板来模拟基础。用板来模拟基础能够计算基础的内力。

本例的几何模型和原来的模型一样，除了增加板单元外。由指定位移改为施加指定荷载。没有必要创建一个新的模型，可以打开原来的模型，修改它并用不同的名字保存。为此执行下列操作。

2.2.1 修改土层

在输入程序文件菜单中选择"项目另存为"。为当前项目文件键入一个未使用的名字。

(1) 单击"保存"按钮。

(2) 切换到"结构"模式。

(3) 右键指定位移，在下拉菜单中选择"线位移"，在扩展菜单中单击"删除"选项（图 2-22）。

(4) 在基础线的位置处右键，在下拉菜单中选择"创建"→"板"选项（图 2-23），创建板用于模拟柔性基础。

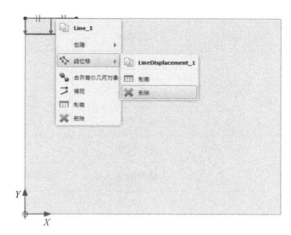

图 2-22 删除指定位移

(5) 在基础线的位置处右键，在下拉菜单中选择"创建"→"线荷载"选项（图 2-24）。

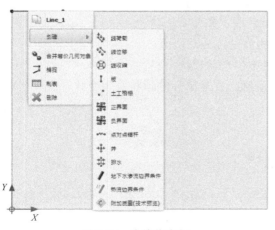

图 2-23 为线指定板

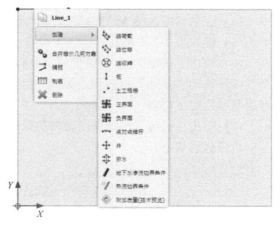

图 2-24 为线指定线荷载

(6) "选择浏览器"中 Y 方向分布荷载默认的值为 -0.1kN/m^2。当激活荷载时，再改变输入的值为真实值。

工况 B 几何条件和土体材料与工况 A 相同，定义结构前代码与工况 A 相同。

对应代码如下：

```
g_in.gotostructures()
g_in.line((0,4),(1,4))
g_in.plate(g_in.Line_1)
g_in.lineload(g_in.Line_1)
```

2.2.2 为基础指定材料属性

（1）单击竖向工具栏中"材料属性"按钮。

基础材料参数　　　　　　　　　　　　　　　　　　表 2-2

参数类型	参数名称	符号	参数值	单位
常规	材料模型	—	弹性	—
	单位重度	w	0.0	kN/m/m
	防止冲孔	—	否	—
力学	各向同性		是	
	轴向刚度	EA_1	5×10^6	kN/m
	弯曲刚度	EI	8.5×10^3	$kN\cdot m^2/m$
	泊松比	ν	0.0	—

（2）在材料设置窗口中材料组类型下拉菜单中选择板。

（3）单击"新建"按钮。出现新的窗口，定义基础的材料属性。

（4）在名称框内输入"基础"。材料类型为默认"弹性"选项。

（5）输入表 2-2 中的属性。表中没有提到的值保持为默认值。

（6）单击"确定"，材料设置窗口材料目录中出现新建的材料。

（7）拖动"基础"材料到绘图区并指定给基础。注意鼠标的形状发生变化，意味着已经为基础指定了材料。

（8）单击"确定"按钮关闭材料数据组。

对应代码如下：

```
platematerial = g_in.platemat()
platematerial.setproperties("Identification","Footing","Colour",16711680,"MaterialType",1,"Isotropic",False,"EA1",5e6,"EA2",5e6,"EI",8500,"w",0.0,"Prevent Punching",False)
platematerial.setproperties('Isotropic',False)
g_in.Plate_1.Material= platematerial
g_in.mergeequivalents(g_in.Geometry)
```

2.2.3 生成网格

(1) 切换至网格模式。
(2) 创建网格,单元分布参数选择默认选项(中等)。
(3) 查看网格。
(4) 单击"关闭"标签,关闭输出程序。
对应代码如下:

```
g_in.gotomesh()
g_in.mesh(0.06)
```

2.2.4 计算

(1) 切换至"分阶段施工"模式。
(2) 初始阶段和刚性基础案例一样。
(3) 双击下一个阶段(Phase_1)在 ID 框中并键入一个合适的名字。保持计算类型为塑性计算并保持加载类型为分阶段施工。
(4) 关闭阶段窗口。
(5) 在分阶段施工模式中激活荷载和板。模型如图 2-25 所示。
(6) 修改"选择浏览器"中线荷载垂直分量为 -188kN/m^2(图 2-26)。注意这个值近似等于第一个案例基础所受荷载 $[188\text{kN/m}^2 \times \pi \times (1.0\text{m})^2 \approx 590\text{kN}]$。

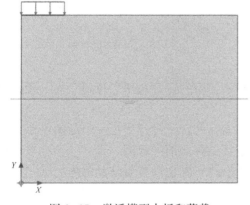

图 2-25 激活模型中板和荷载

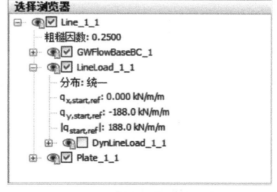

图 2-26 选择浏览器荷载分量的定义

(7) "模型浏览器"中"渗流条件"页面不做任何修改。
至此,已经定义好计算阶段。

在开始计算之前,推荐为荷载-位移曲线或者应力-应变曲线选择节点或者应力点。定义的步骤如下:

(1) 单击"曲线选择点"按钮,在输出程序中显示了所有的节点和应力点。可以通过直接选择节点、应力点或者使用选择点窗口选择点。
(2) 在选择点窗口中,选择点的坐标中输入(0,4),并单击"搜索最近"。指定节点或应力点附近的点,以列表的形式显示。

（3）选中（0,4）附近的点前面勾选框。选中的节点在模型中以"A"显示（当网格菜单中选中标签选项选中时）。

（4）单击"更新"按钮返回输入程序。

（5）检查是否两个计算阶段标记为计算，标记为计算时以蓝色箭头显示。如果未标记为计算，以单击计算阶段的图标或者右键选择"标记计算"。

（6）单击"计算"按钮开始计算。

（7）计算完成后保存项目。

对应代码如下：

```
g_in.gotostages()
phase0 = g_in.InitialPhase
phase1 = g_in.phase(phase0)
g_in.Model.CurrentPhase = phase1
g_in.LineLoad_1_1.qy_start[phase1] = -188
g_in.activate(g_in.Line_1_1, phase1)
output_port = g_in.selectmeshpoints()
s_out,g_out= new_server('localhost',output_port,password= s_in.connection._password)
g_out.addcurvepoint('node', g_out.Soil_1_1, (0,4))
g_out.update()
g_in.set(g_in.Phases[0].ShouldCalculate, g_in.Phases[1].ShouldCalculate,True)
g_in.calculate()
g_in.save(r'%s/%s'% (folder, 'Tutorial_01B'))
```

2.2.5 结果

（1）计算完成后最后一步计算结果可以通过单击"查看计算结果"按钮查看。查看应力和变形信息的方法和前面的案例一样。

（2）单击竖向工具栏中选择"结构"按钮，双击显示区基础，弹出一个新的窗口，视图中可以显示基础的弯矩或者位移，这取决于在选择结构之前的视图。

（3）注意此时菜单已经改变。从"力"菜单中选择不同选项查看基础的内力。

2.2.6 生成荷载-位移曲线

除了最后计算步的结果有用之外，查看荷载-位移曲线（图2-27）也非常有用，可按照下列步骤：

（1）单击工具栏中"曲线管理器"。

（2）在图表标签中，单击"新建"，弹出曲线生成窗口，见图2-27。

• X 轴下拉菜单中选择"A（0.000/4.000）"。变形菜单下选择"总位移|u|"。

• Y 轴下拉菜单中选择"项目"。从乘子 Multipliers 中选择"ΣM_{stage}"。该值代表已经施加指定改变的百分比。因此这个值从 0 到 1，到达 1 意味着指定的荷载已经 100% 施加完成，指定的状态完全达到。

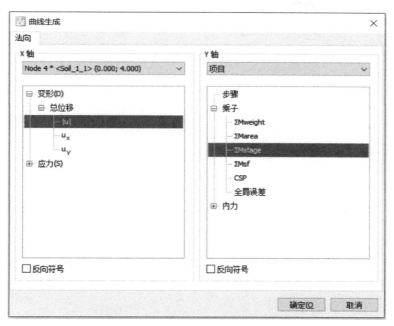

图 2-27 曲线管理器窗口

- 单击"确定"按钮,接受输入并生成荷载-位移曲线,如图 2-28 所示。

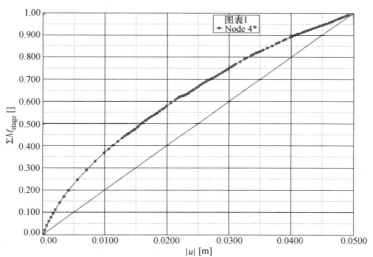

图 2-28 基础荷载-位移曲线

2.3 案例 1 完整代码

2.3.1 案例 1-A 完整代码

```
from plxscripting.easy import *
s_in, g_in = new_server('localhost', 10000, password= 'Yourpassword')
```

```
folder = r'D:\PLAXIS\PLAXIS 2D temp\Test'
filename = r'Tutorial_01A'
s_in.new()
g_in.SoilContour.initializerectangular(0,0,5,4)
g_in.setproperties("Title","Lesson 1","Comments","圆形基础沉降","ModelType","Axisymmetry")
g_in.borehole(0)
g_in.soillayer(0)
g_in.Soillayer_1.Zones[0].Top = 4
g_in.Borehole_1.Head = 2
material = g_in.soilmat()
material.setproperties("Identification",'sand',"Colour",15262369,"SoilModel",2,"Gammasat",20.0,"Gammaunsat",17.00,"nu",0.3,"Eref",13000.0,"cref",1,"phi",30.0,"psi",0.0,"DrainageType",0)
g_in.Soillayer_1.Soil.Material = material
g_in.gotostructures()
g_in.linedispl((0,4),(1,4))
g_in.Line_1.LineDisplacement.uy_start = -0.05
g_in.Line_1.LineDisplacement.Displacement_x = "Fixed"
g_in.mergeequivalents(g_in.Geometry)
g_in.gotomesh()
g_in.mesh(0.06)
g_in.gotostages()
phase0 = g_in.InitialPhase
phase1 = g_in.phase(phase0)
g_in.Model.CurrentPhase = phase1
phase1.Identification = 'Indentation'
g_in.activate(g_in.Line_1_1, phase1)
output_port = g_in.selectmeshpoints()
s_out, g_out = new_server('localhost', output_port, password=s_in.connection._password)
g_out.addcurvepoint('node', g_out.Soil_1_1, (0,4))
g_out.update()
g_in.set(g_in.Phases[0].ShouldCalculate, g_in.Phases[1].ShouldCalculate, True)
g_in.calculate()
g_in.save(r'%s/%s'% (folder, 'Tutorial_01A'))
```

2.3.2 案例 1-B 完整代码

```
from plxscripting.easy import *
s_in, g_in = new_server('localhost', 10000, password='Yourpassword')
folder = r'D:\PLAXIS\PLAXIS 2D temp\Test'
filename = r'Tutorial_01B'
s_in.new()
```

```
g_in.SoilContour.initializerectangular(0,0,5,4)
g_in.setproperties("ModelType","Axisymmetry")
g_in.borehole(0)
g_in.soillayer(0)
g_in.Soillayer_1.Zones[0].Top = 4
g_in.Borehole_1.Head = 2
material = g_in.soilmat()
material.setproperties("Identification",'sand',"Colour",15262369,"SoilModel",2,
"Gammasat",20.0,"Gammaunsat",17.00,"nu",0.3,"Eref",13000.0,"cref",1,"phi",30.0,
"psi",0.0,"DrainageType",0)
g_in.Soillayer_1.Soil.Material = material
g_in.gotostructures()
g_in.line((0,4),(1,4))
g_in.plate(g_in.Line_1)
g_in.lineload(g_in.Line_1)
platematerial = g_in.platemat()
platematerial.setproperties("Identification","Footing","Colour",16711680,"Materi
alType",1,"Isotropic",False,"EA1",5e6,"EA2",5e6,"EI",8500,"w",0.0,"PreventPunchi
ng",False)
platematerial.setproperties('Isotropic',False)
g_in.Plate_1.Material= platematerial
g_in.mergeequivalents(g_in.Geometry)
g_in.gotomesh()
g_in.mesh(0.06)   ## smaller finner
g_in.gotostages()
phase0 = g_in.InitialPhase
phase1 = g_in.phase(phase0)
g_in.Model.CurrentPhase = phase1
g_in.LineLoad_1_1.qy_start[phase1] = -188
g_in.activate(g_in.Line_1_1,phase1)
output_port = g_in.selectmeshpoints()
s_out,g_out = new_server('localhost',output_port,password= s_in.connection._pass
word)
g_out.addcurvepoint('node',g_out.Soil_1_1,(0,4))
g_out.update()
g_in.set(g_in.Phases[0].ShouldCalculate,g_in.Phases[1].ShouldCalculate,True)
g_in.calculate()
g_in.save(r'%s/%s'% (folder,'Tutorial_01B'))
```

本案例到此结束！

案例2：路堤排水和不排水稳定性

本章计算黏土上的路堤施工。首先将黏土视为排水材料，之后将其视为不排水材料，确定这两种情况下的安全系数，分别表示路堤的长期和短期稳定性。

目标

- 对排水和不排水土体行为进行建模
- 在计算过程中改变材料集
- 计算安全系数

几何模型

图 3-1 显示了路堤的几何模型。该路堤高 4.0m，顶部宽 2.0m。在这个例子中，地下水位仅低于地表面，但为了简化计算，将地表面确定为地下水位线所在位置。

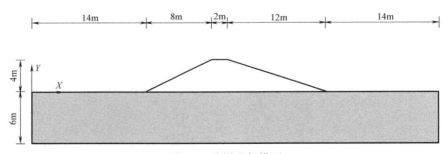

图 3-1　路堤几何模型

3.1 开始新项目

要创建新项目，请执行以下步骤：
（1）开启 PLAXIS 2D Input 软件，并从"快速启动"对话框选择"开始新项目"。
（2）在"项目属性"窗口的"项目"选项卡中，输入合适的标题。

(3) 在"模型"页面中,保留"模型(平面应变)"和"单元(15 节点)"的默认选项。
(4) 将模型尺寸设置为"$x_{min}=0.0m$、$x_{max}=50.0m$、$y_{min}=-6.0m$、$y_{max}=4.0m$"。
(5) 保留单位、常量和常规参数的"默认值",然后单击"确定"关闭"项目属性"窗口。

对应代码如下:

```
s_in.new()
g_in.SoilContour.initializerectangular(0,- 6,50,4)
```

3.2 定义土层

底部土层剖面由一个延伸至较大深度的黏土层组成。由于只研究路堤的稳定性,在较大的深度之前,无需对黏土层进行建模;模型必须足够深,以便可以形成破坏。请注意,当进行变形分析时,可能需要更深的模型,因为路堤施工造成的变形仍将在相当大的深度发生。

定义土层参数需执行以下操作:

(1) 单击创建钻孔按钮 ,并在 $x=0$ 处创建钻孔。修改土层的窗口将弹出,如图 3-2 所示。

图 3-2 修改土层窗口

(2) 从顶部边界为 $y=0$ 到底部边界 $y=-6$ 添加单个土层。
(3) 保持该钻孔的水头为 0。此时,地下水位与地面重合。

对应代码如下:

```
g_in.borehole(0)
g_in.soillayer(0)
g_in.Soillayer_1.Zones[0].Bottom = - 6
```

3.3 创建和指定材料参数

对于本项目，必须定义 3 种材料参数，一种材料代表用于路堤施工的砂土，另外两种材料代表下层土（一种排水材料和一种不排水材料），分别对应长期和短期条件下的黏土，材料参数如表 3-1 所示。

土层的材料特性　　　　　　　　　　表 3-1

参数类型	参数名称	符号	路堤参数值	黏土层参数值	单位
常规	材料模型	—	土体硬化	土体硬化	—
	排水类型	—	排水	排水	—
	不饱和重度	γ_{unsat}	16	13	kN/m³
	饱和重度	γ_{sat}	16	13	kN/m³
力学	标准三轴排水试验割线刚度	E_{50}^{ref}	15×10^3	5600	kN/m²
	侧限压缩试验切线刚度	E_{oed}^{ref}	15×10^3	5000	kN/m²
	卸载/重加载刚度	E_{ur}^{ref}	45×10^3	20×10^3	kN/m²
	刚度应力水平相关幂指数	m	0.5	1.0	—
	黏聚力	c_{ref}'	3	10	kN/m²
	摩擦角	φ'	30	25	°
初始	K_0 确定	—	自动	自动	—
	超固结比	OCR	1.0	1.2	—

（1）选择"显示材料"按钮，将显示"材料集"窗口。
（2）使用"新建"按钮定义上方表格内定义的 2 个材料集。
（3）为给黏土层创建不排水材料集，请在"材料集"窗口中选择排水材料，然后单击"复制"按钮来复制材料集，在已复制的材料集中，更改名称并将"排水类型"设置为"不排水（A）"。
（4）为下层土指定表示排水的黏土材料集。

对应代码如下：

```
material1 = g_in.soilmat()
material1.setproperties("Identification",
"Embankment","Colour",15262369,"SoilModel", 3,"Gammasat",16.0,"Gammaunsat", 16.0,
"E50ref",15000,"Eoedref", 15000,"Eurref", 45000,"powerm"," cref", 3," phi", 30.0,
"OCR",1.0,"DrainageType",0)

material2 = g_in.soilmat()
material2.setproperties("Identification",
"Clay"," Colour", 10676870," SoilModel", 3," Gammasat", 13.0," Gammaunsat", 13.0,
"E50ref",5600,"Eoedref", 5000,"Eurref", 20000,"powerm", 1.0,"cref", 10,"phi", 25.0,
"OCR",1.2,"DrainageType",0)

material3 = g_in.soilmat()
```

```
material3.setproperties("Identification","Clayun","Colour",10283244,"SoilMod-
el",3,"Gammasat",13.0,"Gammaunsat",13.0,"E50ref",5600,"Eoedref",5000,"Eurref",
20000,"powerm",1.0,"cref",10,"phi",25.0,"OCR",1.2,"DrainageType",1)

g_in.Soil_1.Material = material2
```

3.4 创建路堤

通过定义土体多边形来完成创建路堤，然后为该多边形分配代表路堤材料的材料集。
(1) 进入"结构"模式。
(2) 从工具边栏中选择"创建土体多边形"选项，然后从显示的弹出按钮菜单中再次选择"创建土体多边形"选项。
(3) 绘制从 (x, y)=(14, 0) 到 (22, 4) 以及 (24, 4) 最后到 (36, 0) 的多边形。
(4) 为多边形指定路堤材料。打开"材料集"窗口，然后将材料集拖放到多边形上，或者选择多边形，再在"资源管理器"中将土体多边形的"材料"选项设置为路堤材质来完成。

对应代码如下：

```
g_in.gotostructures()
g_in.polygon((14,0),(22,4),(24,4),(36,0))
g_in.Soil_2.Material = material1
```

3.5 生成网格

(1) 转至"网格"模式。
(2) 单击"生成网格"按钮 , 将会显示"网格选项"窗口。
(3) 在"单元分布列表"中选择细选项并生成网格（图 3-3）。

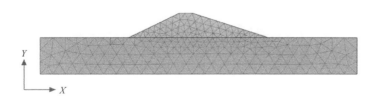

图 3-3 生成的网格

(4) 单击"查看网格"按钮，以查看网格。
(5) 在输出程序左上部选择"关闭"按钮，关闭网格视图。
对应代码如下：

```
g_in.gotomesh()
g_in.mesh(0.04002)
```

3.6 定义阶段并计算

由于只需要关注稳定性，路堤施工只需一个阶段。请注意，对于沉降预测，最好将路堤施工分为多个阶段，如有必要，需在阶段之间进行固结。路堤施工必须在排水和不排水的地基上进行，因此必须确定总共三个计算阶段：初始阶段和两个施工阶段。

3.6.1 初始阶段：初始条件

在初始条件下没有路堤。由于下层土只有一层水平地面，"K_0 过程"可以用来生成初始应力。由于这是默认选项，不需要对初始阶段进行任何修改（图 3-4）。

图 3-4 初始阶段的配置

3.6.2 第 1 阶段：在排水下层土上进行路堤施工

（1）单击"添加阶段"按钮 ，创建新阶段，在默认情况下，新阶段为"塑性分析"阶段，其"荷载类型"为"分阶段施工"。

（2）右键单击"路堤"，然后从显示的弹出菜单中选择"激活"选项，激活代表路堤的土体（图 3-5）。

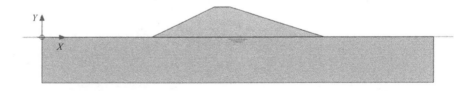

图 3-5 第 1 阶段的配置

3.6.3 第 2 阶段：在不排水下层土上进行路堤施工

在第 2 阶段，假定地基不排水性能的情况下，建造相同的路堤。这意味着必须修改下层土材料集，但施工阶段必须从初始阶段开始，因为这是第 1 阶段的替代计算，而不是第 1 阶段的延续计算。

（1）在"阶段浏览器"中选择"初始阶段"，然后使用"添加阶段"按钮 创建新阶段。由于初始阶段是所选阶段，因此新创建的第2阶段将从初始阶段开始。如果第2阶段错误地从第1阶段开始，可以在"选择资源管理器"中双击第2阶段进行更改，从而打开"阶段"窗口。现在，在"常规"部分中，将"起始阶段"选项设置为初始阶段，然后再次关闭"阶段"窗口。

（2）必须通过将不排水材料集指定给下层土，将下层土的土体特性更改为不排水。有几种方式可以进行此操作：

• 在导航边栏中选择"显示材料"按钮 。从打开的"材料集"窗口中，将不排水黏土的材料集拖放到下层土上。

• 右键单击下层土，然后从连续打开的弹出菜单中选择"土体（ ）""设置材料"选项，最后为其分配表示不排水的下层土。

• 选择下层土，然后在"选择管理器"中更改"土体"对象中表示不排水下层土材料。

（3）激活路堤（图3-6）。

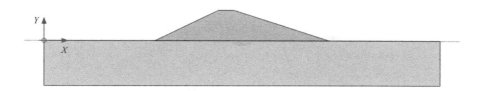

图3-6　第2阶段的配置

对应代码如下：

```
g_in.gotostages()
phase0 = g_in.InitialPhase
phase1 = g_in.phase(phase0)
g_in.Model.CurrentPhase = phase1
phase1.Identification = 'Construction drained'
g_in.activate(g_in.Polygon_1_1, phase1)

phase2 = g_in.phase(phase1)
g_in.Model.CurrentPhase = phase2
phase2.PreviousPhase = phase0
phase2.Identification = 'Construction undrained'
g_in.Soil_1_1.Material[phase2] = material3

phase3 = g_in.phase(phase1)
g_in.Model.CurrentPhase = phase3
phase3.Identification = 'Safety drained'
phase3.DeformCalcType = "Safety"
phase3.Deform.ResetDisplacementsToZero = True
```

```
phase4 = g_in.phase(phase2)
phase4.Identification = 'Safety undrained'
phase4.DeformCalcType = "Safety"
phase4.Deform.ResetDisplacementsToZero = True
```

3.6.4 计算

建议在开始计算之前选择一些节点或应力点，用于稍后在例如荷载-位移或者应力-应变曲线中输出结果。在此项目中，将选择一个位于左侧边坡中间的点，用来计算安全系数。

（1）在导航边栏中单击"曲线选择点" ![] 按钮。

（2）在左侧边坡的中间位置选择一个节点，即（x, y）=（18, 2）附近。

（3）单击左上部的"更新"按钮，关闭输出程序并存储所选点。

（4）单击"计算"按钮 ![] 开始计算。

对应代码如下：

```
output_port = g_in.selectmeshpoints()
s_out, g_out = new_server('localhost', output_port,
password= s_in.connection._password)
g_out.addcurvepoint('node', g_out.Soil_2_1, (18,2))
g_out.update()
g_in.set(g_in.Phases[0].ShouldCalculate, g_in.Phases[1].ShouldCalculate,
g_in.Phases[2].ShouldCalculate, g_in.Phases[3].ShouldCalculate,
g_in.Phases[4].ShouldCalculate,True)
g_in.calculate()
g_in.save(r'% s/% s' % (folder, 'Tutorial_02'))
```

3.7 结果

（1）完成计算后，选择第一阶段并单击"查看计算结果"按钮 ![] 。打开输出程序，将会显示在排水下层土上路堤施工后的变形网格。

（2）从顶部按钮栏的下拉列表中，选择查看第 2 阶段的结果，现在将显示在不排水下层土上路堤施工后的变形网格。图 3-7 显示了两个阶段的变形网格。对于排水下层土，路堤沉降发生在路堤的各个地方，但对于不排水下层土，路堤沉降在中间，但在坡脚附近隆起。这是完全合理的：当下层土不排水时，体积不会发生变化，由于路堤的自重，下层土在中间会发生沉降，则必将在其他部位（通常紧邻路堤）发生隆起。

还可以看出，在下层土不排水的条件下，路堤似乎加宽，导致路堤顶部出现较大沉降。这种情况并非明显可见，在进行安全系数分析后将对其做更详细的讨论。

（3）从应力菜单中选择"孔压"选项，然后选择 P_{excess}。将显示由于下层土不排水荷载而产生的超静孔隙水压力。默认情况下，孔隙水压力显示为等深线，但通过顶部水平按

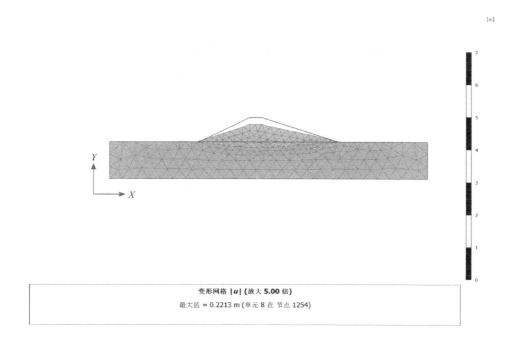

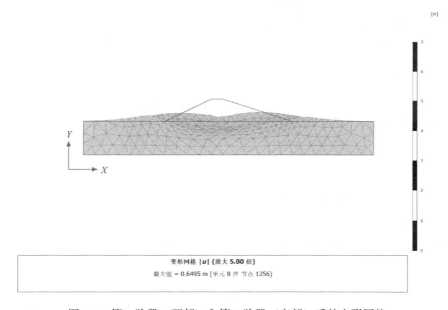

图 3-7 第 1 阶段（顶部）和第 2 阶段（底部）后的变形网格

钮栏中的按钮 和 ，可以看到所有应力点或减少的应力点的孔隙水压力的主要方向。从图 3-8 可以清晰看到，由于路堤施工，产生了超静孔隙水压力。最大的超静孔隙水压力位于路堤正下方，但在路堤坡脚两侧也会出现一些超静孔隙水压力。

（4）查看结果后，关闭输出程序并返回输入程序。

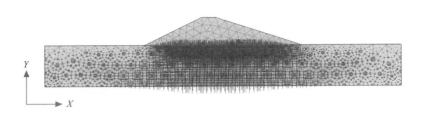

图 3-8　不排水下层土施工后的超静孔隙水压力

3.8　安全分析

在路堤设计中,不仅需要考虑沉降,还要考虑稳定性,即安全系数。可以看出,对于在排水和不排水下层土上建造的路堤,其沉降是不同的。因此,需要分别评估两种情况下的全局安全系数。

在结构工程中,安全系数通常定义为坍塌荷载与工作荷载的比值。然而,对于土体结构而言,该定义并非始终有用。例如,对于路堤而言,大多数荷载是由于土体自重引起的,而土体自重的增加不一定会导致坍塌。实际上,在增加土体自重的试验中,纯摩擦土体的坡度不会在土体自重增加的试验中失败(如离心试验)。因此,安全系数的更恰当定义是:

$$安全系数 = \frac{S_{\text{max available}}}{S_{\text{needed for equilibrium}}}$$

式中,S 代表剪切强度。真正的强度与计算得出的平衡所需最低强度之比作为土力学中常用的安全系数。对于采用标准的摩尔-库仑破坏准则的土体模型,其安全系数为:

$$安全系数 = \frac{c - \sigma_n \tan\varphi}{c_r - \sigma_n \tan\varphi_r}$$

式中,c 和 φ 为输入强度参数;σ_n 为实际的法向应力分量。

参数 c_r 和 φ_r 是折减强度参数,其大小刚好能够维持平衡。上述原理是 PLAXIS 2D 中可用于计算全局安全系数的安全方法的基础。在这种方法中,黏聚力和摩擦角的正切值以相同的比例减小:

$$\frac{c}{c_r} = \frac{\tan\varphi}{\tan\varphi_r} = \sum M_{\text{sf}}$$

强度参数的折减由乘数 $\sum M_{\text{sf}}$ 控制,该乘数逐步增加,直到发生破坏。然后,安全系数被定义为失效时的 $\sum M_{\text{sf}}$ 值,前提是在破坏时,多个连续的持续变形的荷载步长可得到一个大致恒定的数值。

注意,对于不使用摩尔-库仑破坏准则的土体模型,强度降低的概念保持不变,但减少了特定于该土体模型的强度参数。

"阶段"窗口"常规"部分的"计算类型"下拉菜单中提供了"安全计算"选项。如果选择了安全选项,"参数"选项卡上的"荷载输入"将自动设置为增量乘数,这意味着乘数 ΣM_{sf} 将递增,直到出现破坏。"荷载输入"的另一个选项是"目标"——ΣM_{sf},这意味着乘数 ΣM_{sf} 只会增加到指定的目标值,而不会增加到破坏。但是,本项目不使用后一个选项。

要计算两种情况下路堤的安全系数,遵循以下步骤:

(1) 在"阶段浏览器"中选择第1阶段。

(2) 添加新的计算阶段。

(3) 双击新阶段,打开"阶段"窗口。

(4) 在"阶段"窗口中,所选择的阶段将在"起始阶段"下拉菜单中自动选中。

(5) 在"常规"子目录中,选择"安全"作为计算类型。

(6) 增量乘子已在正在加载类型框中选中。将第一个控制强度折减过程的倍增系数增量 M_{sf} 设置为0.1。

(7) 为了从计算得到的破坏机制中去除现有变形,需要在"变形控制参数"子目录中选择"将位移重置为零"选项。

(8) 现在已经定义了第一次安全计算。

(9) 遵循相同的步骤创建一个新的计算过程,分析不排水下层土上的图例施工结束时稳定性,如图3-9所示。

(10) 单击"计算"按钮开始计算。

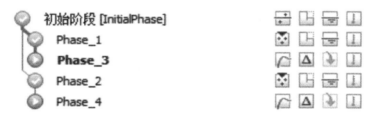

图3-9 显示安全计算阶段的阶段浏览器

> **提示**:在安全计算阶段,"孔压计算类型"下拉菜单中的选项"使用前一阶段的压力"将被自动选择并以灰色显示,表示该选项无法修改。安全计算始终使用与必须计算安全系数的阶段相同的孔隙压力。

安全计算中"最大步长"的默认值是100。与"分阶段施工"计算相比,规定的步数始终完全执行。在大多数安全计算中,100步足以达到破坏状态。如果未达到,则可将步数设置最高增加至1000。

对于大多数安全性分析,以 $M_{sf}=1.0$ 作为第一步可以启动计算过程。在计算过程中,强度折减总倍增系数 ΣM_{sf} 的发展由荷载前进步骤自动控制。

由于土体强度持续降低,在安全计算过程中会产生额外的位移,由此产生的总位移没有物理意义,因为它们取决于施加的荷载阶数;更多荷载阶数意味着计算将进一步推进破坏,从而产生更大的位移,而实际上,破坏的路堤将在有限变形的情况下重新建立新的平衡。然而，最后一步（破坏时）的增量位移非常有用，因为它们表明了可能的破坏机制。增量位移是每个荷载增量的位移变化。通常，因为荷载增量很小，但在发生破坏时，只需要很小的荷载变化，破坏区就可以产生较大的位移变化。因此，破坏区具有较大的增量位移，而在模型中的任何其他地方增量位移应较小。

为了查看排水下层土上的路堤破坏机制，可遵循以下操作：

（1）选择第 3 阶段，即第 1 阶段后的安全阶段，然后单击查看计算结果按钮。

（2）在输出程序中，选择菜单"变形"→"增量位移"→"$|\Delta u|$"。

图 3-10 给出了排水施工后最合适的路堤破坏机制，位移增量的大小不相关，路堤左侧的边坡以典型的滑动面形式破坏。

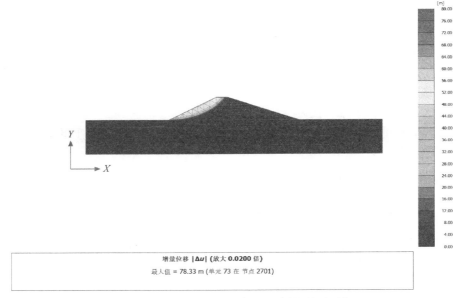

图 3-10　排水施工后最合适的路堤破坏机制

在工具栏的下拉列表中选择第 4 阶段，评估在不排水下层土上建造路堤的破坏机制（图 3-11）。破坏不再局限于路堤本身，而主要是路堤下的下层土破坏，这也解释了之前观察到的路堤基底变宽的现象，即路堤下方的土体失效，在水平方向上移动，远离路堤中心。

安全系数可在项目菜单的计算信息中获取。计算信息窗口中的倍增系数页面代表荷载倍增系数的实际值。ΣM_{sf} 的值代表安全系数，但前提是该值在之前几个步骤中大致恒定。

然而，计算安全系数的最佳方式是绘制曲线。其中根据某个节点的位移绘制参数 ΣM_{sf} 的图，尽管位移不相关，但是可以表征是否出现了破坏情况。

要以这种方式计算三种情况下的安全系数，遵循以下步骤：

（1）单击工具栏中的"曲线管理器"按钮。

（2）单击"图表"页面的"新建"。

（3）在"曲线生成"窗口中，使用下拉列表中之前选择的 X 轴的"节点"。选择"变

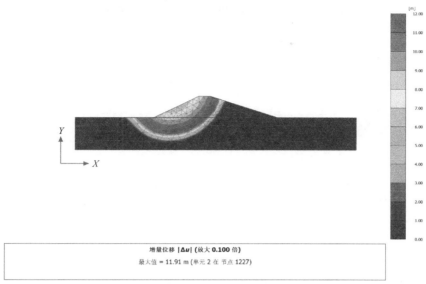

图 3-11 不排水施工后最合适的路堤破坏机制

形"→"总位移"→"$|u|$"。

（4）Y 轴选择"项目"→"乘子"→"$\sum M_{sf}$"。该图表中考虑了安全阶段。

（5）按"确定"关闭窗口并生成图表。

（6）右键单击图表并在出现的菜单中选择"设置"选项，"设置"窗口弹出。

（7）在对应曲线的页面中单击"阶段"按钮。

（8）在"选择阶段"窗口中，确保仅选择第 3 阶段和第 4 阶段，如图 3-12 所示。

（9）单击"确定"，关闭"选择阶段"窗口。

（10）在设置窗口的对应页面中更改曲线标题。

（11）在图表页面中，将 X 轴的缩放设置为手动并将最大值设置为 0.5，如图 3-13 所示。

图 3-12 选择阶段窗口

图 3-13 设置窗口中的图表页面

（12）单击"应用"，根据所做的更改更新图表，然后单击"确定"，关闭设置窗口。如图 3-14 所示。

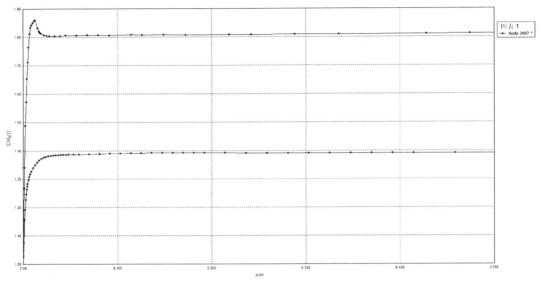

图 3-14　安全系数计算

绘制的最大位移是不相关的。可以看出，两条曲线都得到了一个大致恒定的 $\sum M_{sf}$ 值。将鼠标悬停在曲线上的某个点，将出现一个方框，显示当前计算阶段和确切的 $\sum M_{sf}$ 数值。因此可以确定第 3 阶段，路堤位于排水土体上时，安全系数为 1.8。同样，路堤位于不排水土体上时，安全系数为 1.4。

3.9　案例 2 完整代码

```
import math
from plxscripting.easy import *
s_in, g_in = new_server('localhost', 10000, password= 'yourpassword')
folder =  r'D:\PLAXIS\PLAXIS 2D temp\Test'
filename =  r'Tutorial_02'
s_in.new()
g_in.SoilContour.initializerectangular(0,- 6,50,4)
g_in.borehole(0)
g_in.soillayer(0)
g_in.Soillayer_1.Zones[0].Bottom =  - 6
material1 = g_in.soilmat()
material1.setproperties("Identification",
"Embankment","Colour",15262369,"SoilModel",3,"Gammasat",16.0,"Gammaunsat",16.0,"E50ref",15000,"Eoedref",15000,"Eurref",45000,"powerm","cref",3,"phi",30.0,"OCR",1.0,"DrainageType",0)
```

```
material2 = g_in.soilmat()
material2.setproperties("Identification",
"Clay","Colour",10676870,"SoilModel",3,"Gammasat",13.0,"Gammaunsat",13.0,"E50ref",
5600,"Eoedref",5000,"Eurref",20000,"powerm",1.0,"cref",10,"phi",25.0,"OCR",1.2,
"DrainageType",0)
material3 = g_in.soilmat()
material3.setproperties("Identification","Clay-un","Colour",10283244,"SoilModel",
3,"Gammasat",13.0,"Gammaunsat",13.0,"E50ref",5600,"Eoedref",5000,"Eurref",20000,
"powerm",1.0,"cref",10,"phi",25.0,"OCR",1.2,"DrainageType",1)
g_in.Soil_1.Material = material2
g_in.gotostructures()
g_in.polygon((14,0),(22,4),(24,4),(36,0))
g_in.Soil_2.Material = material1
g_in.mergeequivalents(g_in.Geometry)
g_in.gotomesh()
g_in.mesh(0.04002)   ## smaller finner
g_in.gotostages()
phase0 = g_in.InitialPhase
phase1 = g_in.phase(phase0)
g_in.Model.CurrentPhase = phase1
phase1.Identification = 'Construction drained'
g_in.activate(g_in.Polygon_1_1, phase1)
phase2 = g_in.phase(phase1)
g_in.Model.CurrentPhase = phase2
phase2.PreviousPhase = phase0
phase2.Identification = 'Construction undrained'
g_in.Soil_1_1.Material[phase2] = material3
phase3 = g_in.phase(phase1)
g_in.Model.CurrentPhase = phase3
phase3.Identification = 'Safety drained'
phase3.DeformCalcType = "Safety"
phase3.Deform.ResetDisplacementsToZero = True
phase4 = g_in.phase(phase2)
phase4.Identification = 'Safety undrained'
phase4.DeformCalcType = "Safety"
phase4.Deform.ResetDisplacementsToZero = True
output_port = g_in.selectmeshpoints()
s_out, g_out = new_server('localhost', output_port, password= s_in.connection._pass
word)
g_out.addcurvepoint('node', g_out.Soil_2_1, (18,2))
g_out.update()
g_in.set (g_in.Phases[0].ShouldCalculate, g_in.Phases[1].ShouldCalculate, g_
```

in.Phases[2].ShouldCalculate, g_in.Phases[3].ShouldCalculate, g_in.Phases[4].ShouldCalculate,True)
g_in.calculate()
g_in.save(r'%s/%s' % (folder, 'Tutorial_02'))

本案例到此结束！

4

案例3：水下基坑开挖

本案例使用 PLAXIS 2D 研究了水下基坑开挖。这里将使用案例1中的大多数程序功能，再加入一些新的功能，如界面单元和锚杆单元、孔隙水压力的生成和多个计算阶段的使用。新的功能将进行详细介绍，案例1中已经介绍过的功能不再赘述。因此，建议学习本案例之前先学习案例1。

▶ 目 标

- 使用界面功能对土-结构相互作用进行建模
- 高级土体本构模型（软土模型和土体硬化模型）
- 排水类型：不排水（A）
- 锚定杆的定义
- 锚杆单元材料数据集的创建与指定
- 开挖模拟（类组的停用与激活）

▶ 几何模型

本案例考虑邻近河流的基坑开挖问题。基坑开挖宽度为30m、深度为20m。考虑边界条件影响，沿基坑纵向模型边界取较大的值。侧面支护设置为30m地下连续墙，并以5m为水平间距设置内支撑。沿着开挖两侧地面考虑表面荷载，分布在距离地下连续墙2～7m的位置，其大小为5kPa/m。

如图4-1所示，地基上部分的20m由软土层组成，使用单层均质黏土对其进行建模。黏土层以下是埋深较大、硬度较高的砂土层，模型中取砂土层厚度为30m。

考虑模型的几何对称性，在分析中只对左侧一半的模型进行建模分析。使用三个单独的开挖阶段来模拟整个开挖过程。地下连续墙使用板进行建模。土体和墙之间的相互作用通过界面单元建模、两个界面进行模拟。界面允许对墙和土的摩擦角进行折减。内支撑使用弹簧单元建模，指定其法向刚度。

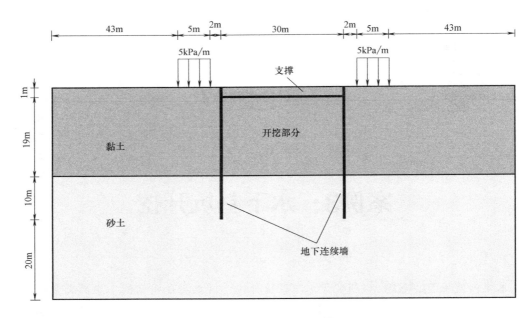

图 4-1　水下基坑开挖几何模型

4.1　开始新项目

要创建新项目，请执行以下步骤：

(1) 启动 PLAXIS 2D Input 软件，在出现的"快速启动"对话框中选择"开始新项目"。

(2) 在"项目属性"窗口的项目选项卡中，输入一个合适的标题。

(3) 在"模型"选项卡中，保持默认选项"模型（平面应变）"和"单元（15-Node）"。

(4) 将模型轮廓设置为"$x_{min}=0m$、$x_{max}=65m$、$y_{min}=-30m$ 和 $y_{max}=20m$"。

(5) 保留单位和常量的默认值。点击"确定"，完成工程属性设定。

使用给定的属性创建项目。项目属性窗口关闭后将显示土体模式视图，在这里可以定义土体地层。

对应代码如下：

```
s_in.new()   # # creat a new project
g_in.SoilContour.initializerectangular(0,- 30,65,20)
```

4.2　定义土层

(1) 单击"创建钻孔" 在 $x=0$ 处鼠标左键点击创建一个钻孔。弹出"修改土层"窗口。

(2) 添加上层土，并设置土层顶部 $y=20$m 和土层底部 $y=0$m。
(3) 添加底层土，并设置土层顶部 $y=0$m 和土层底部 $y=-30$m。
(4) 在钻孔柱状图上设置水头高度为 18m，即水位线位于 $y=18$m。
对应代码如下：

```
g_in.borehole(0)
g_in.soillayer(0)
g_in.Soillayer_1.Zones[0].Top = 20
g_in.soillayer(0)
g_in.Soillayer_2.Zones[0].Bottom = -30
g_in.Borehole_1.Head = 18
```

4.3 创建和指定材料参数

(1) 点击 ▦，进入"材料集"窗口，选择材料集类型为"土体和界面"，点击"新建"。

(2) 根据表 4-1 中的材料属性参数，创建两种材料集并设置材料参数。

(3) 对于黏土层，"标识"命名为"黏土"，选择"软土"模型，"排水类型"为"不排水（A）"。

(4) 在"常规"、"力学"和"地下水"选项卡中输入表 4-1 中列出的黏土层属性。

(5) 在"界面"选项卡中将"强度"选为"手动"，输入参数"R_{inter}"为 0.5。这一参数将土体强度和界面强度联系起来，关系如下：

$$\tan\varphi_{\text{interface}}=R_{\text{inter}}\tan\varphi_{\text{soil}}\leqslant\tan\varphi_{\text{soil}}, c_{\text{inter}}=R_{\text{inter}}c_{\text{soil}}, c_{\text{soil}}=c_{\text{ref}}$$

因此，界面摩擦角和界面黏聚力是通过 R_{inter} 的值对相邻土体的摩擦角和黏聚力进行折减得到。

(6) 在"初始"选项卡中，将"POP"设为 5.0，其余 K_0 和 OCR 保持默认值。点击"确定"。

(7) 对于砂土层，新建并命名为"砂土"，选择"土体硬化"模型，"排水类型"为"排水"。

(8) 同样方法按表中参数设置"砂土"材料集。关闭材料集。

(9) 将上述两个定义好的材料集分别指定给相应土层。

(10) 关闭修改土层窗口并切换到结构模块。

提示：(1) 在"强度"下拉列表中选择"刚性"选项时，界面与相邻土体具有相同的强度参数（$R_{inter}=1.0$）。

(2) 当 $R_{inter}<1.0$ 时，刚度和强度均进行折减。

(3) 可以通过在"对象资源管理器"的"材料模式"下拉菜单中选择相应的数据组来直接分配给界面。

土体材料参数　　　　　　　　　　　　　　表 4-1

参数类型	参数名称	符号	黏土层参数值	砂土层参数值	单位
常规	土体模型	—	软土	土体硬化	
	排水类型	—	不排水(A)	排水	
	不饱和重度	γ_{unsat}	16	17	kN/m^3
	饱和重度	γ_{sat}	18	20	kN/m^3
	初始孔隙比	e_{init}	1.0	—	
力学	修正压缩指数	λ^*	3×10^{-2}	—	—
	修正膨胀指数	K^*	8.5×10^{-3}	—	—
	标准三轴排水试验割线刚度	E_{50}^{ref}	—	40×10^3	kN/m^2
	侧限压缩试验切线刚度	E_{oed}^{ref}	—	40×10^3	kN/m^2
	卸载/重加载刚度	E_{ur}^{ref}	—	120×10^3	kN/m^2
	刚度应力水平相关幂指数	m	—	0.5	—
	黏聚力	c_{ref}'	1.0	0.0	kN/m^2
	摩擦角	φ'	25	32	°
	剪胀角	ψ	0.0	2.0	°
	泊松比	ν_{ur}'	0.15	0.2	—
	正常固结 K_0	K_0^{rc}	0.5774	0.4701	—
地下水	分类类型	—	标准	标准	—
	土体类(标准)	—	粗糙	粗糙	—
	水平方向渗透系数	k_x	0.001	1.0	m/day
	竖直方向渗透系数	k_y	0.001	1.0	m/day
界面	界面刚度	—	手动	手动	—
	强度折减系数	R_{inter}	0.5	0.67	—
初始	K_0 确定	—	自动	自动	—
	超固结比	OCR	1.0	1.0	—
	预加载比	POP	5.0	0.0	—

对应代码如下：

```
material1 = g_in.soilmat()
material1.setproperties("Identification","Clay","Colour",15262369,"SoilModel",3,"Gammasat",18.0,"Gammaunsat",16.0,"nuUR",0.15,"E50ref",4000,"Eoedref",3300,"Eurref",12000,"powerm",1.0,"cref",1,"phi",25.0,"psi",0.0,"OCR",1.0,"POP",5.0,"DrainageType",1,"PermHorizontalPrimary",1.0e-3,"PermVertical",1.0e-3,"InterfaceStrengthDetermination",1,"Rinter",0.5)

material2 = g_in.soilmat()
material2.setproperties("Identification","Sand","Colour",10676870,"SoilModel",3,"Gammasat",20.0"Gammaunsat",17.0,"nuUR",0.2,"E50ref",40000,"Eoedref",40000,
```

```
"Eurref",120000,"powerm",0.5,"cref",0,"phi",32.0,"psi",2.0,"OCR",1.0,"POP",0.0,
"DrainageType",0,"PermHorizontalPrimary",1.0,"PermVertical",1.0,"InterfaceStren
gthDetermination",1,"Rinter",0.67)
g_in.Soillayer_1.Soil.Material = material1
g_in.Soillayer_2.Soil.Material = material2
```

4.4 定义结构单元

地下连续墙、内支撑、地表荷载、分层开挖的建模过程如下。

4.4.1 定义地下连续墙

（1）进入"结构"模块，点击"创建结构"按钮。

（2）点击"创建板"按钮，单击指定点（50，20），移动光标至（50，-10）再次单击。单击鼠标右键停止绘制。

（3）点击，进入材料集窗口，选择材料集类型为"板"，新建并命名为"地下连续墙"。根据表 4-2 定义地下连续墙的材料属性参数。

基础材料参数　　　　　　　　　　表 4-2

参数类型	参数名称	符号	参数值	单位
常规	材料类型	—	弹性	—
	单位重度	w	10	kN/m/m
力学	轴向刚度	EA_1	7.5×10^6	kN/m
	抗弯刚度	EI	1.0×10^6	kN·m²/m
	泊松比	ν	0.0	

（4）关闭数据组窗口，将地下连续墙数据组拖动到几何图形中的墙上，为材料指定属性。关闭材料集窗口。

> 提示：一般情况下，在某一坐标上只能存在一个点，两点之间只能有一条线。重合的点或线将自动减少为一个点或一条线。

（5）定义界面：点击侧边工具栏顶部箭头选项切换光标状态为选择，在创建的板单元上右击，从展开菜单中依次选择"创建"→"正界面"，再次"创建"→"负界面"。

定义界面前后绘图区显示如图 4-2 所示。

> 提示：（1）为了区分几何线两侧的界面，分别加以正号和负号显示。界面的正负没有物理意义，对计算结果没有影响。
> （2）界面可以定义"虚拟厚度因子"，其数值用于优化界面的数值性能。在绘图区选中界面单元，即可在"选择浏览器"中定义其数值。对于初级用户不建议更改其默认值。

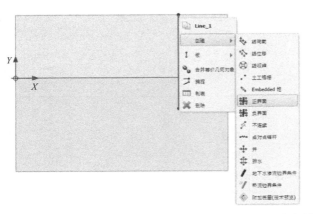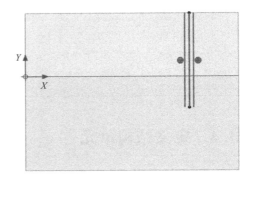

图 4-2　定义界面

对应代码如下：

```
g_in.gotostructures()
g_in.line((50,20),(50,-10))
g_in.plate(g_in.Line_1)
platematerial = g_in.platemat()
platematerial.setproperties("Identification","Wall","Colour",16711680,"Material Type",1,"Isotropic",True,"EA1",7.5e6,"EI",1.0e6,"StructNu",0.0,"w",10.0,"Prevent Punching",False)
g_in.setmaterial(g_in.Plate_1, platematerial)
g_in.posinterface(g_in.Line_1)
g_in.neginterface(g_in.Line_1)
```

4.4.2　定义分步开挖

（1）单击侧边工具栏中的"创建线"按钮，依次在坐标（50，18）、（65，18）处单击，创建水平线，单击鼠标右键结束绘制，生成第一步开挖线。

（2）同样方法在端点坐标（50，10）、（65，10）创建水平线，生成第二步开挖线。

（3）第三步开挖深度与土层分界面重合，即 $y=0$，不必另建开挖线。

对应代码如下：

```
g_in.line((50,18),(65,18))
g_in.line((50,10),(65,10))
```

4.4.3　定义内支撑

（1）单击侧边工具栏中的"创建结构"按钮，在展开菜单中选择"创建锚定杆"。

（2）在坐标（50，19）处单击，创建锚定杆单元，显示为横放的"T"字形。

（3）点击侧边工具栏显示"材料"按钮，"材料集类型"为"锚杆"，点击"新建"。命名为"内支撑",按照表4-3给出的属性创建锚杆材料集。

内支撑(锚杆)材料属性　　　　　　　表4-3

参数类型	参数名称	符号	参数值	单位
常规	材料类型	—	弹性	—
力学	轴向刚度	EA	$2.0×10^6$	kN
	平面外间距	$L_{spacing}$	5.0	m

(4) 关闭材料集。在绘图区选中锚定杆单元,在"选择浏览器"中从锚定杆材料子目录中选择相应的内支撑材料集。

(5) 在"选择浏览器"中将锚定杆单元的等效长度设为15m,如图4-3所示,此为基坑开挖宽度的一半。

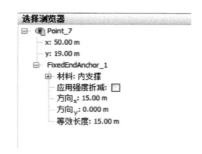

图4-3　选择浏览器中锚定杆参数

> 提示:等效长度是连接点与沿锚杆方向位移为0的点之间的距离。对于开挖问题,通常取挖掘宽度的一半,因为开挖中间的对称轴认为是固定的。

对应代码如下:

```
g_in.fixedendanchor((50,19))
ahchormaterial = g_in.anchormat()
ahchormaterial.setproperties("Identification",
"Strut","Colour",0,"MaterialType",1,"EA",2.0e6,"Lspacing",5.0)
g_in.Point_7.FixedEndAnchor.Material = ahchormaterial
g_in.Point_7.FixedEndAnchor.EquivalentLength = 15
```

4.4.4　定义分布荷载

(1) 点击侧边工具栏中的"创建荷载"　按钮,在展开菜单中选择"创建线荷载"　按钮。

(2) 在坐标(43,20)、(48,20)处依次单击、右击结束绘制。创建线荷载。

(3) 在"选择浏览器中"将线荷载 y 方向分量($q_{y,start,ref}$)设置为"$-5kN/m/m$",见图4-4。

图 4-4　选择浏览器中线荷载参数

对应代码如下：

```
g_in.lineload((43,20),(48,20))
g_in.Line_4.LineLoad.qy_start = -5
```

4.5　生成网格

（1）切换模块进入网格模式。

（2）点击 ▶ "生成网格"。使用网格选项窗口"单元分布"中默认的选项"中等"。

（3）点击 🔍 "查看网格"。生成的网格如图 4-5 所示。

（4）点击"关闭"按钮退出输出程序。

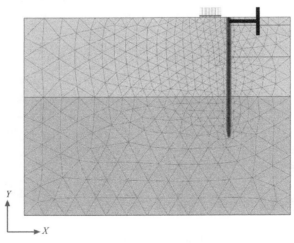

图 4-5　生成的网格

对应代码如下：

```
g_in.gotomesh()
g_in.mesh(0.06)
```

4.6 定义阶段并计算

在实践中，开挖施工是一个多阶段组成的过程。首先，建造地下连续墙到要求的深度。然后通过部分开挖，以创造空间来安装锚或横向支撑。接着逐步开挖土体到挖掘的最终深度。通常会采取特殊措施来进行隔水。另外还有对地下连续墙施加支撑等。

在 PLAXIS 2D 中，可以使用分阶段施工计算选项对这一系列的过程进行模拟。分阶段施工可以激活或冻结被选中部分模型组件的重度、刚度和强度。注意，只有在加载类型为"分阶段施工"时才能在"分阶段施工"模式进行修改。下面介绍如何通过分阶段施工对开挖过程进行模拟。

4.6.1 初始阶段

（1）点击"分阶段施工"模块以定义计算阶段。阶段浏览器中已经默认添加了初始阶段，保持默认设置即可（计算类型为"K_0 过程"）。

（2）检查"模型浏览器"，确保所有土体处于激活状态，荷载和结构处于冻结状态。

对应代码如下：

```
g_in.gotostages()
phase0 = g_in.InitialPhase
```

4.6.2 第 1 阶段：外部荷载

（1）在"阶段浏览器"中点击 添加新的阶段，此计算阶段使用添加阶段的默认设置。

（2）单击侧边工具栏中"选择多个对象"→"选择线"→"选择板"，如图 4-6 所示。

然后在绘图区中框选所有板单元，如图 4-7 所示。在板单元上右击，在展开菜单中选择"激活"，激活的板单元显示其材料集中指定的颜色（默认为深蓝色）。

图 4-6　多个对象选择板

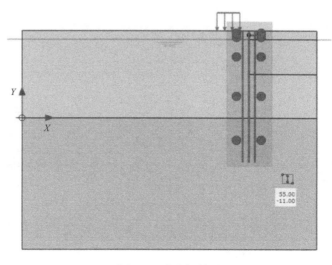

图 4-7　选中板单元

(3) 在分布荷载上右击，选择"激活"，在"选择浏览器"中可以检查其荷载值为"-5kN/m/m"。

(4) 确保板单元两侧的界面单元也都激活。

> 提示：界面的选择通过右键单击相应的几何线，在展开菜单中选择相应的正向/负向界面即可。

对应代码如下：

```
phase1 = g_in.phase(phase0)
phase1.Identification = 'External load'
g_in.Model.CurrentPhase = phase1
g_in.activate(g_in.Plates, phase1)
g_in.activate(g_in.Interfaces, phase1)
g_in.activate(g_in.LineLoads, phase1)
```

4.6.3 第2阶段：第1步开挖

(1) 单击"阶段浏览器"中添加阶段 按钮，"阶段"窗口下参数保持默认。此时除锚定杆外，其他结构单元都处于激活状态。

> 提示：新添加的阶段默认起始阶段为上一阶段，且模型对象激活状态与上一个阶段相同。可以在"阶段"窗口中的"起始阶段"下拉菜单中手动选择一个阶段作为起始阶段。

(2) 在绘图区模型右上角第1个类组上右击，从右键菜单中选择"停用"（模拟开挖 $y=18$m 至 $y=20$m），第1步开挖阶段模型如图4-8所示。

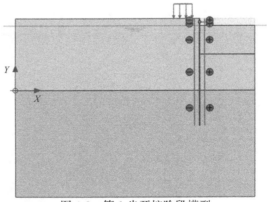

图4-8 第1步开挖阶段模型

对应代码如下：

```
phase2 = g_in.phase(phase1)
g_in.Model.CurrentPhase = phase2
phase2.Identification = 'First excavation'
g_in.deactivate(g_in.BoreholePolygon_1_1, phase2)
```

4.6.4 第3阶段：安装内支撑

（1）单击"阶段浏览器"中添加"阶段" 按钮，"阶段"窗口下参数保持默认。
（2）激活锚定杆单元。内支撑变黑表示处于激活状态。

对应代码如下：

```
phase3 = g_in.phase(phase2)
g_in.Model.CurrentPhase = phase3
phase3.Identification = 'Strut installation'
g_in.activate(g_in.FixedEndAnchors, phase3)
```

4.6.5 第4阶段：第2步（水下）开挖

（1）单击"阶段浏览器"中添加"阶段" 按钮，"阶段"窗口下参数保持默认。
（2）停用模型右上角从上往下第2个土体类组（基坑内处于激活状态的最上部的类组，如图4-9所示）。

> **提示**：注意，在 PLAXIS 2D 中，停用土体类组时不会停用该类组的孔隙水压。本案例模拟水下开挖，没有降排水措施，此时只需停用土体类组，水仍然保留在开挖区域中，模拟了水下挖掘。

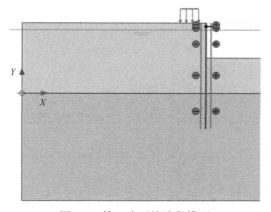
图4-9 第2步开挖阶段模型

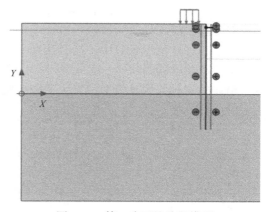
图4-10 第3步开挖阶段模型

对应代码如下：

```
phase4 = g_in.phase(phase3)
g_in.Model.CurrentPhase = phase4
phase4.Identification = 'Second excavation'
g_in.deactivate(g_in.BoreholePolygon_1_2, phase4)
```

4.6.6 第5阶段：第3步开挖

（1）单击"阶段浏览器"中添加"阶段" 按钮，"阶段"窗口下参数保持默认。

(2) 停用模型右上角从上往下第 3 个土体类组，即开挖基坑内剩余黏土层，如图 4-10 所示。
(3) 至此，所有计算阶段定义完成。

对应代码如下：

```
phase5 = g_in.phase(phase4)
g_in.Model.CurrentPhase = phase5
phase5.Identification = 'Third excavation'
g_in.deactivate(g_in.BoreholePolygon_1_4, phase5)
```

4.6.7 执行计算

在开始计算之前，为计算机完成后绘制开挖过程的荷载-位移曲线或应力-应变曲线，先选择一些节点或应力点，操作步骤如下：

(1) 单击侧边工具栏的"为曲线选择点" 按钮，自动启动输出程序显示网格模型及所有节点和应力点，在输出窗口右侧显示"选择点"子窗口。

(2) 选择连续墙（板单元）上可能发生较大变形的点，如（50，10）。在"选择点"子窗口的"相关点坐标"下输入"$x=50$m，$y=10$m"，单击"搜索最相近"项，下方会列出距离该坐标最近的点的信息。勾选一个点，则"选择点"子窗口上方将列出该点。

(3) 单击输出程序左上角的"更新"选项卡保存选定的点，将自动关闭输出程序并返回输入程序。

(4) 点击 按钮，开始计算。计算完成后点击 保存项目。

在分阶段施工计算阶段执行过程中，阶段总乘子 $\sum M_{stage}$ 从 0.0 逐渐增加到 1.0。该参数显示在计算信息窗口中。当其达到 1.0 表示本阶段计算完成。如果分阶段施工，计算阶段中某个阶段的 $\sum M_{stage}$ 还未达到 1.0 的情况下计算结束，程序会提示错误信息。出现这一错误的常见原因是模型中发生了破坏机制，也有可能是其他原因。

对应代码如下：

```
output_port = g_in.selectmeshpoints()
s_out,g_out= new_server('localhost',output_port,password= s_in.connection_password)
g_out.addcurvepoint('node', g_out.Plate_1_4, (50,10))
g_out.update()
g_in.set (g_in.Phases[0].ShouldCalculate, g_in.Phases[1].ShouldCalculate, g_in.Phases[2].ShouldCalculate, g_in.Phases[3].ShouldCalculate, g_in.Phases[4].ShouldCalculate, g_in.Phases[5].ShouldCalculate,True)
g_in.calculate()
g_in.save(r'%s/%s' % (folder, 'Tutorial_03'))
```

4.7 结果

除了查看土体中的位移和应力之外，输出程序还可用于查看结构对象中的力。查看本案例计算结果，操作步骤如下。

4.7.1 位移和应力

（1）在计算窗口中单击最后一个计算阶段，将其置为当前阶段。

（2）单击工具栏上的"查看计算结果" 按钮，弹出"输出"程序窗口，默认自动缩放显示该计算阶段的最终变形网格，并给出最大位移，如图4-11所示。

> 提示：在输出程序中，可以通过单击"查看"菜单下的选项来指定输出图形中是否显示模型的边界约束和潜水位线。施加的荷载、指定位移等可以通过输出程序左侧的"模型浏览器"来控制是否显示。

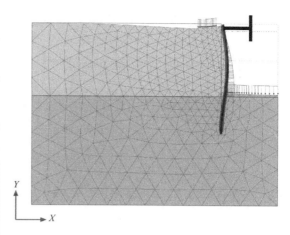

图4-11 第3步开挖阶段后变形网格

1）查看位移

① 主菜单中单击"变形"→"增量位移"→"$|\Delta u|$"。此时显示位移增量云图，展示了墙后土体变形机制的特征。

② 单击工具栏中的"箭头" 按钮，将以箭头的形式显示所有节点的位移增量，箭头的长度表示相对大小。

2）查看应力

选择主菜单中"应力"→"有效主应力"→"有效主应力"。该图显示了每个土体单元的三个内部应力点处的有效主应力，以红色十字线显示其方向及相对大小。此时工具栏中默认勾选了"中心主方向"选项。主应力的方向显示出坑底存在较大被动区，内支撑附近也存在一个较小的被动区。如图4-12所示。

4.7.2 剪力和弯矩

（1）双击"板单元（地下连续墙）"，自动打开新窗口，默认显示板单元轴力。

（2）从"内力（F）"菜单下选择"弯矩M"，显示板单元的弯矩分布，并给出最大弯矩，如图4-13所示。

（3）从"内力（F）"菜单下选择"剪力Q"，显示地下连续墙剪力图。

> 提示：在输出程序"窗口"主菜单下，会列出当前打开的所有窗口，可以在结构内力图与土体应力变形图之间切换。另外，也可以通过"窗口"菜单对已打开的窗口进行层叠、平铺等操作。

（4）从"窗口"主菜单中选择第一个窗口，切换到显示整个模型土体应力，双击锚定杆单元，自动打开新窗口以表格形式显示锚定杆的内力。

（5）单击工具栏上的"曲线管理器" 按钮，弹出"曲线管理器"窗口。

（6）单击"新建"按钮，弹出"曲线生成"对话框，从左侧"X轴"下拉菜单中选择计算前选择的点，在下方目录中选择"变形"→"总位移"→"$|u|$"，从右侧"Y轴"下

拉菜单中选择"项目"（默认选项），在下方目录中选择"乘子"→"$\sum M_{stage}$"，单击"确认"，生成荷载-位移曲线，如图4-14所示。

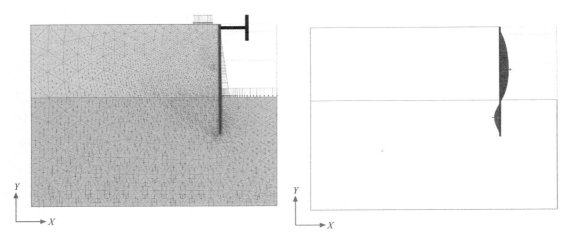

图4-12 开挖后有效主应力　　　　　　图4-13 地下连续墙弯矩

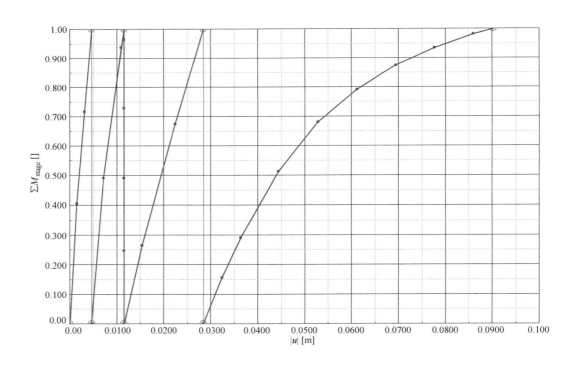

图4-14 墙体荷载-位移曲线

荷载-位移曲线显示了施工阶段不同的变化。对每个阶段，$\sum M_{stage}$都是从0.0逐渐增加到1.0，最后阶段的曲线斜率减小表明塑性变形量在增大。计算结果表明开挖完成后该基坑仍处于稳定状态。

4.8 案例3完整代码

```python
import math
from plxscripting.easy import *
s_in, g_in = new_server('localhost', 10000, password= 'Yourpassword')
folder   = r'D:\PLAXIS\PLAXIS 2D temp\Test'
filename = r'Tutorial_03'
s_in.new()
g_in.SoilContour.initializerectangular(0,-30,65,20)
g_in.borehole(0)
g_in.soillayer(0)
g_in.Soillayer_1.Zones[0].Top = 20
g_in.soillayer(0)
g_in.Soillayer_2.Zones[0].Bottom = -30
g_in.Borehole_1.Head = 18
material1 = g_in.soilmat()
material1 = g_in.soilmat()
material1.setproperties("Identification","Clay","Colour",15262369,"SoilModel",3,
"Gammasat",18.0,"Gammaunsat",16.0,"nuUR",0.15,"E50ref",4000,"Eoedref",3300,"Eur
ref",12000,"powerm",1.0,"cref",1,"phi",25.0,"psi",0.0,"OCR",1.0,"POP",5.0,"Drain
ageType",1,"PermHorizontalPrimary",1.0e-3,"PermVertical",1.0e-3,"InterfaceStrength
Determination",1,"Rinter",0.5)
material2 = g_in.soilmat()
material2.setproperties("Identification","Sand","Colour",10676870,"SoilModel",3,
"Gammasat",20.0,"Gammaunsat",17.0,"nuUR",0.2,"E50ref",40000 ,"Eoedref",40000,"Eur
ref",120000,"powerm",0.5,"cref",0,"phi",32.0,"psi",2.0,"OCR",1.0,"POP",0.0,"Drain
ageType",0,"PermHorizontalPrimary",1.0,"PermVertical",1.0,"InterfaceStrengthDeter
mination",1,"Rinter",0.67)
g_in.Soillayer_1.Soil.Material = material1
g_in.Soillayer_2.Soil.Material = material2
g_in.gotostructures()
g_in.line((50,20),(50,-10))
g_in.plate(g_in.Line_1)
platematerial = g_in.platemat()
platematerial.setproperties("Identification","Wall","Colour",16711680,"Material
Type",1,"Isotropic",True,"EA1",7.5e6,"EI",1.0e6,"StructNu",0.0,"w",10.0,"Prevent
Punching",False)
g_in.setmaterial(g_in.Plate_1, platematerial)
g_in.posinterface(g_in.Line_1)
g_in.neginterface(g_in.Line_1)
g_in.line((50,18),(65,18))
```

```
g_in.line((50,10),(65,10))
g_in.fixedendanchor((50,19))
ahchormaterial = g_in.anchormat()
ahchormaterial.setproperties("Identification","Strut","Colour",0,"MaterialType",
1,"EA",2.0e6,"Lspacing",5.0)
g_in.Point_7.FixedEndAnchor.Material = ahchormaterial
g_in.Point_7.FixedEndAnchor.EquivalentLength = 15
g_in.lineload((43,20),(48,20))
g_in.Line_4.LineLoad.qy_start = -5
g_in.mergeequivalents(g_in.Geometry)
g_in.gotomesh()
g_in.mesh(0.06)
g_in.gotostages()
phase0 = g_in.InitialPhase
phase1 = g_in.phase(phase0)
phase1.Identification = 'External load'
g_in.Model.CurrentPhase = phase1
g_in.activate(g_in.Plates, phase1)
g_in.activate(g_in.Interfaces, phase1)
g_in.activate(g_in.LineLoads, phase1)
phase2 = g_in.phase(phase1)
g_in.Model.CurrentPhase = phase2
phase2.Identification = 'First excavation'
g_in.deactivate(g_in.BoreholePolygon_1_1, phase2)

phase3 = g_in.phase(phase2)
g_in.Model.CurrentPhase = phase3
phase3.Identification = 'Strut installation'
g_in.activate(g_in.FixedEndAnchors, phase3)
phase4 = g_in.phase(phase3)
g_in.Model.CurrentPhase = phase4
phase4.Identification = 'Second excavation'
g_in.deactivate(g_in.BoreholePolygon_1_2, phase4)
phase5 = g_in.phase(phase4)
g_in.Model.CurrentPhase = phase5
phase5.Identification = 'Third excavation'
g_in.deactivate(g_in.BoreholePolygon_1_4, phase5)
output_port = g_in.selectmeshpoints()
s_out, g_out = new_server('localhost', output_port, password= s_in.connection._pass
word)
g_out.addcurvepoint('node', g_out.Plate_1_4, (50,10))
g_out.update()
g_in.set(g_in.Phases[0].ShouldCalculate, g_in.Phases[1].ShouldCalculate,
```

```
g_in.Phases[2].ShouldCalculate, g_in.Phases[3].ShouldCalculate, g_in.Phases
[4].ShouldCalculate, g_in.Phases[5].ShouldCalculate, True)
g_in.calculate()
g_in.save(r'%s/%s'% (folder, 'Tutorial_03')  )
```

本案例到此结束!

案例4：盾构隧道施工及其对桩基的影响分析 [GSE]

本章考虑了中软土中盾构隧道的施工及对桩基的影响。盾构隧道的施工方法是在隧道掘进机（TBM）前面挖土，然后在后面安装隧道衬砌。在这一过程中，土体普遍存在过开挖现象，即最终衬砌所占的截面积总是小于开挖土体的面积。虽然已采取措施填补这一空白，但仍无法避免隧道施工过程中土体的应力重分布和变形。为了避免对现有建筑物或地基造成破坏，有必要预测这些影响并采取适当措施。这种分析可以用有限元法进行。

目 标

- 隧道掘进过程的建模
- 使用"不排水（B）"选项建模不排水行为

几何模型

本案例考虑的隧道直径为5m，平均深度为17m。隧道的几何模型如图5-1所示。

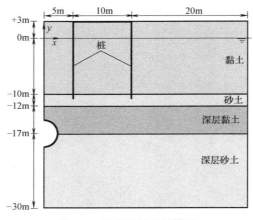

图5-1 盾构隧道几何模型

5.1 开始新项目

要创建新项目，请执行以下步骤：
(1) 启动"输入"程序，并在"快速启动"对话框中选择"开始新项目"。
(2) 在"项目属性"窗口的"项目"选项卡中，输入适当的标题。
(3) 在模型选项卡中，保持默认的"平面应变选项"和"单元（15-Node）"选项。
(4) 设置模型"边界"为"$x_{min}=0m$，$x_{max}=35m$，$y_{min}=-30m$，$y_{max}=3m$"。
(5) 保持单位和常量的默认值，并按"确定"关闭项目属性窗口。
对应代码如下：

```
s_in.new()    # # creat a new project
g_in.SoilContour.initializerectangular(0,-30,35,3)
```

5.2 定义土层

土体剖面显示出 4 个不同层：上部 13m 由软黏土组成，其刚度近似随深度线性增加。在黏土层下面有 2m 厚的细砂层，这一层被用作传统砖房上的旧木桩的地基层。这种建筑物的桩基模型紧挨着隧道。这些桩的位移可能会对建筑物造成破坏，这是非常不可取的。砂层下面是 5m 厚的黏土层。

定义地层：
(1) 点击"创建钻孔"按钮 ，在 $x=0$ 处创建一个钻孔。
(2) 创建如图 5-2 所示的土层。

图 5-2　修改土层窗口中的土层

(3) 保持顶部在钻孔内 0m。

对应代码如下:

```
g_in.borehole(0)
g_in.soillayer(0)
g_in.soillayer(0)
g_in.soillayer(0)
g_in.soillayer(0)
g_in.Soillayer_1.Zones[0].Top = 3
g_in.Soillayer_1.Zones[0].Bottom = - 10
g_in.Soillayer_2.Zones[0].Bottom = - 12
g_in.Soillayer_3.Zones[0].Bottom = - 17
g_in.Soillayer_4.Zones[0].Bottom = - 30
```

5.3 创建和指定材料参数

需要为黏土和砂层创建 4 个材料集。

上部黏土层的刚度和抗剪强度随深度增加而增加,因此,将在高级子项目中输入 E'_{inc} 和 $s'_{u,inc}$ 的值。E'_{ref} 和 $s'_{u,ref}$ 的值成为参考层 y_{ref} 上的参考值。在 y_{ref} 下方,E' 和 s_u 的实际值随深度增加而增加,具体如下:

$$E'(y) = E'_{ref} + E'_{inc}(y_{ref} - y)$$
$$s'_u(y) = s_{u,ref} + s_{u,inc}(y_{ref} - y)$$

数据集的接口属性保持默认值。输入表 5-1 和表 5-2 中列出的属性的 4 个数据集,然后将它们分配给几何模型中相应的土层。

黏土层的土体材料参数　　　　　　表 5-1

参数类型	参数名称	符号	黏土层参数值	深黏土层参数值	单位
常规	土体模型	—	摩尔-库仑	摩尔-库仑	—
	排水类型	—	不排水(B)	不排水(B)	—
	不饱和重度	γ_{unsat}	15	16	kN/m³
	饱和重度	γ_{sat}	18	18.5	kN/m³
力学	杨氏模量	E'_{ref}	3.4×10³	9.0×10³	kN/m²
	泊松比	$\nu(nu)$	0.33	0.33	—
	杨氏模量增量	E'_{inc}	400	600	kN/m³
	参考水平	y_{ref}	3.0	−12	m
	参考水平的不排水抗剪强度	$s_{u,ref}$	5	40	kN/m²
	不排水抗剪强度增量	$s_{u,inc}$	2	3	kN/m³
地下水	分类类型	—	标准	标准	—
	土体类(标准)	—	粗糙	粗糙	—
	使用默认值	—	无	无	—
	水平方向渗透系数	k_x	0.1×10⁻³	0.01	m/day
	竖直方向渗透系数	k_y	0.1×10⁻³	0.01	m/day

续表

参数类型	参数名称	符号	黏土层参数值	深黏土层参数值	单位
界面	界面强度	—	刚性	手动	—
	强度折减系数	R_{inter}	1.0	0.7	—
初始	K_0 确定	—	手动	手动	—
	侧向土压力系数	$K_{0,x}$	0.6	0.7	—

砂土层的土体材料参数　　　　表 5-2

参数类型	参数名称	符号	砂土层参数值	深砂土层参数值	单位
常规	材料类型	—	HS-small	HS-small	—
	排水类型	—	排水	排水	—
	不饱和重度	γ_{unsat}	16.5	17	kN/m³
	饱和重度	γ_{sat}	20	21	kN/m³
力学	标准三轴排水试验割线刚度	E_{50}^{ref}	25×10^3	42×10^3	kN/m²
	侧限压缩试验切线刚度	E_{oed}^{ref}	25×10^3	42×10^3	kN/m²
	卸载/重加载刚度	E_{ur}^{ref}	75×10^3	126×10^3	kN/m²
	刚度应力水平相关幂指数	m	0.5	0.5	—
	黏聚力	c'_{ref}	0	0	kN/m²
	摩擦角	φ'	31	35	°
	剪胀角	ψ	1	5	°
	当 $G_s=0.722G_0$ 时的剪切应变	$\gamma_{0.7}$	0.2×10^{-3}	0.13×10^{-3}	—
	极小应变的剪切弹性模量	G_0^{ref}	80×10^3	110×10^3	kN/m²
	泊松比	ν'_{ur}	0.2	0.2	—
地下水	分类类型	—	标准	标准	—
	土体类（标准）	—	粗糙	粗糙	—
	使用默认值	—	无	无	—
	水平方向渗透系数	k_x	1.0	0.5	m/day
	竖直方向渗透系数	k_y	1.0	0.5	m/day
界面	界面刚度	—	刚性	手动	—
	强度折减系数	R_{inter}	1.0	0.7	—
初始	K_0 确定	—	自动	自动	—
	先期固结压力	POP	1.0	1.0	—
	超固结比	OCR	0.0	0.0	—

单击修改土层窗口中的材料按钮，并创建材料集。
对应代码如下：

```
material1 = g_in.soilmat()
material1.setproperties("Identification", 'Clay',"Colour",15262369,"SoilModel",
2,"Gammasat",18.0,"Gammaunsat",15.00,"nu",0.33,"Eref",3.4e3,"Einc",400,"vertical-
```

```
Ref",3.0,"cref",5.0,"cinc",2.0,"PermHorizontalPrimary",1.0e-4,"PermVertical",
1.0e-4,"InterfaceStrengthDetermination",0,"K0Determination",0,"DrainageType",2)

material2 = g_in.soilmat()
material2.setproperties("Identification",'Sand',"Colour",10676870,"SoilModel",
4,"Gammasat",20.0,"Gammaunsat",16.50,"nuUR",0.2,"E50ref",25e3,"Eoedref",25e3,"Eu
rref",75e3,"powerm",0.5,"cref",0,"phi",31.0,"psi",1.0,"G0ref",80e3,"gamma07",
0.2e-3,"PermHorizontalPrimary",1.0,"PermVertical",1.0,"InterfaceStrengthDetermi
nation",0,"K0Determination",1,"OCR",1.0,"POP",0.0,"DrainageType",0)

material3 = g_in.soilmat()
material3.setproperties("Identification",'DeepClay',"Colour",10283244,"SoilMod-
el",2,"Gammasat",18.5,"Gammaunsat",16.00,"nu",0.33,"Eref",9.0e3,"Einc",600,"ver
ticalRef",-12.0,"cref",40.0,"cinc",3.0,"PermHorizontalPrimary",1.0e-
2,"PermVertical",1.0e-2,"InterfaceStrengthDetermination",1,"Rinter",0.7,"
K0Determination",0,"DrainageType",2)

material4 = g_in.soilmat()
material4.setproperties("Identification",'DeepSand',"Colour",
16377283,"SoilModel",4,"Gammasat",21.0,\"Gammaunsat",17.0,"nuUR",0.2,"E50ref",
42e3,"Eoedref",42e3,"Eurref",126e3,"powerm",0.5,"cref",0,"phi",35.0,"psi",5.0,"
G0ref",110e3,"gamma07",0.13e-
3,"PermHorizontalPrimary",0.5,"PermVertical",0.5,"InterfaceStrengthDetermina
tion",1,"Rinter",0.7,"K0Determination",1,"OCR",1.0,"POP",0.0,"DrainageType",0)

g_in.Soillayer_1.Soil.Material = material1
g_in.Soillayer_2.Soil.Material = material2
g_in.Soillayer_3.Soil.Material = material3
g_in.Soillayer_4.Soil.Material = material4
```

5.4 定义结构单元

5.4.1 定义隧道

隧道和建筑被定义为结构单元。

这里考虑的隧道是圆形隧道的右半部分。生成基本几何图形后，按照以下步骤来设计圆形隧道：

（1）在"结构"模式下，单击侧边工具栏中的"创建隧道"按钮，然后在绘图区的（0.0，-17.0）处单击，将弹出"隧道设计器"对话框，显示"剖面"模式的"一般"选项卡。

（2）在"形状类型"下拉菜单中选择"圆"选项。

(3) 在"整个或半隧道"下拉菜单中选择"定义右半部分"选项。

(4) 在与"起始点偏移"组框中将轴 2 设置为 -2.5。其他保持默认。

(5) 单击"线段"选项框,进入该选项框。程序会自动创建第一条线段,在线段列表下方的属性框内可以定义线段的具体属性。

(6) 将线段"半径"设置为 2.5m,如图 5-3 所示。

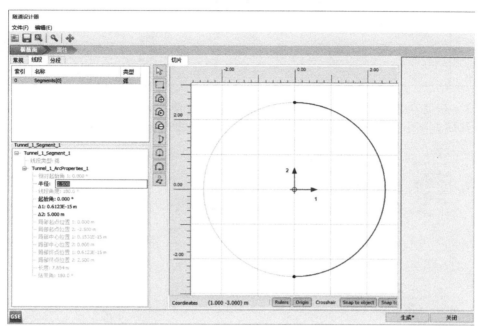

图 5-3　隧道轮廓线定义

> **提示**:对于本例隧道而言,隧道衬砌考虑为各向同性,且隧道一步施工完成,隧道设计器中的线段(Segments)没有特定含义。一般情况下,线段对计算影响会比较明显,例如:
> - 隧道分步开挖完成。
> - 不同隧道分段的衬砌具有不同的属性。
> - 考虑在衬砌中加入铰接作用 [在一般模式下定义好隧道后添加铰接(Hinges)]。
> - 隧道的轮廓线由不同半径的圆弧线组成(例如 NATM 隧道)。

(7) 单击"属性"选项框,进入相应选项框。

(8) 右键单击显示区域中的线段,然后在显示菜单栏中选择"创建"→"创建板"选项。

(9) 在隧道设计器中,打开"选择浏览器"中的"材料"属性,然后单击"加号"按钮以创建新的材料数据集。根据表 5-3 指定 TBM 的材料参数。

> **提示**:隧道衬砌由弯曲的板(壳)组成,可赋予其板单元属性。同样,隧道界面也不过是一个弯曲的界面单元。

(10) 右键单击显示区域中的线段,并在出现的菜单中选择"创建负界面"选项。

板的材料参数 表5-3

参数类型	参数名称	符号	TBM参数值	衬砌参数值	建筑参数值	单位
常规	材料模型	—	弹性	弹性	弹性	—
	单位重度	w	17.7	8.4	25	kN/m/m
	防止冲孔	—	否	否	否	—
力学	各向同性	—	是	是	是	—
	轴向刚度	EA_1	$63×10^6$	$14×10^6$	$1×10^{10}$	kN/m
	弯曲刚度	EI	$472.5×10^3$	$143×10^3$	$1×10^{10}$	kN·m²/m
	泊松比	ν	0.0	0.15	0.0	—

(11) 右键单击显示区域中的线段，并在出现的菜单中选择"创建线收缩"选项，在多段曲线属性框中，指定收缩值为0.5%，隧道模型如图5-4所示。

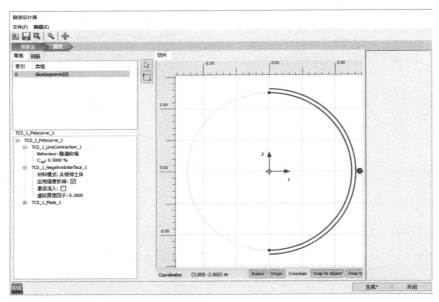

图5-4 "属性"选项卡中的隧道模型

(12) 单击"生成"，将定义的隧道包含在模型中。
(13) 关闭"隧道设计器"对话框。
对应代码如下：

```
g_in.gotostructures()
g_in.tunnel(0,-17)
g_in.Tunnel_1.CrossSection.ShapeType = "Circular"
g_in.Tunnel_1.CrossSection.WholeHalfMode = "Right"
g_in.Tunnel_1.CrossSection.Offset2 = -2.5
g_in.Tunnel_1.CrossSection.Segments[0].ArcProperties.Radius = 2.5

g_in.plate(g_in.Tunnel_1.SliceSegments[0])
```

```
platematerial = g_in.platemat()
platematerial.setproperties("Identification","TBM","Colour",16711680,"Material
Type",1,"Isotropic",False,"EA1",63e6,"EI",472500,"w",17.7,"PreventPunching",
False)

g_in.set(g_in.Tunnel_1.SliceSegments[0].Plate.Material,platematerial)
g_in.neginterface(g_in.Tunnel_1.SliceSegments[0])
g_in.contraction(g_in.Tunnel_1.SliceSegments[0])
g_in.Tunnel_1.SliceSegments[0].LineContraction.C = 0.5
g_in.generatetunnel(g_in.Tunnel_1)
g_in.plate((5,3),(15,3))

platematerial2 = g_in.platemat()
platematerial2.setproperties("Identification","Building","Colour",15890743,"Ma
terialType",1,"Isotropic",True,"EA1",1e10,"EI",1e10,"StructNu",0.0,"w",25,"Pre
ventPunching",False)
g_in.set(g_in.Line_1.Plate.Material,platematerial2)

platematerial3 = g_in.platemat()
platematerial3.setproperties("Identification","Lining","Colour",16711680,"Mate
rialType",1,"Isotropic",True,"EA1",14e6,"EI",143e3,"StructNu",0.15,"w",8.4,"Pre
ventPunching",False)
```

5.4.2 定义建筑

建筑本身将由桩基上的刚性板来代替。

(1) 在边栏中，选择"创建线"→"创建板"，然后绘制一个从（5,3）到（15,3）的板来表示建筑。

(2) 根据表 5-3 为建筑创建一个材料集，并将其指定到板上。同时，也要为隧道衬砌创建材料集。

(3) 从边栏中，选择"创建线"→"创建嵌入梁"，并从（5,3）到（5,-11）和（15,3）到（15,-11）绘制两桩（嵌入式梁排）。

(4) 根据表 5-4 创建基础桩的材料集并将其分配给基础桩。

桩的材料参数　　　　　　　　　　　　　　表 5-4

参数类型	参数名称	符号	桩基础参数值	单位
常规	材料类型	—	弹性	—
	单位重度	γ	7.0	kN/m³
力学	桩间距	$L_{spacing}$	3.0	m
	梁类型	—	预定义	—
	预定义的横截面类型	—	实心圆弧梁	—
	直径	—	0.25	m

续表

参数类型	参数名称	符号	桩基础参数值	单位
力学	刚度	E	$10×10^6$	kN/m^2
	轴侧向摩阻力	—	线性	—
		$T_{skin, star, max}$	1.0	kN/m
		$T_{skin, end, max}$	100.0	kN/m
	横向阻力	—	无限制	—
	桩端反力	F_{max}	100.0	kN
	界面刚度因数	—	默认值	—

提示：在"标准约束"条件之下，板单元的一端如果延伸到了某个模型边界，若该模型边界至少在某一个方向上受到约束，则相交处的板端将受到转动约束；若该模型边界为自由边界，则相交处的板端可以自由转动。

对应代码如下：

```
embeddedbeamrow_g1 = g_in.embeddedbeamrow(g_in.Point_1,(5,-11))
embeddedbeamrow_g2 = g_in.embeddedbeamrow(g_in.Point_2,(15,-11))

beammaterial= g_in.embeddedbeammat()
beammaterial.setproperties("Identification","Piles","Colour",9392839,"Material
Type",1,"E",10e6,"Gamma",7.0,"CrossSectionType",0,"PredefinedCrossSectionType",
0,"Diameter",0.25,"Lspacing",3.0,"AxialSkinResistance",0,"TSkinStartMax",1,
"TSkinEndMax",100,"LateralResistance",0,"Fmax",100,"DefaultValues",True)
beammaterial.setproperties("Diameter",0.032)
g_in.setmaterial(g_in.EmbeddedBeamRow_2,beammaterial)
g_in.set(g_in.Line_2.EmbeddedBeam.Material,beammaterial)
g_in.mergeequivalents(g_in.Geometry)
```

5.5 生成网格

在这种情况下，可接受的默认全局网格粗细度参数（中）。请注意，结构元素（板和嵌入梁）的内部自动细化系数为 0.25。

（1）切换标签至网格模式。

（2）点击 "生成网格"。使用网格选项窗口"单元分布"中默认的选项"中等"。

（3）点击 "查看网格"。生成的网格如图 5-5 所示。网格会在基础下自动细化。

（4）点击"关闭"按钮退出输出程序。

对应代码如下：

```
g_in.gotomesh()
g_in.mesh(0.06)
```

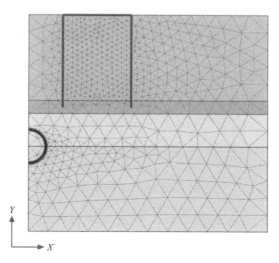

图 5-5 生成的网格

5.6 定义阶段并计算

需要进行分阶段施工计算来模拟隧道施工。

5.6.1 初始阶段

(1) 点击"分阶段施工"选项卡以定义计算阶段。

(2) 初始阶段开始时，确保建筑物、地基桩、隧道衬砌均处于冻结状态。初始阶段计算类型为"K_0 过程"，阶段控制参数采用默认设置即可。程序会根据在钻孔定义中设置的水头（$y=0.0$）按潜水位生成初始孔压场。

对应代码如下：

```
g_in.gotostages()
phase0 = g_in.InitialPhase
```

5.6.2 第 1 阶段：建筑物

(1) 点击 ![icon] 添加新的"阶段"，此计算阶段使用添加阶段的默认设置。

(2) 在"阶段"窗口中，将阶段重命名为"建筑"。

(3) 在"阶段"窗口的"变形控制参数"子目录下勾选"忽略不排水行为（A、B）"，其他参数保持"默认"。

(4) 在绘图区激活建筑物和桩基础。

对应代码如下：

```
phase1 = g_in.phase(phase0)
g_in.Model.CurrentPhase = phase1
phase1.Identification = 'Building'
```

```
g_in.set(g_in.Phase_1.Deform.IgnoreUndrainedBehaviour, True)
g_in.activate((g_in.Line_1_1,g_in.Line_2_1,g_in.Line_3_1), phase1)
```

5.6.3 第 2 阶段：TBM

（1）点击 "添加"新的阶段。

（2）在"阶段"窗口中选择"变形控制参数"子目录中的"重置位移为零"选项。

（3）在"分阶段施工"模式下，在"选择浏览器"下冻结隧道内部的所有土体类组。并将其"水力条件"设置为"干"。

（4）最后，激活此阶段中代表隧道掘进机的圆形板和负向界面。注意，这一阶段中并不设置收缩。

对应代码如下：

```
phase2 = g_in.phase(phase1)
g_in.Model.CurrentPhase = phase2
phase2.Identification = 'TBM'
g_in.set(g_in.Phase_2.Deform.ResetDisplacementsToZero, True)
g_in.set((g_in.Plate_1_1.Material,g_in.Plate_1_2.Material),phase2,platematerial)
g_in.deactivate((g_in.BoreholePolygon_3_2,g_in.BoreholePolygon_4_1),phase2)
g_in.set((g_in.WaterConditions_3_2.Conditions, g_in.WaterConditions_4_1.Conditions), g_in.Phase_2, "Dry")
g_in.activate(g_in.Tunnels, phase2)
g_in.deactivate( (g_in.LineContraction_1_1,g_in.LineContraction_1_2),
g_in.Phase_2)
```

5.6.4 第 3 阶段：收缩 TBM 锥度

（1）点击 添加新的阶段。

（2）选中模拟衬砌的板单元，在"选择浏览器"中激活收缩。

> 提示：
> （1）收缩表示的是 TBM 锥形的影响（钻头直径大于尾端直径）。
> （2）隧道衬砌的收缩本身并不会在衬砌中引起附加力。收缩后衬砌内力的变化是由于这一过程中周围土体应力重分布或者外力的改变引起的。

对应代码如下：

```
phase3 = g_in.phase(phase2)
g_in.Model.CurrentPhase = phase3
phase3.Identification = 'TBM conicity'
g_in.activate ((g_in.LineContraction_1_1,g_in.LineContraction_1_2), g_in.Phase_3)
```

5.6.5 第 4 阶段：尾端孔隙注浆

在隧道掘进机（TBM）的尾部，灌浆以填补 TBM 与最终隧道衬砌之间的空隙。灌浆过程通过对周围土体施加压力来模拟。

（1）点击 "添加"新的阶段。

（2）在"分阶段施工"模式下，冻结隧道衬砌（冻结板单元、负向界面和收缩）。

（3）在"分阶段施工"模式下，选中隧道内部的所有土体类组，在"选择浏览器"中激活其"水力条件"。

（4）在"条件"下拉菜单中选择"用户自定义"，将 p_{ref} 设置为"-230kN/m^2"。隧道内的压力分布为常量。

对应代码如下：

```
phase4 = g_in.phase(phase3)
g_in.Model.CurrentPhase = phase4
phase4.Identification = 'Tail void grouting'
g_in.deactivate(g_in.Tunnels, g_in.Phase_4)
g_in.set((g_in.WaterConditions_3_2.Conditions,g_in.WaterConditions_4_1.Conditions),
g_in.Phase_4, "User-defined")
g_in.set((g_in.WaterConditions_3_2.Pref, g_in.WaterConditions_4_1.Pref), g_in.Phase_4, -230)
```

5.6.6 第 5 阶段：安装衬砌

（1）点击 "添加"新的阶段。

（2）在"分阶段施工"模式下，选中隧道内部的所有土体类组，将"水力条件"设置为"干"。

（3）激活隧道衬砌（板单元）和负向界面。

（4）由于板当前表示隧道的最终衬砌，需要为板单元指定衬砌材料集。

对应代码如下：

```
phase5 = g_in.phase(phase4)
g_in.Model.CurrentPhase = phase5
phase5.Identification = 'Lining installation'
g_in.set((g_in.Plate_1_1.Material, g_in.Plate_1_2.Material), g_in.Phase_5, platematerial3)
g_in.activate((g_in.Plate_1_1,g_in.Plate_1_2), g_in.Phase_5)
g_in.activate((g_in.NegativeInterface_1_1, g_in.NegativeInterface_1_2),g_in.Phase_5)
g_in.deactivate((g_in.LineContraction_1_1,g_in.LineContraction_1_2),g_in.Phase_5)
g_in.set((g_in.WaterConditions_3_2.Conditions,g_in.WaterConditions_4_1.Conditions),
g_in.Phase_5, "Dry")
```

5.6.7 执行计算

（1）点击 选择为曲线生成的点。

（2）选择几个代表性的监测点用于绘制荷载-位移曲线，本例可以选择隧道正上方地表上的点和建筑物的角点。

（3）点击 "计算"该项目。

（4）计算完成后点击 保存项目。

对应代码如下：

```
output_port = g_in.selectmeshpoints()
s_out,g_out= new_server('localhost',output_port,password= s_in.connection._password)
g_out.addcurvepoint('node',g_out.Soil_1_1,(0,3))
g_out.addcurvepoint('node',g_out.Plate_2_1,(5,3))
g_out.addcurvepoint('node',g_out.Plate_2_1,(15,3))
g_out.update()
g_in.set (g_in.Phases[0].ShouldCalculate, g_in.Phases[1].ShouldCalculate, g_in.Phases[2].ShouldCalculate, g_in.Phases[3].ShouldCalculate, g_in.Phases[4].ShouldCalculate, g_in.Phases[5].ShouldCalculate,True)
g_in.calculate()
g_in.save(r'% s/% s' % (folder,'Tutorial_04'))
```

5.7 结果

计算结束后，选择最后一个计算阶段，单击"查看计算结果"按钮。Output 程序启动，显示计算阶段结束时的变形网格，如图 5-6 所示。

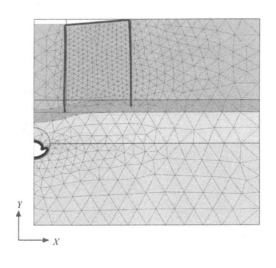

图 5-6 隧道施工后的变形网格（第 5 阶段；放大 20 倍）

隧道排水开挖后（第 2 施工阶段），地表发生了一定的沉降，隧道衬砌也产生了一定的变形。这一阶段衬砌轴力达到最大值。双击模拟衬砌的板单元，可以从"力"菜单栏下的相关选项查看衬砌内力,如图 5-7 所示的衬砌轴力和弯矩图分别按照 5×10^{-3} 和 0.2 的比例缩放。

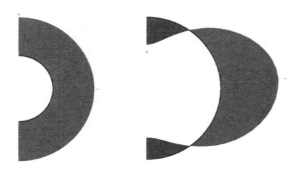

图 5-7 第 2 施工阶段计算后的隧道衬砌的轴力和弯矩

有效应力如图 5-8 所示,可以看出,隧道周围产生了拱效应,这对作用到隧道衬砌的力有削减作用。结果表明,最终阶段的衬砌轴力小于第 2 施工阶段计算后的轴力。

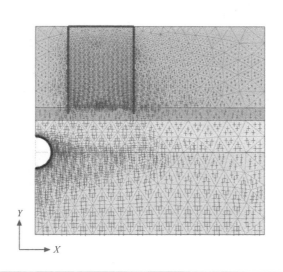

有效主应力 (放大 5.00×10^{-3} 倍)
最大值 = $0.2220*10^{-15}$ kN/m² (单元 55 在 应力点 650)
最小值 = -337.1 kN/m² (单元 977 在 应力点 11721)

图 5-8 隧道施工后的有效应力(第 2 施工阶段)

为了查看衬砌施工结束后建筑结构的倾斜程度,可按如下操作:
(1)点击侧边工具栏上的"距离测量"按钮。
(2)单击位于结构左角的节点(5,3)。
(3)单击位于结构右角的节点(15,3)。
将显示"距离测量信息"窗口,如图 5-9 所示,其中给出了结构的最终倾斜度。

图 5-9　距离测量信息窗口

5.8　案例 4 完整代码

import math
from plxscripting.easy import *
s_in, g_in = new_server('localhost', 10000, password= 'Yourpassword')
folder   = r'D:\PLAXIS\PLAXIS 2D temp\Test'
filename = r'Tutorial_04'
s_in.new()
g_in.SoilContour.initializerectangular(0,-30,35,3)
g_in.borehole(0)
g_in.soillayer(0)
g_in.soillayer(0)
g_in.soillayer(0)
g_in.soillayer(0)
g_in.Soillayer_1.Zones[0].Top = 3
g_in.Soillayer_1.Zones[0].Bottom = -10
g_in.Soillayer_2.Zones[0].Bottom = -12
g_in.Soillayer_3.Zones[0].Bottom = -17
g_in.Soillayer_4.Zones[0].Bottom = -30
material1 = g_in.soilmat()
material1.setproperties("Identification",'Clay',"Colour",15262369,"SoilModel",2,"Gammasat",18.0," Gammaunsat",15.00," nu ",0.33," Eref ",3.4e3," Einc ",400,"verticalRef",3.0,"cref",5.0,"cinc",2.0,"PermHorizontalPrimary",1.0e-4,"PermVertical",1.0e-4,"InterfaceStrengthDetermination",0,"K0Determination",0,"DrainageType",2)

```
material2 = g_in.soilmat()
material2.setproperties("Identification", 'Sand', "Colour", 10676870, "SoilModel", 4,
"Gammasat", 20.0, "Gammaunsat", 16.50, "nuUR", 0.2, "E50ref", 25e3, "Eoedref", 25e3, "Eur
ref", 75e3, "powerm", 0.5, "cref", 0, "phi", 31.0, "psi", 1.0, "G0ref", 80e3, "gamma07", 0.2e
3, "PermHorizontalPrimary", 1.0, "PermVertical", 1.0, "InterfaceStrengthDetermina
tion", 0, "K0Determination", 1, "OCR", 1.0, "POP", 0.0, "DrainageType", 0)
material3 = g_in.soilmat()
material3.setproperties("Identification", 'DeepClay', "Colour", 10283244, "SoilModel",
2, "Gammasat", 18.5, "Gammaunsat", 16.00, "nu", 0.33, "Eref", 9.0e3, "Einc", 600, "vertical
Ref", -12.0, "cref", 40.0, "cinc", 3.0, "PermHorizontalPrimary", 1.0e-2, "PermVertical",
1.0e-2, "InterfaceStrengthDetermination", 1, "Rinter", 0.7, "K0Determination", 0, "Drain
ageType", 2)
material4 = g_in.soilmat()
material4.setproperties("Identification", 'DeepSand', "Colour", 16377283, "SoilMod
el", 4, "Gammasat", 21.0, \"Gammaunsat", 17.0, "nuUR", 0.2, "E50ref", 42e3, "Eoedref", 42e3,
"Eurref", 126e3, "powerm", 0.5, "cref", 0, "phi", 35.0, "psi", 5.0, "G0ref", 110e3, "gamma07",
0.13e-3, "PermHorizontalPrimary", 0.5, "PermVertical", 0.5, "InterfaceStrengthDetermi
nation", 1, "Rinter", 0.7, "K0Determination", 1, "OCR", 1.0, "POP", 0.0, "DrainageType", 0)
g_in.Soillayer_1.Soil.Material = material1
g_in.Soillayer_2.Soil.Material = material2
g_in.Soillayer_3.Soil.Material = material3
g_in.Soillayer_4.Soil.Material = material4
g_in.gotostructures()
g_in.tunnel(0,-17)
g_in.Tunnel_1.CrossSection.ShapeType = "Circular"
g_in.Tunnel_1.CrossSection.WholeHalfMode = "Right"
g_in.Tunnel_1.CrossSection.Offset2 = -2.5
g_in.Tunnel_1.CrossSection.Segments[0].ArcProperties.Radius = 2.5
g_in.plate(g_in.Tunnel_1.SliceSegments[0])
platematerial = g_in.platemat()
platematerial.setproperties("Identification", "TBM", "Colour", 16711680, "Material
Type", 1, "Isotropic", False, "EA1", 63e6, "EI", 472500, "w", 17.7, "PreventPunching", False)
g_in.set(g_in.Tunnel_1.SliceSegments[0].Plate.Material, platematerial)
g_in.neginterface(g_in.Tunnel_1.SliceSegments[0])
g_in.contraction(g_in.Tunnel_1.SliceSegments[0])
g_in.Tunnel_1.SliceSegments[0].LineContraction.C = 0.5
g_in.generatetunnel(g_in.Tunnel_1)
g_in.plate((5,3),(15,3))
platematerial2 = g_in.platemat()
platematerial2.setproperties("Identification", "Building", "Colour", 15890743, "Mate
rialType", 1, "Isotropic", True, "EA1", 1e10, "EI", 1e10, "StructNu", 0.0, "w", 25, "Prevent
Punching", False)
g_in.set(g_in.Line_1.Plate.Material, platematerial2)
```

```
platematerial3 = g_in.platemat()
platematerial3.setproperties("Identification","Lining","Colour",16711680,"MaterialType",1,"Isotropic",True,"EA1",14e6,"EI",143e3,"StructNu",0.15,"w",8.4,"PreventPunching",False)
embeddedbeamrow_g1 = g_in.embeddedbeamrow(g_in.Point_1,(5,-11))
embeddedbeamrow_g2 = g_in.embeddedbeamrow(g_in.Point_2,(15,-11))
beammaterial= g_in.embeddedbeammat()
beammaterial.setproperties("Identification","Piles","Colour",9392839,"MaterialType",1,"E",10e6,"Gamma",7.0,"CrossSectionType",0,"PredefinedCrossSectionType",0,"Diameter",0.25,"Lspacing",3.0,"AxialSkinResistance",0,"TSkinStartMax",1,"TSkinEndMax",100,"LateralResistance",0,"Fmax",100,"DefaultValues",True)
beammaterial.setproperties("Diameter",0.032)
g_in.setmaterial(g_in.EmbeddedBeamRow_2,beammaterial)
g_in.set(g_in.Line_2.EmbeddedBeam.Material,beammaterial)
g_in.mergeequivalents(g_in.Geometry)
g_in.gotomesh()
g_in.mesh(0.06)
g_in.gotostages()
phase0 = g_in.InitialPhase
phase1 = g_in.phase(phase0)
g_in.Model.CurrentPhase = phase1
phase1.Identification = 'Building'
g_in.set(g_in.Phase_1.Deform.IgnoreUndrainedBehaviour,True)
g_in.activate((g_in.Line_1_1,g_in.Line_2_1,g_in.Line_3_1),phase1)
phase2 = g_in.phase(phase1)
g_in.Model.CurrentPhase = phase2
phase2.Identification = 'TBM'
g_in.set(g_in.Phase_2.Deform.ResetDisplacementsToZero,True)
g_in.set((g_in.Plate_1_1.Material,g_in.Plate_1_2.Material),phase2,platematerial)
g_in.deactivate((g_in.BoreholePolygon_3_2,g_in.BoreholePolygon_4_1),phase2)
g_in.set((g_in.WaterConditions_3_2.Conditions,g_in.WaterConditions_4_1.Conditions),g_in.Phase_2,"Dry")
g_in.activate(g_in.Tunnels,phase2)
g_in.deactivate((g_in.LineContraction_1_1,g_in.LineContraction_1_2),g_in.Phase_2)
phase3 = g_in.phase(phase2)
g_in.Model.CurrentPhase = phase3
phase3.Identification = 'TBM conicity'
g_in.activate((g_in.LineContraction_1_1,g_in.LineContraction_1_2),g_in.Phase_3)
phase4 = g_in.phase(phase3)
g_in.Model.CurrentPhase = phase4
phase4.Identification = 'Tail void grouting'
g_in.deactivate(g_in.Tunnels,g_in.Phase_4)
g_in.set((g_in.WaterConditions_3_2.Conditions,g_in.WaterConditions_4_1.Conditions),
```

```
g_in.Phase_4, "Userdefined")
g_in.set( (g_in.WaterConditions_3_2.Pref, g_in.WaterConditions_4_1.Pref), g_in.Phase_4, -230)
phase5 = g_in.phase(phase4)
g_in.Model.CurrentPhase = phase5
phase5.Identification = 'Lining installation'
g_in.set((g_in.Plate_1_1.Material, g_in.Plate_1_2.Material), g_in.Phase_5, platematerial3)
g_in.activate((g_in.Plate_1_1,g_in.Plate_1_2), g_in.Phase_5)
g_in.activate((g_in.NegativeInterface_1_1, g_in.NegativeInterface_1_2), g_in.Phase_5)
g_in.deactivate( (g_in.LineContraction_1_1, g_in.LineContraction_1_2), g_in.Phase_5)
g_in.set((g_in.WaterConditions_3_2.Conditions,g_in.WaterConditions_4_1.Conditions), g_in.Phase_5, "Dry")
output_port = g_in.selectmeshpoints()
s_out, g_out = new_server('localhost', output_port, password= s_in.connection._password)
g_out.addcurvepoint('node', g_out.Soil_1_1, (0,3))
g_out.addcurvepoint('node', g_out.Plate_2_1, (5,3))
g_out.addcurvepoint('node', g_out.Plate_2_1, (15,3))
g_out.update()
g_in.set( g_in.Phases[0].ShouldCalculate, g_in.Phases[1].ShouldCalculate, g_in.Phases[2].ShouldCalculate, g_in.Phases[3].ShouldCalculate, g_in.Phases[4].ShouldCalculate, g_in.Phases[5].ShouldCalculate,True)
g_in.calculate()
g_in.save(r'%s/%s' % (folder, 'Tutorial_04') )
```

本案例到此结束！

案例5：新奥法（NATM）隧道开挖［GSE］

本案例利用 PLAXIS 分析 NATM 隧道施工过程。NATM 是在地下开挖时，利用喷射混凝土作为临时支护，保证开挖稳定性的一种施工方法。

目标

- 模拟 NATM 隧道施工（β 法）
- 用重力加载生成初始应力
- 实现 Python 远程控制 PLAXIS 自动化建模计算新奥法隧道开挖案例

几何模型

本案例几何模型见图 6-1。

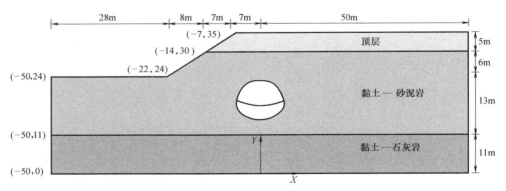

图 6-1 新奥法隧道开挖几何模型

6.1 开始新项目

要创建新项目，请执行以下步骤：
（1）启动 PLAXIS 2D Input 软件，在出现的"快速启动"对话框中选择"开始新项目"。

(2) 在"项目属性"窗口的"项目"选项卡中,输入一个合适的标题。

(3) 由于是三维问题,使用轴对称模型。在"模型"选项卡中,选择"轴对称"选项和"单元(15-Node)",其他保持默认选项。

(4) 保留单位和常数的默认值,并将模型轮廓设置为"$x_{min}=-50m$、$x_{max}=50m$、$y_{min}=0m$ 和 $y_{max}=35m$"。

(5) 点击"确定",完成工程属性设定。

对应代码如下:

```
s_in.new()    # # creat a new project
g_in.SoilContour.initializerectangular(- 50,0,50,35)
```

6.2 定义土层

利用钻孔生成土层,模型中考虑 11m 厚的泥灰岩,这层的底部 $y_{min}=0$ 作为参考点,定义土层:

(1) 单击"创建钻孔" 在"$x=-22$"处创建一个钻孔。

(2) 在"修改土层"窗口中创建三个土层。

- 第 1 层在 Borehole_1 中的深度等于零,"顶部"和"底部"赋值 24。
- 第 2 层的范围为从"顶部=24"到"底部=11"。
- 第 3 层的范围为从"顶部=11"到"底部=0"。

(3) 单击在"修改土层"窗口的底部"钻孔"按钮。

(4) 在出现的菜单中选择"添加"选项。"添加钻孔"窗口出现。

(5) 指定第二个钻孔的位置为"$x=-14$"。

注意:钻孔 Borehole_1 的特性复制给了 Borehole_2。

- 第 1 层在 Borehole_2 中的深度等于零。但是,由于第 2 层的深度较深,因此向第 1 层的"顶部"和"底部"赋值 30.00。
- 第 2 层的范围为从"顶部=30"到"底部=11"。
- 第 3 层的范围为从"顶部=11"到"底部=0"。
- 指定第三个钻孔的位置为"$x=-7$"。

注意:在 Borehole_3 中:

- 第 1 层厚度非零,范围为从"顶部=35"到"底部=30"。
- 第 2 层的范围为从"顶部=30"到"底部=11"。
- 第 3 层的范围为从"顶部=11"到"底部=0"。

(7) 所有钻孔设置"水头"高度为"$y=0m$"。

(8) 土层设定如图 6-2 所示。

对应代码如下:

```
g_in.borehole(- 22)
g_in.soillayer(0)
g_in.soillayer(0)
g_in.soillayer(0)
```

```
g_in.setsoillayerlevel(g_in.Borehole_1, 0, 24)
g_in.setsoillayerlevel(g_in.Borehole_1, 1, 24)
g_in.setsoillayerlevel(g_in.Borehole_1, 2, 11)
g_in.arrayr(g_in.Borehole_1,2,8)
g_in.setsoillayerlevel(g_in.Borehole_2, 0, 30)
g_in.setsoillayerlevel(g_in.Borehole_2, 1, 30)
g_in.arrayr(g_in.Borehole_2,2,7)
g_in.setsoillayerlevel(g_in.Borehole_3, 0, 35)
```

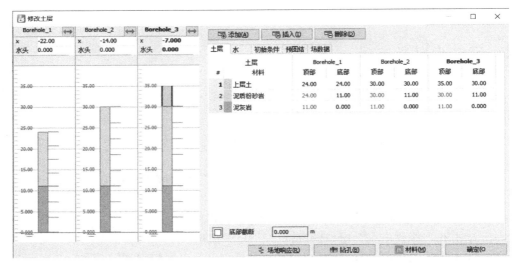

图 6-2　土层分布

6.3　创建和指定材料参数

需要为土层创建三个材料集。

请注意，第一个钻孔左侧的模型分层以 Borehole_1 为基础，最后一个钻孔右侧的分层以 Borehole_3 为基础。因此，$x=-50\text{m}$ 或 $x=50\text{m}$ 处不需要钻孔。这些层的属性见表 6-1、表 6-2。

土体材料参数　　　　　　　　　　　　　　　　表 6-1

参数类型	参数名称	符号	砂土层参数值	单位
常规	土体模型	—	土体硬化	
	排水类型	—	排水	
	不饱和重度	γ_{unsat}	20	kN/m^3
	饱和重度	γ_{sat}	22	kN/m^3
力学	标准三轴排水试验割线刚度	E_{50}^{ref}	40×10^3	kN/m^2
	侧限压缩试验切线刚度	E_{oed}^{ref}	40×10^3	kN/m^2
	卸载/重加载刚度	E_{ur}^{ref}	120×10^3	kN/m^2
	刚度应力水平相关幂指数	m	0.5	—
	泊松比	ν_{ur}'	0.2	—

续表

参数类型	参数名称	符号	砂土层参数值	单位
力学	黏聚力	c'_{ref}	10	kN/m²
	摩擦角	φ'	30	°
界面	界面刚度	—	刚性	—
	强度折减系数	R_{inter}	1.0	—

软岩层材料参数　　　　表 6-2

参数类型	参数名称	符号	黏土-粉砂岩参数值	黏土-石灰岩参数值	单位
常规	材料模型	—	霍克-布朗	霍克-布朗	—
	排水类型	—	排水	排水	—
	不饱和重度	γ_{unsat}	25	24	kN/m³
	饱和重度	γ_{sat}	25	24	kN/m³
力学	杨氏模量	E'_{rm}	1.0×10^6	2.5×10^6	kN/m²
	泊松比	ν'	0.25	0.25	—
	单轴抗压强度	σ_{ci}	25×10^3	50×10^3	kN/m²
	完整岩石的材料常量	m_i	4	10	—
	地质强度指标	GSI	40	55	—
	干扰因素	D	0.2	0.0	—
	剪胀参数	ψ_{max}	30	35	°
	剪胀参数	σ_ψ	400	1000	kN/m²
界面	界面刚度	—	手动	刚性	—
	强度折减系数	R_{inter}	0.5	1.0	—

(1) 根据表 6-1、表 6-2 创建土体材料数据集，并将它们分配至相应的层（图 6-2）。
(2) 关闭修改土层窗口，并前进至结构模式以定义结构元素。
对应代码如下：

```
material1 = g_in.soilmat()
material1.setproperties("Identification",'Top layer',"Colour",15262369,"SoilModel",3,"Gammasat",22,"Gammaunsat",20,"nuUR",0.2,"E50ref",40e3,"Eoedref",40e3,"Eurref",120e3,"powerm",0.5,"cref",10,"phi",30,"psi",0.0,"OCR",1.0,"POP",5.0,"DrainageType",1,"PermHorizontalPrimary",1.0e 3,"PermVertical",1.0e-3,"InterfaceStrengthDetermination",0)

material2 = g_in.soilmat()
material2.setproperties("Identification",'Clay-siltstone',"Colour",10676870,"SoilModel",10,"Gammasat",25,"Gammaunsat",25,"Erm",1e6,"nu",0.25,"AbsSigmaCI",25e3,"mi",4,"GSI",40,"Disturbance",0.2,"psiMax",30,"sigmaPsi",400,"DrainageType",0,"InterfaceStrengthDetermination",1,"Rinter",0.5)

material3 = g_in.soilmat()
```

```
material3.setproperties("Identification",'Claylimestone',"Colour",10283244,"
SoilModel",10,"Gammasat",24,"Gammaunsat",24,"Erm",2.5e6,"nu",0.25,"AbsSigmaCI",
50e3,"mi",4,"GSI",55,"Disturbance",0.0,"psiMax",35,"sigmaPsi",1000,"Drainage
Type",0,"InterfaceStrengthDetermination",0)

g_in.Soil_1.Material = material1
g_in.Soil_2.Material = material2
g_in.Soil_3.Material = material3
```

6.4 定义隧道

（1）在"结构"模式下，单击侧工具栏中的创建"隧道"按钮 ，并单击绘图区域中的（0，16），指定隧道位置。弹出"隧道设计器"窗口。

（2）将使用缺省形状选项"自由"。定义模型中隧道位置的其他参数的缺省值也有效。

（3）单击"线段"选项卡。

（4）单击侧工具栏中的"添加区间"按钮 。在线段信息框中：

- 将"线段类型"设置为"弧"。
- 将"半径"设置为 10.4m。
- 将"线段角度"设置为 22°。

（5）其余参数的缺省值有效。

（6）单击"添加区间"按钮 ，添加新的弧形线段。

- 将"半径"设置为 2.4m。
- 将"线段角度"设置为 47°。
- 其余参数的缺省值有效。

（7）单击"添加区间"按钮 ，添加新的弧形线段。

- 将"半径"设置为 5.8m。
- 将"线段角度"设置为 50°。
- 其余参数的缺省值有效。

（8）单击"延伸至对称轴"选项 ，完成隧道的右半部分。这将自动添加一个新的弧形线段，封闭一半的隧道。

（9）单击"封闭对称轴"按钮 ，完成隧道。这将自动添加 4 个新的弧形线段，封闭该隧道。

（10）单击"分区间"选项卡。

（11）单击"添加"按钮 ，添加新的分区间。本分区间将用于将上导坑（上挖掘类组）与仰拱（下挖掘类组）分开。

1）将"偏移 2"设置为 3m。

2）从"线段类型"下拉菜单中选择弧选项。

3)将"半径"设置为11m。
4)"线段角度"设置为360°。

(12)单击"选择多个对象"按钮,然后选择切片中的所有几何实体。

(13)单击"相交"按钮。

(14)在显示区域中选择切片外分区间的相交部分,并单击侧工具栏中的"删除"按钮删除此部分。隧道横截面线段图如图6-3所示。

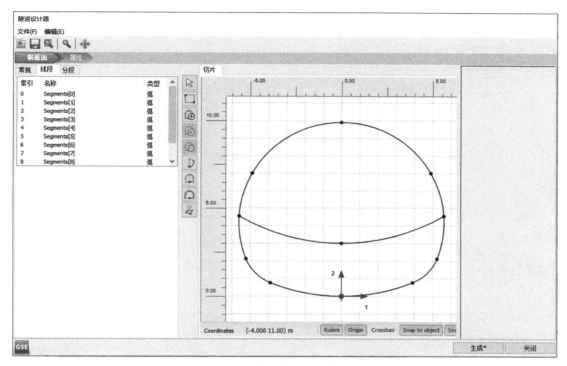

图6-3 隧道横截面中的线段

(15)前进至"属性"模式。
(16)在显示区域中选择多条曲线,并在出现的菜单中选择"创建板"选项。
(17)按"<Ctrl+M>"以打开"材料集"窗口。根据表6-3,为创建的板新建一个材料数据集。

基础材料参数　　　　　　　　　　　　　　　　　　表6-3

参数类型	参数名称	符号	材料参数值	单位
常规	材料模型	—	弹性	—
	单位重度	w	5	kN/m/m
	防止冲孔	—	否	—
力学	各向同性	—	是	—
	轴向刚度	EA_1	$6×10^6$	kN/m
	弯曲刚度	EI	$20×10^3$	$kN/m^2/m$
	泊松比	ν	0.15	

（18）多选创建的板，在"选择浏览器"中，将材料"衬砌"分配至所选板。

（19）将负界面分配至定义隧道形状（而非挖掘水平）的线。"隧道设计器"窗口中的最终隧道视图如图6-4所示。

（20）单击"生成"以更新模型中的隧道，并单击"关闭"。

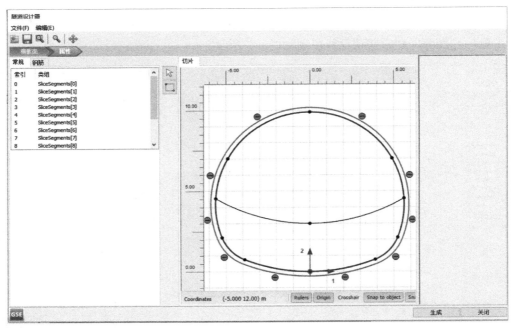

图6-4 最终隧道

对应代码如下：

```
g_in.gotostructures()
platematerial = g_in.platemat()
platematerial.setproperties("Identification","Lining","Colour",16711680,"Material Type",1,"Isotropic",True,"EA1",6000000.00000002,"EI",20000.0000000001,"StructNu",0.15,"w",5,"PreventPunching",False)
tunnel = g_in.tunnel(0, 16)
tunnel.CrossSection.add()
tunnel.CrossSection.Segments[-1].SegmentType = "Arc"
tunnel.CrossSection.Segments[-1].ArcProperties.Radius = 10.4
tunnel.CrossSection.Segments[-1].ArcProperties.CentralAngle = 22
def add_arc(tunnel, radius, angle):
    segment = tunnel.CrossSection.add()
    segment.SegmentType = "Arc"
    segment.ArcProperties.Radius = radius
    segment.ArcProperties.CentralAngle = angle
add_arc(g_in.Tunnels[-1], 2.4, 47)
add_arc(g_in.Tunnels[-1], 5.8, 50)
```

```
tunnel.CrossSection.extendtosymmetryaxis()
tunnel.CrossSection.symmetricclose()
subsection, subsection_segment = tunnel.CrossSection.addsubcurve()
subsection.Offset2 = 3
subsection_segment.SegmentType = "Arc"
subsection_segment.ArcProperties.Radius = 11
subsection_segment.ArcProperties.CentralAngle = 360
segments_subsections = []
for segment in tunnel.CrossSection.Segments[:]:
    segments_subsections.append(segment)
for subsection in tunnel.CrossSection.Subsections[:]:
    segments_subsections.append(subsection)
tunnel.CrossSection.intersectsegments(*segments_subsections)
tunnel.CrossSection.delete(tunnel.CrossSection.Subsections[1])
for tunnel_slice in tunnel.SliceSegments[:]:
    g_in.plate(tunnel_slice)
    tunnel_slice.Plate.Material = g_in.Lining
    if tunnel_slice == tunnel.SliceSegments[4] or tunnel_slice == tunnel.SliceSegments[5]:
        pass
    else:
        g_in.neginterface(tunnel_slice)
# generate the tunnel
g_in.generatetunnel(tunnel)
g_in.mergeequivalents(g_in.Geometry)
```

6.5 生成网格

在这种情况下，可接受的默认全局粗糙度参数（中）。

（1）切换标签至"网格"模式

（2）点击 生成网格。使用网格选项窗口单元分布中默认的选项中等。

（3）点击 查看网格。生成的网格如图 6-5 所示。网格会在基础下自动细化。

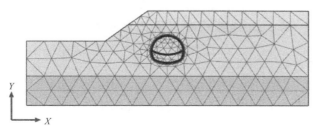

图 6-5　生成网格

(4) 点击"关闭"按钮退出输出程序。

对应代码如下:

```
g_in.gotomesh()
g_in.mesh(0.06)
```

6.6 定义阶段并计算

为了模拟隧道的建造,需要进行分阶段施工计算,其中激活隧道衬砌并取消激活隧道内部的土体类组。计算阶段为塑性分析和分阶段施工。采用 β 法模拟三维成拱效应。其概念是将作用于隧道建造位置周围的初始应力 p_k 分为两部分,一部分是 $(1-\beta)p_k$,应用于无支护的隧道,另一部分是解除限制法,应用于有支护的隧道。

要应用 PLAXIS 2D 中的这种方法,可以使用模型浏览器中的"解除限制"选项,它可用于每种取消激活的土体类组。解除限制定义为之前所述的因子 $(1-\beta)$。例如,如果取消激活的土体类组中的 60%的初始应力不应出现在当前的计算阶段(因此稍后只考虑剩余的 40%),这意味着该非激活类组的解除限制 $(1-\beta)$ 参数应设置为 60%。可在后续的计算阶段增加解除限制值,直至达到 100%。

要定义计算过程,请遵循这些步骤。

6.6.1 初始阶段

(1) 点击"分阶段施工"选项卡以定义计算阶段。

(2) 初始阶段已引入。请注意,土层不是水平的。在这种情况下,不建议使用"K_0 过程"来生成初始有效应力。相反,要使用"重力荷载"。阶段窗口的常规子目录中有此选项。

(3) 本例中将不考虑水的作用。通用潜水位应保持在模型库。

(4) 确保隧道未激活。

对应代码如下:

```
g_in.gotostages()
phase0 = g_in.InitialPhase
g_in.set(g_in.InitialPhase.DeformCalcType,3)
```

6.6.2 第 1 阶段:第 1 次隧道挖掘(应力释放比)

(1) 单击"添加阶段"按钮,创建新阶段。

(2) 在分阶段施工模式下,停用隧道中的上部类组。不要激活隧道衬砌。

(3) 当已取消激活的类组仍被选中时,在选择浏览器中将"应力释放比"$(1-\beta)$ 设置为 60%。

第 1 阶段的模型如图 6-6 所示。

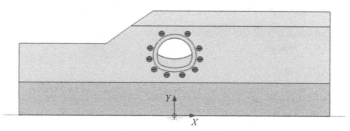

图 6-6 第 1 阶段模型

对应代码如下：

```
phase1 = g_in.phase(phase0)
g_in.Model.CurrentPhase = phase1
phase1.Identification = 'First tunnel excavation'
g_in.deactivate(g_in.BoreholePolygon_2_1, g_in.Phase_1)
g_in.set(g_in.soil_2_1.Deconfinement,g_in.Phase_1, 60)
```

6.6.3 第 2 阶段：第 1 次（临时）衬砌

（1）单击"添加阶段"按钮，创建新阶段。
（2）在分阶段施工模式下，激活在前一阶段挖掘的隧道部分的衬砌和界面。
（3）选择已取消激活的类组。在"选择浏览器"中，将"应力释放比"设置为 100%。

第 2 阶段模型见图 6-7。

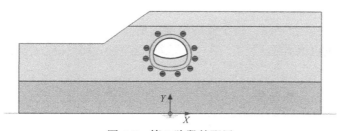

图 6-7 第 2 阶段的配置

对应代码如下：

```
phase2 = g_in.phase(phase1)
g_in.Model.CurrentPhase = phase2
phase2.Identification = 'First (temporary) lining'
g_in.activate((g_in.Polycurve_1_1, g_in.Polycurve_2_1, g_in.Polycurve_3_1, g_in.Polycurve_4_1,g_in.Polycurve_5_1,g_in.Polycurve_6_1,), g_in.Phase_2)
g_in.set(g_in.soil_2_1.Deconfinement,g_in.Phase_2, 100)
```

6.6.4 第 3 阶段：第 2 次隧道挖掘（应力释放比）

（1）单击"添加阶段"按钮，创建新阶段。

(2) 在分阶段施工模式下，停用隧道中部的较低类组（仰拱）和临时衬砌。

(3) 当较低的已取消激活类组仍被选中时，在"选择浏览器"中将"应力释放比"设置为 60%。

第 3 阶段模型见图 6-8。

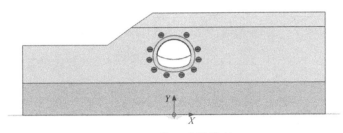

图 6-8　第 3 阶段模型

对应代码如下：

```
phase3 = g_in.phase(phase2)
g_in.Model.CurrentPhase = phase3
phase3.Identification = 'Second tunnel excavation'
g_in.deactivate((g_in.BoreholePolygon_2_3,g_in.Polycurve_6_1,g_in.Polycurve_5_1),
g_in.Phase_3)
g_in.set(g_in.soil_2_3.Deconfinement,g_in.Phase_3,60)
```

6.6.5　第 4 阶段：第 2 次（最终）衬砌

(1) 点单击"添加阶段"按钮 ，创建新阶段。

(2) 激活剩余衬砌和界面。整个隧道周围的所有板和界面均激活。

(3) 选择较低的已取消激活类组。在"选择浏览器"中，将"应力释放比"设置为 100%。

对应代码如下：

```
phase4 = g_in.phase(phase3)
g_in.Model.CurrentPhase = phase4
phase4.Identification = 'Second (final) lining'
g_in.activate((g_in.Polycurve_7_1,g_in.Polycurve_8_1,g_in.Polycurve_9_1,g_in.Polycurve_10_1,g_in.Polycurve_11_1,g_in.Polycurve_12_1),g_in.Phase_4)
g_in.set(g_in.soil_2_3.Deconfinement,g_in.Phase_4, 100)
```

6.6.6　执行计算

(1) 点击 "曲线选择点"按钮。

(2) 在坡顶点和隧道顶选择一个节点。这些点可用于在施工阶段评估变形。

(3) 点击 计算该项目。

(4) 计算完成后点击 保存项目。

对应代码如下：

```
output_port = g_in.selectmeshpoints()
s_out, g_out = new_server('localhost', output_port,
password= s_in.connection._password)
g_out.addcurvepoint('node', g_out.Soil_1_1, (- 7,35))
g_out.addcurvepoint('node', g_out.Soil_2_2, (0,26))
g_out.update()
g_in.set (g_in.Phases[0].ShouldCalculate, g_in.Phases[1].ShouldCalculate, g_
in.Phases[2].ShouldCalculate, g_in.Phases[3].ShouldCalculate, g_in.Phases
[4].ShouldCalculate,True)
g_in.calculate()
g_in.save(r'%s/%s'% (folder, 'Tutorial_05'))
```

6.7 结果

计算后，选择最后一个计算阶段并单击"查看计算结果"按钮。输出程序启动，显示计算阶段结束时变形的网格如图 6-9 所示。

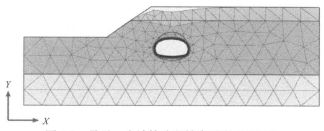

图 6-9 最后一个计算阶段结束时变形的网格

为显示隧道内产生的弯矩：
（1）选择所有隧道截面的衬里，单击侧边工具栏中相应的按钮，并拖动鼠标，定义一个矩形，该矩形包含所有隧道截面。在出现的窗口中选择"板"选项。
（2）单击"查看"。

提示：隧道衬里在结构视图中显示。

（3）在内力菜单中选择"弯矩 M"选项。以 0.5 的系数缩放的结果如图 6-10 所示。

图 6-10 新奥法隧道衬砌弯矩图

6.8 案例 5 完整代码

```
import math
from plxscripting.easy import *
s_in, g_in = new_server('localhost', 10000, password= 'Yourpassword')
folder  = r'D:\PLAXIS\PLAXIS 2D temp\Test10.14'
filename =  r'natm_tunnel'
s_in.new()
g_in.SoilContour.initializerectangular(- 50,0,50,35)
g_in.borehole(- 22)
g_in.soillayer(0)
g_in.soillayer(0)
g_in.soillayer(0)
g_in.setsoillayerlevel(g_in.Borehole_1, 0, 24)
g_in.setsoillayerlevel(g_in.Borehole_1, 1, 24)
g_in.setsoillayerlevel(g_in.Borehole_1, 2, 11)
g_in.arrayr(g_in.Borehole_1,2,8)
g_in.setsoillayerlevel(g_in.Borehole_2, 0, 30)
g_in.setsoillayerlevel(g_in.Borehole_2, 1, 30)
g_in.arrayr(g_in.Borehole_2,2,7)
g_in.setsoillayerlevel(g_in.Borehole_3, 0, 35)
g_in.Borehole_1.Head =  0
material1 = g_in.soilmat()
material1.setproperties("Identification",'Top layer',"Colour",15262369,"SoilModel",3,"Gammasat",22,"Gammaunsat",20,"nuUR",0.2,"E50ref",40e3,"Eoedref",40e3,"Eurref",120e3,"powerm",0.5,"cref",10,"phi",30,"psi",0.0,"OCR",1.0,"POP",5.0,"DrainageType",1,"PermHorizontalPrimary",1.0e-3,"PermVertical",1.0e-3,"InterfaceStrengthDetermination",0)
material2 = g_in.soilmat()
material2.setproperties(" Identification", ' Clay-silt stone '," Colour", 10676870,"SoilModel",10,"Gammasat",25,"Gammaunsat",25,"Erm",1e6,"nu",0.25,"AbsSigmaCI",25e3,"mi",4,"GSI",40,"Disturbance",0.2,"psiMax",30,"sigmaPsi",400,"DrainageType",0,"InterfaceStrengthDetermination",1,"Rinter",0.5)
material3 = g_in.soilmat()
material3.setproperties (" Identification", ' Clay-limestone "," Colour", 10283244,"SoilModel",10,"Gammasat",24,"Gammaunsat",24,"Erm",2.5e6,"nu",0.25,"AbsSigmaCI",50e3,"mi",4,"GSI",55,"Disturbance",0.0,"psiMax",35,"sigmaPsi",1000,"DrainageType",0,"InterfaceStrengthDetermination",0)
g_in.Soillayer_1.Soil.Material = material1
g_in.Soillayer_2.Soil.Material = material2
g_in.Soillayer_3.Soil.Material = material3
```

```python
g_in.gotostructures()
platematerial = g_in.platemat()
platematerial.setproperties("Identification","Lining","Colour",16711680,"MaterialType",1,"Isotropic",True,"EA1",6000000.00000002,"EI",20000.0000000001,"StructNu",0.15,"w",5,"PreventPunching",False)
platematerial.setproperties('Isotropic', True)
tunnel = g_in.tunnel(0, 16)
tunnel.CrossSection.add()
tunnel.CrossSection.Segments[-1].SegmentType = "Arc"
tunnel.CrossSection.Segments[-1].ArcProperties.Radius = 10.4
tunnel.CrossSection.Segments[-1].ArcProperties.CentralAngle = 22
def add_arc(tunnel, radius, angle):
    segment = tunnel.CrossSection.add()
    segment.SegmentType = "Arc"
    segment.ArcProperties.Radius = radius
    segment.ArcProperties.CentralAngle = angle
add_arc(g_in.Tunnels[-1], 2.4, 47)   ## Tunnels[0] is also OK
add_arc(g_in.Tunnels[-1], 5.8, 50)
tunnel.CrossSection.extendtosymmetryaxis()
tunnel.CrossSection.symmetricclose()
subsection, subsection_segment = tunnel.CrossSection.addsubcurve()
subsection.Offset2 = 3
subsection_segment.SegmentType = "Arc"
subsection_segment.ArcProperties.Radius = 11
subsection_segment.ArcProperties.CentralAngle = 360
segments_subsections = []
for segment in tunnel.CrossSection.Segments[:]:
    segments_subsections.append(segment)
for subsection in tunnel.CrossSection.Subsections[:]:
    segments_subsections.append(subsection)
tunnel.CrossSection.intersectsegments(* segments_subsections)
tunnel.CrossSection.delete(tunnel.CrossSection.Subsections[1])
for tunnel_slice in tunnel.SliceSegments[:]:
    g_in.plate(tunnel_slice)
    tunnel_slice.Plate.Material = g_in.Lining
    if tunnel_slice == tunnel.SliceSegments[4] or tunnel_slice == tunnel.SliceSegments[5]:
        pass
    else:
        g_in.neginterface(tunnel_slice)
g_in.generatetunnel(tunnel)
g_in.mergeequivalents(g_in.Geometry)
g_in.gotomesh()
```

```
g_in.mesh(0.06)
g_in.gotostages()
phase0 = g_in.InitialPhase
g_in.set(g_in.InitialPhase.DeformCalcType,3)
phase1 = g_in.phase(phase0)
g_in.Model.CurrentPhase = phase1
phase1.Identification = 'First tunnel excavation'
g_in.deactivate(g_in.BoreholePolygon_2_1,g_in.Phase_1)
g_in.set(g_in.soil_2_1.Deconfinement,g_in.Phase_1,60)
phase2 = g_in.phase(phase1)
g_in.Model.CurrentPhase = phase2
phase2.Identification = 'First (temporary) lining'
g_in.activate((g_in.Polycurve_1_1,g_in.Polycurve_2_1,g_in.Polycurve_3_1,g_in.Polycurve_4_1,g_in.Polycurve_5_1,g_in.Polycurve_6_1,),g_in.Phase_2)
g_in.set(g_in.soil_2_1.Deconfinement,g_in.Phase_2,100)
phase3 = g_in.phase(phase2)
g_in.Model.CurrentPhase = phase3
phase3.Identification = 'Second tunnel excavation'
g_in.deactivate((g_in.BoreholePolygon_2_3,g_in.Polycurve_6_1,g_in.Polycurve_5_1),g_in.Phase_3)
g_in.set(g_in.soil_2_3.Deconfinement,g_in.Phase_3,60)
phase4 = g_in.phase(phase3)
g_in.Model.CurrentPhase = phase4
phase4.Identification = 'Second (final) lining'
g_in.activate((g_in.Polycurve_7_1,g_in.Polycurve_8_1,g_in.Polycurve_9_1,\
               g_in.Polycurve_10_1,g_in.Polycurve_11_1,g_in.Polycurve_12_1),g_in.Phase_4)
g_in.set(g_in.soil_2_3.Deconfinement,g_in.Phase_4,100)
output_port = g_in.selectmeshpoints()
s_out, g_out = new_server('localhost', output_port, password= s_in.connection._password)
g_out.addcurvepoint('node', g_out.Soil_1_1, (-7,35))
g_out.addcurvepoint('node', g_out.Soil_2_2, (0,26))
g_out.update()
g_in.set (g_in.Phases[0].ShouldCalculate, g_in.Phases[1].ShouldCalculate, g_in.Phases[2].ShouldCalculate, g_in.Phases[3].ShouldCalculate, g_in.Phases[4].ShouldCalculate,True)
g_in.calculate()
g_in.save(r'%s/%s' % (folder, 'Tutorial_05'))
```

本案例到此结束！

案例6：锚杆+挡墙支护结构的基坑降水开挖 [ADV]

本案例模拟基坑降水开挖问题。开挖支护方式为地下混凝土连续墙和预应力锚杆。

PLAXIS 2D 可以对这类问题进行详细建模。在这个例子中演示了锚杆的建模方式，以及如何在锚杆上施加预应力。此外，降水开挖还涉及地下水流量计算，生成新的水压分布。本案例将会详细介绍相关内容。

目 标

- 模拟锚杆
- 通过地下水流动生成水压
- 显示模型中的土压力和轴力（力视图）
- 缩放显示输出结果

几何模型

如图 7-1 所示，该基坑宽 20m，深 10m，用两个深 16m、厚 0.35m 的混凝土地下连

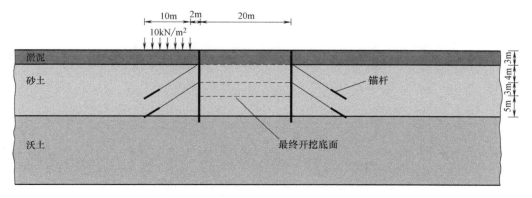

图 7-1 拉锚地连墙支护下的基坑降水开挖几何模型

续墙来支撑周围的土体，每侧地下连续墙均由两排锚杆支撑。锚杆总长 14.5m，倾斜度为 33.7°（2∶3）。施加于开挖区左侧的地面荷载为 $10kN/m^2$。

相关的土体包含三个不同的土层。地表以下 3m 是一个相对疏松的淤泥填充层。这一填充层下面至 15m 深的地方，有一均匀密实、级配良好的砂土层，适合布置锚杆。砂土层下面为沃土层，延伸至很深的深度。在初始状态下，水平地下水位位于地表 3m 下（即位于填充层的底部）。

7.1 开始新项目

要创建新项目，请执行以下步骤：
（1）打开 PLAXIS 2D Input 软件，在出现的"快速启动"对话框中选择"开始新项目"。
（2）在"项目属性"窗口的项目选项卡中，输入一个合适的标题。
（3）在"模型"选项卡中，模型（平面应变）和单元（15-Node）保持默认选项；将"模型边界"设置为"$x_{min}=0m$，$x_{max}=100m$，$y_{min}=0m$，$y_{max}=30m$"。
（4）保留"单位"和"常量"的默认值，点击"确定"，关闭"项目属性"窗口。
对应代码如下：

```
s_in.new()    # # creat a new project
g_in.SoilContour.initializerectangular(0,0,100,30)
```

7.2 定义土层

（1）单击 ![icon] "创建钻孔"，在 "$x=0$" 处创建一个钻孔，"修改土层"窗口弹出。
（2）为钻孔添加 3 层土。通过指定最上层土的顶部值为 30，即可将第 1 层土的地表位置设置为 "$y=30m$"。土层的底部分别设置为 27m、15m 和 0m。
（3）设置"水头"高度为 23m。土层分布如图 7-2 所示。

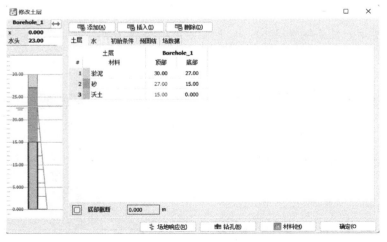

图 7-2 定义土层

对应代码如下：

```
g_in.borehole(0)
for i in range(3):
    g_in.soillayer(0)
borehole = g_in.Borehole_1
g_in.setsoillayerlevel(borehole, 0, 30)
g_in.setsoillayerlevel(borehole, 1, 27)
g_in.setsoillayerlevel(borehole, 2, 15)
g_in.Borehole_1.Head = 23
```

7.3 创建和指定材料参数

点击 ▦，进入"材料集"窗口，根据表 7-1 中的材料属性参数，创建材料并设置材料参数。

土和界面性质　　　　　　　　　　　　　　　表 7-1

参数类型	参数名称	符号	淤泥层参数值	砂土层参数值	沃土层参数值	单位
常规	材料模型	—	土体硬化	土体硬化	土体硬化	—
	排水类型	—	排水	排水	排水	—
	不饱和重度	γ_{unsat}	16	17	17	kN/m³
	饱和重度	γ_{sat}	20	20	19	kN/m³
力学	标准三轴排水试验割线刚度	E_{50}^{ref}	20×10³	30×10³	12×10³	kN/m²
	侧限压缩试验切线刚度	E_{oed}^{ref}	20×10³	30×10³	8×10³	kN/m²
	卸载/重加载刚度	E_{ur}^{ref}	60×10³	90×10³	36×10³	kN/m²
	刚度应力水平相关幂指数	m	0.5	0.5	0.8	—
	黏聚力	c'_{ref}	1	0	5	kN/m²
	摩擦角	φ'	30	34	29	°
	剪胀角	ψ	0	4	0	°
	泊松比	ν'_{ur}	0.2	0.2	0.2	—
	正常固结 K_0	K_0^{nc}	0.5	0.4408	0.5152	—
地下水	分类类型	—	USDA	USDA	USDA	—
	SWCC 拟合方法	—	Van Genuchten	Van Genuchten	Van Genuchten	—
	土体类(USDA)	—	淤泥	砂土	壤土	—
	<2μm	—	6.0	4.0	20.0	%
	2~50μm	—	87.0	4.0	40.0	%
	50μm~2mm	—	7.0	92.0	40.0	%
	使用默认值	—	从数据集	从数据集	从数据集	—
	水平方向渗透系数	k_x	0.5996	7.128	0.2497	m/da
	竖直方向渗透系数	k_y	0.5996	7.128	0.2497	m/da

续表

参数类型	参数名称	符号	淤泥层参数值	砂土层参数值	沃土层参数值	单位
界面	界面刚度	—	手动	手动	刚性	—
	强度折减系数	R_{inter}	0.65	0.70	1.0	—
	考虑间隙闭合	—	是	是	是	—
初始	K_0 确定	—	自动	自动	自动	—
	超固结比	OCR	1.0	1.0	1.0	—
	先期固结压力	POP	0	0	25	kN/m^2

对应代码如下：

```
material1 = g_in.soilmat()
material1.setproperties("Identification",'Silt',"Colour",
15262369,"SoilModel",3,"Gammasat",20,"Gammaunsat",16,"nuUR",0.2,"E50ref",20e3,
"Eoedref",20e3,"Eurref",60e3,"powerm",0.5,"cref",1,"phi",30,"psi",0.0,"K0nc",
0.5,"OCR",1.0,"POP",0,"GroundwaterClassificationType",2,"UseDefaults",False,
"GroundwaterSoilClassUSDA", 4," DrainageType ", 0," PermHorizontalPrimary ",
0.599616,"PermVertical",0.599616,"InterfaceStrengthDetermination",0,)

material2 = g_in.soilmat()
material2.setproperties("Identification", 'Sand',"Colour", 10676870,"SoilModel",
3,"Gammasat",20,"Gammaunsat",17,"E50Ref",3e4,"Eoedref",3e4,"cref",1,"phi",34,
"psi",4,"K0nc",0.440807096529253,"OCR",1.0,"POP",5.0,"GroundwaterClassification
Type",2,"UseDefaults",False,"GroundwaterSoilClassUSDA",0,"DrainageType",0,"Per
mHorizontalPrimary ", 7.128," PermVertical ", 7.128," InterfaceStrengthDetermina
tion",0,)

material3 = g_in.soilmat()
material3.setproperties("Identification",'Loam',"Colour",
10283244,"SoilModel",3,"Gammasat",19,"Gammaunsat",17,"nuUR",0.2,"E50ref",12e3,"
Eoedref",8e3,"Eurref",120e3,"powerm",0.8,"cref",5,"phi",29,"psi",0.0,"K0nc",
0.515190379753663,"OCR",1.0,"POP",25.0,"GroundwaterClassificationType",2,"UseDe
faults",False,"GroundwaterSoilClassUSDA",0,"DrainageType",0,"PermHorizontalPri
mary",0.249696,"PermVertical",0.249696,"InterfaceStrengthDetermination",0)
g_in.Soillayer_1.Soil.Material = material1
g_in.Soillayer_2.Soil.Material = material2
g_in.Soillayer_3.Soil.Material = material3
```

7.4 定义结构单元

在"结构"模式中描述地下连续墙、土层开挖、锚杆和地表荷载的创建。

7.4.1 定义地下连续墙、界面

(1) 点击 创建板,用板单元来模拟地下连续墙,板单元坐标为(40,30)、(40,14)和(60,30)、(60,14)。

(2) 将模型中的板全部选中。

1) 在"选择浏览器"单击"材料"按钮,将会出现下拉菜单和加号按钮(图 7-3)。

2) 点击 ➕ 按钮,将为板创建一个空的材料数据集。

3) 根据表 7-2 中的数据为地下连续墙定义材料数据集。混凝土的杨氏模量为 $35GN/m^2$,厚度为 0.35m。

图 7-3 选择浏览器中指定材料

4) 点击 为地下连续墙创建正负界面。

地下连续墙(板)特性　　　　　　　表 7-2

参数类型	参数名称	符号	参数值	单位
常规	材料模型	—	弹性	—
	单位重度	w	8.3	kN/m/m
	防止冲孔	—	是	—
力学	各向同性		是	
	轴向刚度	EA_1	$12×10^6$	kN/m
	弯曲刚度	EI	$120×10^3$	$kN·m^2/m$
	泊松比	ν	0.15	—

对应代码如下:

```
g_in.gotostructures()
g_in.plate((40,30),(40,14))
g_in.plate((60,30),(60,14))
platematerial = g_in.platemat()
platematerial.setproperties("Identification",
"W","Colour",16711680,"MaterialType",1,"Isotropic",True,"EA1",12e6,"EI",120e3,"StructNu",0.15,"w",8.3,"PreventPunching",False)
platematerial.setproperties('Isotropic',True) g_in.setmaterial((g_in.Plate_1,g_in.Plate_2),platematerial)
g_in.posinterface(g_in.Line_1)
g_in.neginterface(g_in.Line_1)
g_in.posinterface(g_in.Line_2)
g_in.neginterface(g_in.Line_2)
```

7.4.2 定义土层开挖

土层开挖分三个阶段。第一步开挖到淤泥层底部，界面已经自动生成了。定义剩下的开挖步骤：

（1）点击"创建线"绘制通过点（40，23）和（60，23）的直线定义第二个开挖阶段。

（2）点击"创建线"绘制通过点（40，20）和（60，20）的直线定义第三个开挖阶段。

对应代码如下：

```
g_in.line((40,23),(60,23))
g_in.line((40,20),(60,20))
```

7.4.3 定义锚杆

利用点对点锚杆和嵌入桩的组合来模拟锚杆。嵌入桩模拟注浆段，而点对点锚杆模拟自由段。实际上，注浆体周边的应力状态是复杂的三维效应，在二维模型中不能模拟该效应。

（1）点击"创建点对点锚杆"，根据表7-3生成点对点锚杆。

点对点锚杆坐标　　　　　　　　　　　　　　　表7-3

锚杆位置		第一个点	第二个点
顶部	左侧	（40,27）	（31,21）
	右侧	（60,27）	（69,21）
底部	左侧	（40,23）	（31,17）
	右侧	（60,23）	（69,17）

（2）点击，根据表7-4创建锚杆的材料数据组。

锚杆自由段（点对点锚杆）特性　　　　　　　　表7-4

参数类型	参数名称	符号	参数值	单位
常规	材料类型	—	弹性	—
力学	轴向刚度	EA	5×10^5	kN
	平面外间距	$L_{spacing}$	2.5	m

（3）在绘图区选中所有锚杆，在"材料"下拉菜单中选择对应的材料数据组。

（4）点击"创建 embedded 桩"，根据表7-5生成嵌入桩。

（5）点击，根据表7-6创建嵌入桩的材料数据组。

（6）在绘图区选中所有嵌入桩，在"选择浏览器材料"下拉菜单中选择对应的材料数据组。设置嵌入桩的连接方式为"自由"（图7-4）。有必要设置顶部与下层土单元的连接为"自由"。桩和锚杆的连接将自动生成。

7 案例6：锚杆+挡墙支护结构的基坑降水开挖 [ADV]

嵌入桩坐标　　　　　　　　　　　　　　　　表 7-5

锚杆位置		第一个点	第二个点
顶部	左侧	(31,21)	(28,19)
	右侧	(69,21)	(72,19)
底部	左侧	(31,17)	(28,15)
	右侧	(69,17)	(72,15)

锚杆注浆段（嵌入桩）特性　　　　　　　　　表 7-6

参数类型	参数名称	符号	参数值	单位
常规	材料类型	—	弹性	—
	单位重度	γ	7.07×10^6	kN/m^2
力学	刚度	E	0	kN/m^3
	梁类型	—	预定义	—
	预定义梁类型	—	实心圆弧梁	—
	直径	D	0.3	m
	桩间距	$L_{spacing}$	2.5	m
	轴向侧摩阻力	—	线性	
		$T_{skin,star,max}$	400	kN/m
		$T_{skin,end,max}$	400	kN/m
	横向阻力	—	无限制	kN/m
	桩端反力	F_{max}	0	kN
	界面刚度因数	—	默认值	—

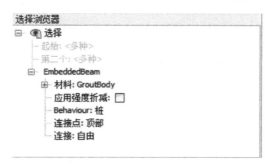

图 7-4　选择浏览器中的嵌入桩

（7）多选（在选择的时候按住键）上部点对点锚杆和嵌入桩。右键在出现的菜单中选择编组。

（8）在"模型浏览器"展开"组"子目录。注意创建的组由上部的锚杆单元组成。

（9）在"模型浏览器"中单击"Group_1"并键入一个新的名字（例如 GroundAnchor_Top）。

（10）重复上述操作对下部锚杆创建一个组并重新命名。

提示：尽管在二维模型中，不能精确模拟锚杆周围土体的应力状态及其与土体之间的相互作用，但是通过二维模拟，假设锚固段没有相对土体滑移，在宏观上，也可以预测应力分布，变形和结构的稳定性，但利用这个模型不能评估锚杆的抗拔力。

对应代码如下：

```
g_in.n2nanchor((40,27),(31,21))
g_in.n2nanchor((60,27),(69,21))
g_in.n2nanchor((40,23),(31,17))
g_in.n2nanchor((60,23),(69,17))

ahchormaterial = g_in.anchormat()
ahchormaterial.setproperties("Identification","Anchor rod","Colour",0,"MaterialType",1,"EA",0.5e6,"Lspacing",2.5)
g_in.Line_5.NodeToNodeAnchor.Material = ahchormaterial
g_in.Line_6.NodeToNodeAnchor.Material = ahchormaterial
g_in.Line_7.NodeToNodeAnchor.Material = ahchormaterial
g_in.Line_8.NodeToNodeAnchor.Material = ahchormaterial

beammaterial= g_in.embeddedbeammat()
beammaterial.setproperties("Identification","Grout body","Colour",9392839,"MaterialType",1,"E",7.07e6,"Diameter",0.3,"Lspacing",2.5,"TSkinEndMax",400,"TSkinStartMax",400,)
embeddedbeamrow_g1 = g_in.embeddedbeamrow((31,21),(28,19))
embeddedbeamrow_g2 = g_in.embeddedbeamrow((69,21),(72,19))
embeddedbeamrow_g3 = g_in.embeddedbeamrow((31,17),(28,15))
embeddedbeamrow_g4 = g_in.embeddedbeamrow((69,17),(72,15))

g_in.set(g_in.Line_9.EmbeddedBeam.Material,beammaterial)
g_in.set(g_in.Line_9.EmbeddedBeam.Behaviour,"Grout body")
g_in.set(g_in.Line_11.EmbeddedBeam.Material,beammaterial)
g_in.set(g_in.Line_11.EmbeddedBeam.Behaviour,"Grout body")
g_in.set(g_in.Line_10.EmbeddedBeam.Material,beammaterial)
g_in.set(g_in.Line_10.EmbeddedBeam.Behaviour,"Grout body")
g_in.set(g_in.Line_12.EmbeddedBeam.Material,beammaterial)
g_in.set(g_in.Line_12.EmbeddedBeam.Behaviour,"Grout body")
g_in.group(g_in.Line_5.NodeToNodeAnchor, g_in.Line_6.NodeToNodeAnchor, g_in.Line_9.EmbeddedBeam, g_in.Line_10.EmbeddedBeam)
g_in.rename(g_in.Group_1,'GAtop')
g_in.group(g_in.Line_7.NodeToNodeAnchor, g_in.Line_8.NodeToNodeAnchor, g_in.Line_11.EmbeddedBeam, g_in.Line_12.EmbeddedBeam)
g_in.rename(g_in.Group_1,'GAbot')
```

7.4.4　地表荷载的创建

点击"创建线荷载"，在两点（28，30），（38，30）生成线荷载。

对应代码如下：

```
g_in.lineload((28,30),(38,30))
g_in.mergeequivalents(g_in.Geometry)
```

7.5 生成网格

切换模块进入网格模式。

（1）点击 "生成网格"。使用网格选项窗口单元分布中默认的选项 "中等"。

（2）点击 "查看网格"。生成的网格如图 7-5 所示。

（3）点击 "关闭" 按钮退出输出程序。

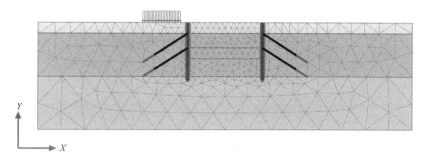

图 7-5 生成的网格

对应代码如下：

```
g_in.gotomesh()
g_in.mesh(0.06)
```

7.6 定义阶段并计算

计算由 6 个施工阶段组成。初始阶段（Phase 0），生成初始应力。在第 1 施工阶段（Phase 1），要进行地下连续墙施工并激活正负界面和地面荷载。第 2 施工阶段（Phase 2），开挖坑内最上部 3m，此时无锚杆。另外，这一深度的开挖处于水位以上。在第 3 施工阶段（Phase 3），要安装第 1 层锚杆并对其施加预应力。第 4 施工阶段（Phase 4）进一步开挖到地面下 7m 深度，处于水位以上。在第 5 施工阶段（Phase 5），将安装第 2 层锚杆并对其施加预应力。第 6 施工阶段（Phase 6）包括降水并最终开挖到地面下 10m 深度。

在定义计算阶段之前，需要在 "水力条件"（Water conditions）中定义水位线。在开挖最后一步要降低水位线。设置左右边界条件的地下水头高度位于 23m 处。底部边界关闭。基坑内水被抽干将导致地下水流动。在开挖面的底部水压为零，这意味着地下水头等于开挖面的垂直高度（水头=20m）。通过绘制一个新的地下水位线并执行地下水流动计算即可实现上述情况。在地下水流动计算过程中，激活界面可以阻止地下水流动穿过地下连续墙。

7.6.1 初始阶段

要通过"K_0过程"的方式产生初始应力场,并在所有类组中使用默认的K_0值。

(1) 切换至分阶段施工模式。

(2) 初始阶段,所有结构构件开始都应该处于冻结状态,所以要确保不能激活板、点对点锚杆、嵌固桩和地表荷载应处于冻结状态。

(3) 在"阶段浏览器"双击"初始阶段",初始阶段的值默认。在"孔压计算类型"中选择"潜水位"选项。注意当由潜水位生成孔隙水压力时,所有的几何模型都会由定义的水位线生成孔隙水压力。

(4) 单击"OK"就关闭了"阶段窗口"。

(5) 展开"模型浏览器"中"模型条件"子目录。

(6) 展开"水"子目录。根据在钻孔中指定的水头值生成水位线,"BoreholeWater-Lever_1"自动指定为"GlobalWaterLevel"(图 7-6)。

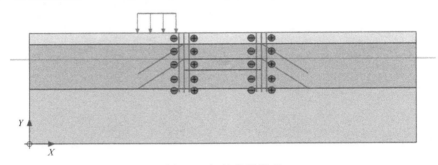

图 7-6 初始阶段模型

对应代码如下:

```
g_in.gotostages()
phase0 = g_in.InitialPhase
```

7.6.2 第 1 阶段

(1) "阶段浏览器"中"添加阶段"。

(2) 在分阶段施工模式中,通过在"模型浏览器"中单击地下连续墙和界面前的勾选框,激活所有的地下连续墙和界面。激活的单元用绿色的对勾表示。

(3) 激活分布荷载。

• 在"选择浏览器"中,勾选线性荷载并指定$q_{y,start,ref}$值为10(图 7-7)。

• 在分阶段施工模式中,设置完成的第 1 阶段模型,如图 7-8 所示。

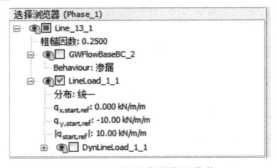

图 7-7 选择浏览器线性荷载

7 案例6：锚杆+挡墙支护结构的基坑降水开挖 [ADV]

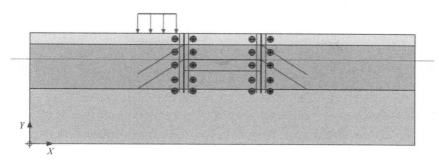

图 7-8　分阶段施工模式第 1 阶级

对应代码如下：

```
phase1 = g_in.phase(phase0)
phase1.Identification = 'Activation of wall and load'
g_in.Model.CurrentPhase = phase1
g_in.activate(g_in.Plates, phase1)
g_in.activate(g_in.Interfaces, phase1)
g_in.activate(g_in.LineLoad_1_1, phase1)
```

7.6.3　第 2 阶段

（1）"阶段浏览器"中"添加阶段"。

（2）在分阶段施工模式中，冻结要开挖的上层土层（图 7-9）。

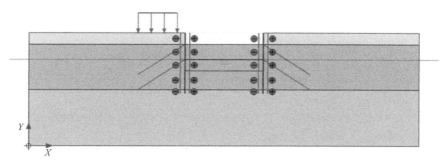

图 7-9　分阶段施工模式第 2 阶段

对应代码如下：

```
phase2 = g_in.phase(phase1)
phase2.Identification = 'First excavation'
g_in.Model.CurrentPhase = phase2
g_in.deactivate(g_in.BoreholePolygon_1_2, phase2)
```

7.6.4　第 3 阶段

（1）"阶段浏览器"中"添加阶段"。

(2) 单击"模型浏览器"组子目录下"GroundAnchors_Top"前面的勾选框,激活上层锚杆。

(3) 全选上层点对点锚杆。

(4) 在"选择浏览器"中,设置调整预应力参数为"True",并指定预应力为 500kN。

> **提示**:在分阶段施工计算完成后,施加的预应力精确地转化为锚杆内力。在后续计算施工阶段中,这个力即被看作为锚杆内力,因而可以进一步增加或减小,这要取决于周围应力和荷载的变化。

(5) 分阶段施工模式中第 3 阶段设置的模型如图 7-10 所示。

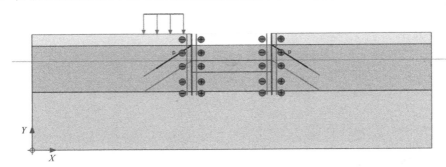

图 7-10　分阶段施工模式第 3 阶段

对应代码如下:

```
phase3 = g_in.phase(phase2)
phase3.Identification = 'First anchor row'
g_in.Model.CurrentPhase = phase3
g_in.activate(g_in.GAtop, phase3)
g_in.set((g_in.NodeToNodeAnchor_1_1.AdjustPrestress, g_in.NodeToNodeAnchor_2_1.AdjustPrestress), g_in.Phase_3, True)
g_in.set((g_in.NodeToNodeAnchor_1_1.PrestressForce, g_in.NodeToNodeAnchor_2_1.PrestressForce), g_in.Phase_3, 500)
```

7.6.5　第 4 阶段

(1) "阶段浏览器"中"添加阶段"。

(2) 冻结要开挖的第 2 层土。分阶段施工模式中第 4 阶段模型设置,如图 7-11 所示。要注意锚杆不再施加预应力。

对应代码如下:

```
phase4 = g_in.phase(phase3)
phase4.Identification = 'Second excavation'
g_in.Model.CurrentPhase = phase4
g_in.deactivate(g_in.BoreholePolygon_2_1, phase4)
```

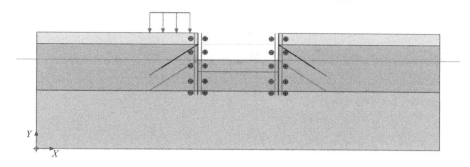

图 7-11　分阶段施工模式第 4 阶段

7.6.6　第 5 阶段

(1) "阶段浏览器"中"添加阶段" 。

(2) 单击"模型浏览器"组子目录下"GroundAnchors_Bottom"前面的勾选框，激活下层锚杆。

(3) 全选下层点对点锚杆。

(4) 在"选择浏览器"中，设置调整"预应力"参数为"True"，并指定预应力为 1000kN。

(5) 分阶段施工模式中第 5 阶段设置的模型如图 7-12 所示。

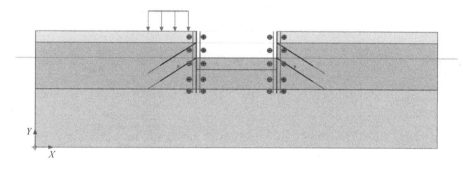

图 7-12　分阶段施工模式第 5 阶段

对应代码如下：

```
phase5 = g_in.phase(phase4)
phase5.Identification = 'Second anchor row'
g_in.Model.CurrentPhase = phase5
g_in.activate(g_in.GAbot,phase5)
g_in.set((g_in.NodeToNodeAnchor_3_1.AdjustPrestress,g_in.NodeToNodeAnchor_4_1.AdjustPrestress),g_in.Phase_5,True)
g_in.set((g_in.NodeToNodeAnchor_3_1.PrestressForce,g_in.NodeToNodeAnchor_4_1.PrestressForce),g_in.Phase_5,1000)
```

7.6.7 第 6 阶段

(1) "阶段浏览器"中"添加阶段" 。
(2) 其余值默认。
(3) 冻结要开挖的第 3 层土。
(4) 切换至"渗流条件"模式。
(5) 展开"模型浏览器"中的"属性库"。
(6) 展开"水位"子目录。
(7) 竖向工具栏中点击"创建水位" ，添加一条新的水位线。水位线坐标为（0，23），（40，20），（60，20），（100，23）。
(8) 在模型浏览器中，展开用户水位子目录。单击"UserWaterLevel_1"并输入"LoweredWaterLevel"重新命名在水力模式中创建的水位线（图 7-13）。
(9) 展开"模型浏览器"，"模型条件"下"地下水渗流"子目录，边界条件默认如图 7-14 所示。

> **提示**：注意地下水渗流 Groundwater flow（稳态或瞬态）选项对水位线和模型边界条件的相互作用非常重要。程序按照指定的地下水水头（水位线）计算流动边界条件。水位线的"内部"将不起作用，将会被地下水流动计算生成的水位线代替。因此，水位线工具对于流动计算来说，仅仅是一个方便生成边界条件的工具。

(10) 在水子目录中，将"LoweredWaterLevel"指定为"GlobalWaterLevel"。模型和指定的水位线如图 7-15 所示。

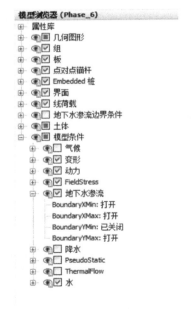

图 7-13 模型浏览器中用户水位　　　　图 7-14 模型浏览器中地下水渗流边界

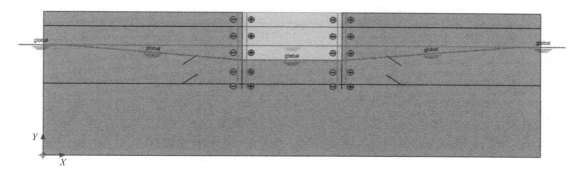

图 7-15　分阶段施工模式第 6 阶段

对应代码如下：

```
phase6 = g_in.phase(phase5)
phase6.Identification = 'Final excavation'
g_in.Model.CurrentPhase = phase6
g_in.Phase_6.PorePresCalcType = "Steady state groundwater flow"
g_in.deactivate(g_in.BoreholePolygon_2_2, phase6)
g_in.gotoflow()
waterlevel_2 = g_in.waterlevel((-5,23),(4,23),(40,20),(60,20),(96,23),(105,23))
g_in.setglobalwaterlevel(waterlevel_2, phase6)
```

7.6.8　执行计算

（1）分阶段施工模式中，竖向工具栏中点击"为曲线选择点"　。

（2）点击　按钮，开始计算。

（3）计算完成后点击　，保存项目。

对应代码如下：

```
g_in.gotostages()
output_port = g_in.selectmeshpoints()
s_out, g_out = new_server('localhost', output_port, password= s_in.connection._password)
g_out.addcurvepoint('node', g_out.Plate_1_2, (40,27))
g_out.addcurvepoint('node', g_out.Plate_1_2, (40,23))

g_out.update()
# %%
g_in.set(g_in.Phases[0].ShouldCalculate, g_in.Phases[1].ShouldCalculate, g_in.Phases[2].ShouldCalculate, \
         g_in.Phases[3].ShouldCalculate, g_in.Phases[4].ShouldCalculate, g_in.Phases[5].ShouldCalculate, \
         g_in.Phases[6].ShouldCalculate, True)
```

```
g_in.calculate()
g_in.save(r'% s/% s' % (folder, 'Tutorial_06'))
```

7.7 结果

图 7-16～图 7-20 显示了计算第 2～6 阶段的变形网格图。

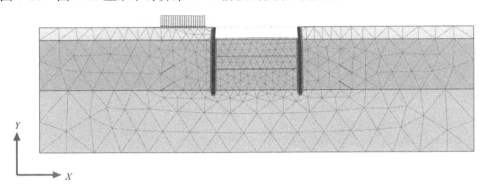

图 7-16　第 2 阶段变形网格（缩放 50 倍）

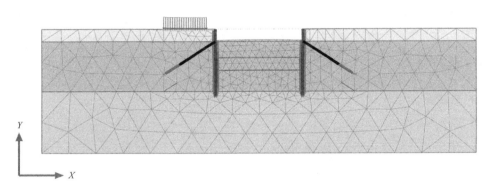

图 7-17　第 3 阶段变形网格（缩放 50 倍）

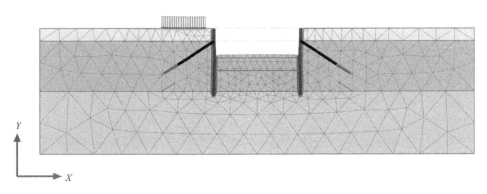

图 7-18　第 4 阶段变形网格（缩放 50 倍）

7 案例6：锚杆+挡墙支护结构的基坑降水开挖 [ADV]

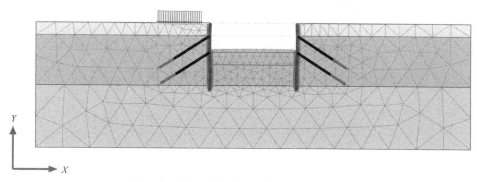

图 7-19　第 5 阶段变形网格（缩放 50 倍）

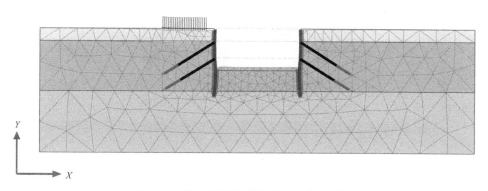

图 7-20　第 6 阶段变形网格（缩放 50 倍）

图 7-21 显示了最后阶段的有效主应力。开挖面下部的被动土压力非常明显，也可以看到在锚杆锚固段周边的应力集中效应。

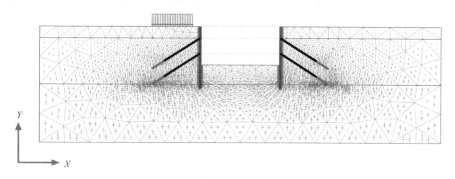

图 7-21　第 6 阶段有效主应力

图 7-22 显示了最终阶段地下连续墙的弯矩。由于锚杆锚固作用使弯矩图发生改变。

查看地下连续墙（板）的弯矩图，左侧工具栏点击"拖拽窗口以选择结构" 🔲 ，在窗口中选中所有的"板"，弹出"选择结构"窗口，选择"板"，点击"查看"，在新的界面菜单栏依次点击"内力（F）"→"弯矩（M）"，得到板结构的弯矩图如图 7-22 所示。

点击菜单栏中"工具（T）"，选择"查看内力（F）" 📄 ，显示最终计算阶段应力和力。在弹出的内力窗口中，可以选择生成的力。默认已经选择。如图 7-23 所示。

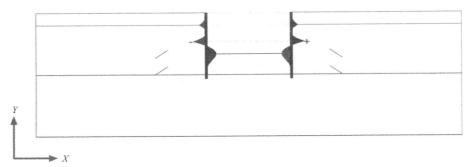

图 7-22　最终阶段（第 6 阶段）地下连续墙的弯矩图

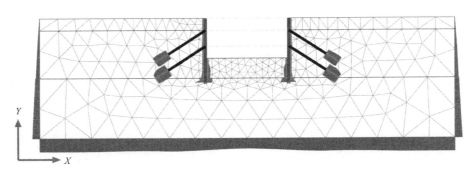

图 7-23　最终阶段（第 6 阶段）内力图

双击"锚杆"即可输出锚杆内力。当查看第 3 和第 5 阶段的结果时，可以看到锚杆内力等于在计算阶段时激活并指定的预应力。在后续阶段这个值由于施工过程的变化而改变。

7.8　案例 6 完整代码

```
import math
from plxscripting.easy import *
s_in, g_in = new_server('localhost', 10000, password= 'Yourpassword')
folder  =  r'D:\PLAXIS\PLAXIS 2D temp\Test'
filename =  r'Tutorial_06'
s_in.new()
g_in.SoilContour.initializerectangular(0,0,100,30)
g_in.borehole(0)
for i in range(3):
    g_in.soillayer(0)
borehole = g_in.Borehole_1
g_in.setsoillayerlevel(borehole, 0, 30)
g_in.setsoillayerlevel(borehole, 1, 27)
g_in.setsoillayerlevel(borehole, 2, 15)
g_in.Borehole_1.Head =  23
material1 = g_in.soilmat()
material1.setproperties("Identification",'Silt',"Colour", 15262369,"SoilModel",3,"
```

```
Gammasat",20,"Gammaunsat",16,"nuUR",0.2,"E50ref",20e3,"Eoedref",20e3,"Eurref",
60e3,"powerm",0.5,"cref",1,"phi",30,"psi",0.0,"K0nc",0.5,"OCR",1.0,"POP",0,"Ground
waterClassificationType",2,"UseDefaults",False,"GroundwaterSoilClassUSDA",4,"
DrainageType",0,"PermHorizontalPrimary",0.599616,"PermVertical",0.599616,"Inter
faceStrengthDetermination",0,)
material2 = g_in.soilmat()
material2.setproperties("Identification",'Sand',"Colour",10676870,"SoilModel",3,"
Gammasat",20,"Gammaunsat",17,"E50Ref",3e4,"Eoedref",3e4,"cref",1,"phi",34,"psi",
4,"K0nc",0.440807096529253,"OCR",1.0,"POP",5.0,"GroundwaterClassificationType",2,"
UseDefaults",False,"GroundwaterSoilClassUSDA",0,"DrainageType",0,"PermHorizontal
Primary",7.128,"PermVertical",7.128,"InterfaceStrengthDetermination",0,)
material3 = g_in.soilmat()
material3.setproperties("Identification",'Loam',"Colour",10283244,"SoilModel",3,"
Gammasat",19,"Gammaunsat",17,"nuUR",0.2,"E50ref",12e3,"Eoedref",8e3,"Eurref",
120e3,"powerm",0.8,"cref",5,"phi",29,"psi",0.0,"K0nc",0.515190379753663,"OCR",1.0,"
POP",25.0,"GroundwaterClassificationType",2,"UseDefaults",False,"GroundwaterSoil
ClassUSDA",0,"DrainageType",0,"PermHorizontalPrimary",0.249696,"PermVertical",
0.249696,"InterfaceStrengthDetermination",0)
g_in.Soillayer_1.Soil.Material = material1
g_in.Soillayer_2.Soil.Material = material2
g_in.Soillayer_3.Soil.Material = material3
g_in.gotostructures()
g_in.plate((40,30),(40,14))
g_in.plate((60,30),(60,14))
platematerial = g_in.platemat()
platematerial.setproperties("Identification","W","Colour",16711680,"Material
Type",1,"Isotropic",True,"EA1",12e6,"EI",120e3,"StructNu",0.15,"w",8.3,"Prevent
Punching",False)
platematerial.setproperties('Isotropic',True)
g_in.setmaterial((g_in.Plate_1,g_in.Plate_2),platematerial)
g_in.posinterface(g_in.Line_1)
g_in.neginterface(g_in.Line_1)
g_in.posinterface(g_in.Line_2)
g_in.neginterface(g_in.Line_2)
g_in.line((40,23),(60,23))
g_in.line((40,20),(60,20))
g_in.n2nanchor((40,27),(31,21))
g_in.n2nanchor((60,27),(69,21))
g_in.n2nanchor((40,23),(31,17))
g_in.n2nanchor((60,23),(69,17))
ahchormaterial = g_in.anchormat()
ahchormaterial.setproperties("Identification","Anchor rod","Colour",0,"Material
Type",1,"EA",0.5e6,"Lspacing",2.5)
```

```
g_in.Line_5.NodeToNodeAnchor.Material = ahchormaterial
g_in.Line_6.NodeToNodeAnchor.Material = ahchormaterial
g_in.Line_7.NodeToNodeAnchor.Material = ahchormaterial
g_in.Line_8.NodeToNodeAnchor.Material = ahchormaterial
beammaterial= g_in.embeddedbeammat()
beammaterial.setproperties("Identification","Grout body","Colour",9392839,"MaterialType",1,"E",7.07e6,"Diameter",0.3,"Lspacing",2.5,"TSkinEndMax",400,"TSkinStartMax",400)
embeddedbeamrow_g1 = g_in.embeddedbeamrow((31,21),(28,19))
embeddedbeamrow_g2 = g_in.embeddedbeamrow((69,21),(72,19))
embeddedbeamrow_g3 = g_in.embeddedbeamrow((31,17),(28,15))
embeddedbeamrow_g4 = g_in.embeddedbeamrow((69,17),(72,15))
g_in.set(g_in.Line_9.EmbeddedBeam.Material,beammaterial)
g_in.set(g_in.Line_9.EmbeddedBeam.Behaviour,"Grout body")
g_in.set(g_in.Line_11.EmbeddedBeam.Material,beammaterial)
g_in.set(g_in.Line_11.EmbeddedBeam.Behaviour,"Grout body")
g_in.set(g_in.Line_10.EmbeddedBeam.Material,beammaterial)
g_in.set(g_in.Line_10.EmbeddedBeam.Behaviour,"Grout body")
g_in.set(g_in.Line_12.EmbeddedBeam.Material,beammaterial)
g_in.set(g_in.Line_12.EmbeddedBeam.Behaviour,"Grout body")
g_in.group(g_in.Line_5.NodeToNodeAnchor, g_in.Line_6.NodeToNodeAnchor, g_in.Line_9.EmbeddedBeam, g_in.Line_10.EmbeddedBeam)
g_in.rename(g_in.Group_1,'GAtop')
g_in.group(g_in.Line_7.NodeToNodeAnchor, g_in.Line_8.NodeToNodeAnchor, g_in.Line_11.EmbeddedBeam, g_in.Line_12.EmbeddedBeam)
g_in.rename(g_in.Group_1,'GAbot')
g_in.lineload((28,30),(38,30))
g_in.mergeequivalents(g_in.Geometry)
g_in.gotomesh()
g_in.mesh(0.06)
g_in.gotostages()
phase0 = g_in.InitialPhase
phase1 = g_in.phase(phase0)
phase1.Identification = 'Activation of wall and load'
g_in.Model.CurrentPhase = phase1
g_in.activate(g_in.Plates, phase1)
g_in.activate(g_in.Interfaces, phase1)
g_in.activate(g_in.LineLoad_1_1, phase1)
g_in.LineLoad_1_1.qy_start[phase1] = -10
phase2 = g_in.phase(phase1)
phase2.Identification = 'First excavation'
g_in.Model.CurrentPhase = phase2
g_in.deactivate(g_in.BoreholePolygon_1_2, phase2)
```

```
phase3 = g_in.phase(phase2)
phase3.Identification = 'First anchor row'
g_in.Model.CurrentPhase = phase3
g_in.activate(g_in.GAtop, phase3)
g_in.set((g_in.NodeToNodeAnchor_1_1.AdjustPrestress, g_in.NodeToNodeAnchor_2_1.AdjustPrestress), g_in.Phase_3, True)
g_in.set((g_in.NodeToNodeAnchor_1_1.PrestressForce, g_in.NodeToNodeAnchor_2_1.PrestressForce), g_in.Phase_3, 500)
phase4 = g_in.phase(phase3)
phase4.Identification = 'Second excavation'
g_in.Model.CurrentPhase = phase4
g_in.deactivate(g_in.BoreholePolygon_2_1, phase4)
phase5 = g_in.phase(phase4)
phase5.Identification = 'Second anchor row'
g_in.Model.CurrentPhase = phase5
g_in.activate(g_in.GAbot, phase5)
g_in.set((g_in.NodeToNodeAnchor_3_1.AdjustPrestress, g_in.NodeToNodeAnchor_4_1.AdjustPrestress), g_in.Phase_5, True)
g_in.set((g_in.NodeToNodeAnchor_3_1.PrestressForce, g_in.NodeToNodeAnchor_4_1.PrestressForce), g_in.Phase_5, 1000)
phase6 = g_in.phase(phase5)
phase6.Identification = 'Final excavation'
g_in.Model.CurrentPhase = phase6
g_in.Phase_6.PorePresCalcType = "Steady state groundwater flow"
g_in.deactivate(g_in.BoreholePolygon_2_2, phase6)
g_in.gotoflow()
waterlevel_2 = g_in.waterlevel((-5,23),(4,23),(40,20),(60,20),(96,23),(105,23))
g_in.setglobalwaterlevel(waterlevel_2, phase6)
g_in.gotostages()
output_port = g_in.selectmeshpoints()
s_out, g_out = new_server('localhost', output_port, password= s_in.connection._password)
g_out.addcurvepoint('node', g_out.Plate_1_2, (40,27))
g_out.addcurvepoint('node', g_out.Plate_1_2, (40,23))
g_out.update()
g_in.set(g_in.Phases[0].ShouldCalculate,g_in.Phases[1].ShouldCalculate,g_in.Phases[2].ShouldCalculate,g_in.Phases[3].ShouldCalculate,g_in.Phases[4].ShouldCalculate,g_in.Phases[5].ShouldCalculate,g_in.Phases[6].ShouldCalculate, True)
g_in.calculate()
g_in.save(r'%s/%s' % (folder, 'Tutorial_06'))
```

本案例到此结束！

案例7：锚杆+挡墙支护结构的基坑降水开挖——承载力极限状态 [ADV]

本例将定义承载能力极限状态计算并分析基坑降水开挖的承载能力极限状态下的稳定性。使用预应力锚杆+挡墙支护结构的基坑降水开挖模型。本例将说明设计方法工具的特性。在计算正常使用状态后，执行考虑荷载和模型参数分项系数设计方法的计算。

目标

- 使用设计方法工具

8.1 输入

定义设计方法，按照下列步骤：

（1）打开锚杆+挡墙支护结构的基坑降水开挖项目，项目另存为"锚杆+挡墙支护结构的基坑降水开挖——承载力极限状态"。

（2）土体模式下，菜单中选择"土体"→"设计方法"，弹出"设计方法"窗口。

（3）单击"添加"按钮，列表中就添加了一个新的设计方法。

（4）本例将使用《欧洲规范7》的设计方法3，这种设计法方法包括荷载分项系数和材料分项系数（强度）。单击列表中的设计方法，并指定一个有实际意义的名称（例如：Eurocode 7-DA 3）。

（5）窗口下部可以定义荷载和材料的分项系数。设置不适合变量系数为1.3。

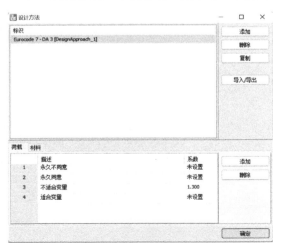

图 8-1 荷载的分项系数

8 案例7：锚杆+挡墙支护结构的基坑降水开挖——承载力极限状态 [ADV]

如图 8-1 所示。

（6）单击"材料"标签。

（7）指定有效摩擦角和有效黏聚力为 1.25。如图 8-2 所示。

（8）单击"材料"按钮，弹出材料集窗口，选中"沃土（Loam）"，弹出对应窗口。

（9）打开 Loam 材料设置窗口，此时视图已经改变。当前视图可以给不同土层参数指定分项系数，同时可以查看这些分项系数的效果。

（10）单击"力学"标签，在"强度"中，c'_{ref} 和 φ' 选择对应的列表，如图 8-3 所示。

（11）对其他土层做上述同样的操作，关闭设计方法窗口。

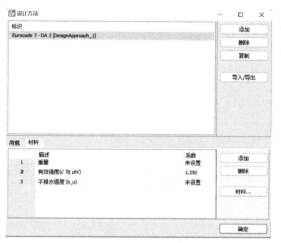

图 8-2 材料的分项系数　　　图 8-3 给材料参数指定的分项系数

> 提示：注意 φ 和 ψ 的分项系数也适用于 $\tan\varphi$ 和 $\tan\psi$。

8.2 定义和执行计算

相对应正常使用计算，有两种主要的方案执行设计计算。本例使用第一种方案。

（1）切换到分阶段施工模式。

（2）单击"阶段浏览器"第 1 阶段。

（3）添加一个新的阶段。

（4）双击添加的新的阶段，打开"阶段"窗口。

（5）"阶段"窗口中，"常规"→"设计方法"，选择对应的设计方法（此处为 Eurocode 7-DA 3）。

（6）在"模型浏览器"中展开"线荷载"及其子目录。

（7）选择静力荷载部分"LoadFactorLabel"下拉菜单中"LoadFactorLabel_3"选项（图 8-4）。

（8）按照上述相同的步骤为其余土层（正常使用极限状态）定义承载力极限状态。确保第 7 阶段起始于第 1 阶

图 8-4 静力荷载
部分选项

段，第 8 阶段起始于第 2 阶段，第 9 阶段起始于第 3 阶段等。

（9）点击 "为曲线生成点"，为曲线选择特征点（如锚杆和挡墙的连接点，如（40，27），（40，23））。

（10）点击 按钮，开始计算。

（11）计算完成后，点击 保存项目。

8.3 结果

在输出窗口中可以评价设计方法阶段的计算结果。图 8-5 显示了基于节点（40，27）绘制的 $\sum M_{stage}$-$|u|$ 关系曲线。

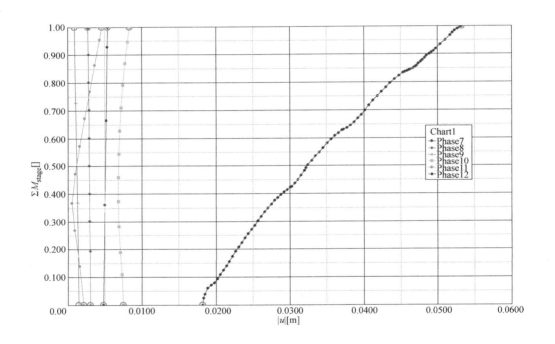

图 8-5 ULS 计算阶段的 $\sum M_{stage}$-$|u|$ 曲线

如果承载能力极限状态阶段成功地计算过去，那么就说明模型满足对应的设计方法。如果由于过大的变形，怀疑模型是否安全，那么需要使用相同的设计方法，增加一步安全性计算，会得到稳定的大于 1 的 $\sum M_{sf}$ 值。注意如果已经使用了分项系数，就没有必要使安全系数 $\sum M_{sf}$ 大于 1 很多。因此，这种情况下 $\sum M_{sf}$ 只要大于 1 就够了。图 8-6 显示了 $\sum M_{sf}$-$|u|$ 第 6 阶段的安全性计算和对应的承载能力极限状态（第 12 阶段）。因此可以得出结论，即这种设计方法符合要求。

8 案例7：锚杆+挡墙支护结构的基坑降水开挖——承载力极限状态 [ADV]

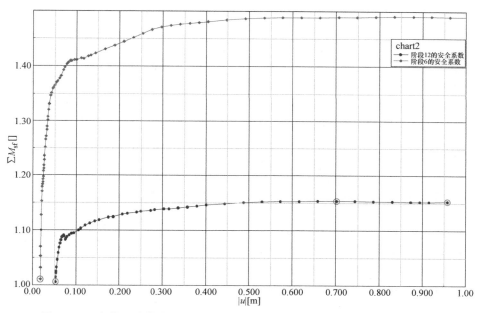

图 8-6 正常使用计算阶段和对应的承载能力极限状态下 $\sum M_{sf}$-$|u|$ 关系曲线

8.4 案例 7 完整代码

```python
import math
from plxscripting.easy import *
s_in, g_in = new_server('localhost', 10000, password= 'Yourpassword')
folder = r'D:\PLAXIS\PLAXIS 2D temp\Test'
filename =  r'Tutorial_07'
s_in.new()
g_in.SoilContour.initializerectangular(0,0,100,30)
g_in.borehole(0)
for i in range(3):
    g_in.soillayer(0)
borehole =  g_in.Borehole_1
g_in.setsoillayerlevel(borehole, 0, 30)
g_in.setsoillayerlevel(borehole, 1, 27)
g_in.setsoillayerlevel(borehole, 2, 15)
g_in.Borehole_1.Head =  23
material1 =  g_in.soilmat()
material1.setproperties("Identification", 'Silt',"Colour", 15262369,"SoilModel", 3,
"Gammasat", 20,"Gammaunsat", 16,"nuUR", 0.2,"E50ref", 20e3,"Eoedref", 20e3,"Eurref",
60e3,"powerm", 0.5,"cref", 1,"phi", 30,"psi", 0.0,"K0nc", 1.- math.sin(30.0* math.pi/
180.),"OCR", 1.0," POP", 0,"GroundwaterClassificationType", 2,"UseDefaults", False,
"GroundwaterSoilClassUSDA", 4," DrainageType", 0," PermHorizontalPrimary", 1.0e-3,"
```

```
PermVertical",1.0e-3,"InterfaceStrengthDetermination",1)
material2 = g_in.soilmat()
material2.setproperties("Identification",'Sand',"Colour",10676870,"SoilModel",3,
"Gammasat",20,"Gammaunsat",17,"nuUR",0.2,"E50ref",30e3,"Eoedref",30e3,"Eurref",
90e3,"powerm",0.5,"cref",0,"phi",34,"psi",4.0,"K0nc",1.-math.sin(30.0*math.pi/
180.),"OCR",1.0,"POP",0,"GroundwaterClassificationType",2,"UseDefaults",False,
"GroundwaterSoilClassUSDA",0,"DrainageType",0,"PermHorizontalPrimary",1.0e-3,"Per-
mVertical",1.0e-3,"InterfaceStrengthDetermination",1)
material3 = g_in.soilmat()
material3.setproperties("Identification",'Loam',"Colour",10283244,"SoilModel",3,
"Gammasat",19,"Gammaunsat",17,"nuUR",0.2,"E50ref",12e3,"Eoedref",8e3,"Eurref",
36e3,"powerm",0.8,"cref",5,"phi",29,"psi",0.0,"K0nc",1.-math.sin(30.0*math.pi/
180.),"OCR",1.0,"POP",25,"GroundwaterClassificationType",2,"UseDefaults",False,
"GroundwaterSoilClassUSDA",3,"DrainageType",0,"PermHorizontalPrimary",1.0e-3,"
PermVertical",1.0e-3,"InterfaceStrengthDetermination",0)
g_in.Soillayer_1.Soil.Material = material1
g_in.Soillayer_2.Soil.Material = material2
g_in.Soillayer_3.Soil.Material = material3
g_in.gotostructures()
g_in.plate((40,30),(40,14))
g_in.plate((60,30),(60,14))
platematerial = g_in.platemat()
platematerial.setproperties("Identification","DWall","Colour",16711680,"MaterialType",1,"
Isotropic",True,"EA1",12e6,"EI",120e3,"StructNu",0.15,"w",8.3,"PreventPunching",False)
platematerial.setproperties('Isotropic',True)
g_in.setmaterial((g_in.Plate_1,g_in.Plate_2),platematerial)
g_in.posinterface(g_in.Line_1)
g_in.neginterface(g_in.Line_1)
g_in.posinterface(g_in.Line_2)
g_in.neginterface(g_in.Line_2)
g_in.line((40,23),(60,23))
g_in.line((40,20),(60,20))
g_in.n2nanchor((40,27),(31,21))
g_in.n2nanchor((60,27),(69,21))
g_in.n2nanchor((40,23),(31,17))
g_in.n2nanchor((60,23),(69,17))
ahchormaterial = g_in.anchormat()
ahchormaterial.setproperties("Identification","AnchorRods","Colour",0,"MaterialType",
1,"EA",0.5e6,"Lspacing",2.5)
g_in.Line_5.NodeToNodeAnchor.Material = ahchormaterial
g_in.Line_6.NodeToNodeAnchor.Material = ahchormaterial
g_in.Line_7.NodeToNodeAnchor.Material = ahchormaterial
g_in.Line_8.NodeToNodeAnchor.Material = ahchormaterial
```

8 案例7：锚杆+挡墙支护结构的基坑降水开挖——承载力极限状态 [ADV]

```
beammaterial= g_in.embeddedbeammat()
beammaterial.setproperties("Identification","Grout body","Colour",9392839,"Material Type",1,"E",7.07e6,"Diameter",0.3,"Lspacing",2.5,"TSkinEndMax",400,"TSkinStartMax",400)
beammaterial.setproperties("Diameter",0.3)

embeddedbeamrow_g1 = g_in.embeddedbeamrow((31,21),(28,19))
embeddedbeamrow_g2 = g_in.embeddedbeamrow((69,21),(72,19))
embeddedbeamrow_g3 = g_in.embeddedbeamrow((31,17),(28,15))
embeddedbeamrow_g4 = g_in.embeddedbeamrow((69,17),(72,15))
g_in.set(g_in.Line_9.EmbeddedBeam.Material,beammaterial)
g_in.set(g_in.Line_9.EmbeddedBeam.Behaviour,"Grout body")
g_in.set(g_in.Line_11.EmbeddedBeam.Material,beammaterial)
g_in.set(g_in.Line_11.EmbeddedBeam.Behaviour,"Grout body")
g_in.set(g_in.Line_10.EmbeddedBeam.Material,beammaterial)
g_in.set(g_in.Line_10.EmbeddedBeam.Behaviour,"Grout body")
g_in.set(g_in.Line_12.EmbeddedBeam.Material,beammaterial)
g_in.set(g_in.Line_12.EmbeddedBeam.Behaviour,"Grout body")
g_in.group(g_in.Line_5.NodeToNodeAnchor, g_in.Line_6.NodeToNodeAnchor, g_in.Line_9.EmbeddedBeam, g_in.Line_10.EmbeddedBeam)
g_in.rename(g_in.Group_1,'GAtop')
g_in.group(g_in.Line_7.NodeToNodeAnchor, g_in.Line_8.NodeToNodeAnchor, g_in.Line_11.EmbeddedBeam, g_in.Line_12.EmbeddedBeam)
g_in.rename(g_in.Group_1,'GAbot')
g_in.lineload((28,30),(38,30))
g_in.mergeequivalents(g_in.Geometry)
g_in.gotomesh()
g_in.mesh(0.06)
g_in.gotostages()
phase0 = g_in.InitialPhase
phase1 = g_in.phase(phase0)
phase1.Identification = 'Activation of wall and load'
g_in.Model.CurrentPhase = phase1
g_in.activate(g_in.Plates, phase1)
g_in.activate(g_in.Interfaces, phase1)
g_in.activate(g_in.LineLoad_1_1, phase1)
g_in.LineLoad_1_1.qy_start[phase1] = -10
phase2 = g_in.phase(phase1)
phase2.Identification = 'First excavation'
g_in.Model.CurrentPhase = phase2
g_in.deactivate(g_in.BoreholePolygon_1_2, phase2)
phase3 = g_in.phase(phase2)
phase3.Identification = 'First anchor row'
```

```
g_in.Model.CurrentPhase = phase3
g_in.activate(g_in.GAtop, phase3)
g_in.set((g_in.NodeToNodeAnchor_1_1.AdjustPrestress, g_in.NodeToNodeAnchor_2_1.AdjustPrestress), g_in.Phase_3, True)
g_in.set((g_in.NodeToNodeAnchor_1_1.PrestressForce, g_in.NodeToNodeAnchor_2_1.PrestressForce), g_in.Phase_3, 500)
phase4 = g_in.phase(phase3)
phase4.Identification = 'Second excavation'
g_in.Model.CurrentPhase = phase4
g_in.deactivate(g_in.BoreholePolygon_2_1, phase4)
phase5 = g_in.phase(phase4)
phase5.Identification = 'Second anchor row'
g_in.Model.CurrentPhase = phase5
g_in.activate(g_in.GAbot, phase5)
g_in.set((g_in.NodeToNodeAnchor_3_1.AdjustPrestress, g_in.NodeToNodeAnchor_4_1.AdjustPrestress), g_in.Phase_5, True)
g_in.set((g_in.NodeToNodeAnchor_3_1.PrestressForce, g_in.NodeToNodeAnchor_4_1.PrestressForce), g_in.Phase_5, 1000)
phase6 = g_in.phase(phase5)
phase6.Identification = 'Final excavation'
g_in.Model.CurrentPhase = phase6
g_in.Phase_6.PorePresCalcType = "Steady state groundwater flow"
g_in.deactivate(g_in.BoreholePolygon_2_2, phase6)
g_in.gotoflow()
waterlevel_2 = g_in.waterlevel((0,23),(40,20),(60,20),(100,23))
g_in.setglobalwaterlevel(waterlevel_2, phase6)
g_in.gotostages()
output_port = g_in.selectmeshpoints()
s_out, g_out = new_server('localhost', output_port, password= s_in.connection._password)
g_out.addcurvepoint('node', g_out.Plate_1_2, (40,27))
g_out.addcurvepoint('node', g_out.Plate_1_2, (40,23))
g_out.update()
g_in.gotosoil()
g_in.designapproach()
g_in.DesignApproach_1.Identification = "Eurocode 7 - DA 3"
g_in.DesignApproach_1.LoadFactorTable[2].Factor = 1.3
g_in.DesignApproach_1.MaterialFactorTable[1].Factor = 1.25
g_in.DesignApproach_1.MaterialFactorTable[2].Factor = 1.25
g_in.adddesignapproachmateriallink(g_in.DesignApproach_1, material3.cInc, g_in.MaterialFactorLabel_3)
g_in.adddesignapproachmateriallink(g_in.DesignApproach_1, material3.phi, g_in.MaterialFactorLabel_2)
```

```
g_in.adddesignapproachmateriallink(g_in.DesignApproach_1, material2.cref, g_in.MaterialFactorLabel_3)
g_in.adddesignapproachmateriallink(g_in.DesignApproach_1, material2.cInc, g_in.MaterialFactorLabel_3)
g_in.adddesignapproachmateriallink(g_in.DesignApproach_1, material2.phi, g_in.MaterialFactorLabel_2)
g_in.adddesignapproachmateriallink(g_in.DesignApproach_1, material1.cref, g_in.MaterialFactorLabel_3)
g_in.adddesignapproachmateriallink(g_in.DesignApproach_1, material1.cInc, g_in.MaterialFactorLabel_3)
g_in.adddesignapproachmateriallink(g_in.DesignApproach_1, material1.phi, g_in.MaterialFactorLabel_2)
g_in.mergeequivalents(g_in.Geometry)
g_in.gotostages()
g_in.Model.CurrentPhase = phase1
phase7 = g_in.phase(phase1)
g_in.Model.CurrentPhase = phase7
phase7.Identification = 'Activation of wall and load-ULS'
phase7.DesignApproach = g_in.DesignApproach_1
g_in.set(g_in.LineLoad_1_1.LoadFactorLabel, phase7, g_in.LoadFactorLabel_3)
g_in.Model.CurrentPhase = phase2
phase8 = g_in.phase(phase2)
g_in.Model.CurrentPhase = phase8
phase8.Identification = "First excavation-ULS"
phase8.DesignApproach = g_in.DesignApproach_1
g_in.set(g_in.LineLoad_1_1.LoadFactorLabel, phase8, g_in.LoadFactorLabel_3)
g_in.Model.CurrentPhase = phase3
phase9 = g_in.phase(phase3)
g_in.Model.CurrentPhase = phase9
phase9.Identification = "First anchor row-ULS"
phase9.DesignApproach = g_in.DesignApproach_1
g_in.set(g_in.LineLoad_1_1.LoadFactorLabel, phase9, g_in.LoadFactorLabel_3)
g_in.Model.CurrentPhase = phase4
phase10 = g_in.phase(phase4)
g_in.Model.CurrentPhase = phase10
phase10.Identification = "Second excavation-ULS"
phase10.DesignApproach = g_in.DesignApproach_1
g_in.set(g_in.LineLoad_1_1.LoadFactorLabel, phase10, g_in.LoadFactorLabel_3)
g_in.Model.CurrentPhase = phase5
phase11 = g_in.phase(phase5)
g_in.Model.CurrentPhase = phase11
phase11.Identification = "Second anchor row-ULS"
phase11.DesignApproach = g_in.DesignApproach_1
```

```
g_in.set( g_in.LineLoad_1_1.LoadFactorLabel, phase11, g_in.LoadFactorLabel_3)
g_in.Model.CurrentPhase = phase6
phase12 = g_in.phase(phase6)
g_in.Model.CurrentPhase = phase12
phase12.Identification = "Final excavation - ULS"
phase12.DesignApproach = g_in.DesignApproach_1
g_in.set( g_in.LineLoad_1_1.LoadFactorLabel, phase12, g_in.LoadFactorLabel_3)
phase13 = g_in.phase(phase6)
g_in.Model.CurrentPhase = phase13
phase13.Identification = "Factor of Safety - Final"
phase13.DeformCalcType = "Safety"
phase14 = g_in.phase(phase12)
g_in.Model.CurrentPhase = phase14
phase14.Identification = "Factor of Safety - Final ULS"
phase14.DeformCalcType = "Safety"
g_in.Model.CurrentPhase = phase13
```

本案例到此结束！

案例8：道路路堤的施工 [ADV]

在地下水位较高的软土上修建路堤会导致孔隙水压力的增加。由于这种不排水的行为，有效应力仍然较低，必须采用中间固结期，以安全地建造路堤。在固结过程中，超静孔隙水压力消散，使土体能够获得必要的剪切强度，以继续施工过程。

本案例详细分析一个道路路堤的施工过程。在分析中，引入了三种新的计算方案，即固结分析、更新的网格分析和通过安全分析（强度降低）计算安全系数。

目 标

- 固结分析
- 创建排水模型
- 固结过程中渗透率的变化
- 安全分析（强度降低）
- 更新网格分析（大变形）

几何模型

路堤宽16m，高4m。这些斜坡的坡度为1:3。这个问题是对称的，所以只有一半被建模（在这种情况下，选择了右半部分）。路堤本身是由松散的砂土组成。底土由6m厚的软土组成，上部3m为泥炭，下3m为黏土。潜水平面位于原地面以下1m处。在软土层下有一个密砂层，在模型中考虑了4m，如图9-1所示。

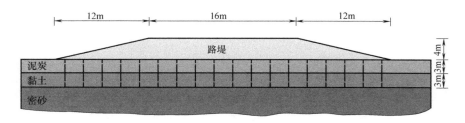

图9-1 在软土上的道路路堤几何模型

9.1 开始新项目

（1）通过双击输入程序的图标 来启动 PLAXIS 2D。
（2）单击"开始新项目"。
（3）在"项目属性"窗口的"项目"选项卡中，输入适当的标题。
（4）在"模型"选项表中，确保"模型"设置为平面应变，"单元"设置为"15 个节点"。
（5）将模型"边界"设置为"$x_{min}=0m$、$x_{min}=60m$、$y_{min}=-4m$ 和 $y_{max}=10m$"。
对应代码如下：

```
s_in, g_in = new_server('localhost', 10000, password= 'yourpassword')
folder  =  r'D:\PLAXIS\PLAXIS 2D temp\Test'   # # current running directory
filename =  r'Tutorial_08'
s_in.new()   # # creat a new project
g_in.SoilContour.initializerectangular(0,- 10,60,4)
```

9.2 定义土层

地下层采用钻孔定义。路堤层在结构模式中定义。

（1）单击"创建钻孔"按钮 ，并在 $x=0$ 处创建一个钻孔。将弹出"修改土层"窗口。
（2）定义如图 9-2 所示的 3 个土层。
（3）该水位位于 $y=-1m$ 处。在钻孔柱中指定水头为 -1。

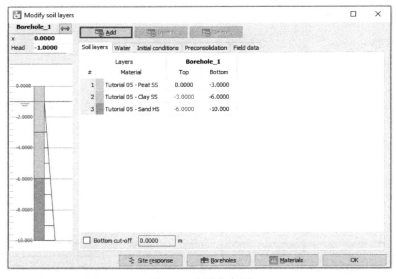

图 9-2　土层分布图

对应代码如下：

```
g_in.borehole(0)
for i in range(3):
    g_in.soillayer(0)
g_in.Soillayer_1.Zones[0].Bottom = -3
g_in.Soillayer_2.Zones[0].Bottom = -6
g_in.Soillayer_3.Zones[0].Bottom = -10
g_in.Borehole_1.Head = -1
```

9.3 创建和指定材料参数

本例需要的材料参数。如表 9-1 所示。

砂、黏土层的材料性质及界面 表 9-1

参数类型	参数名称	符号	路堤参数值	砂土层参数值	泥土层参数值	黏土层参数值	单位
常规	土体模型	—	土体硬化	土体硬化	软土	软土	—
	排水类型	—	排水	排水	不排水(A)	不排水(A)	—
	不饱和重度	γ_{unsat}	16	17	8	15	kN/m³
	饱和重度	γ_{sat}	19	20	12	18	kN/m³
	初始孔隙比	e_{init}	0.5	0.5	2.0	1.0	—
力学	修正压缩指数	λ^*	—	—	0.15	0.05	—
	修正膨胀指数	κ^*	—	—	0.03	0.01	—
	标准三轴排水试验割线刚度	E_{50}^{ref}	25×10³	35×10³	—	—	kN/m²
	侧限压缩试验切线刚度	E_{oed}^{ref}	25×10³	35×10³	—	—	kN/m²
	卸载/重加载刚度	E_{ur}^{ref}	75×10³	105×10³	—	—	kN/m²
	刚度应力水平相关幂指数	m	0.5	0.5	—	—	—
	黏聚力	c_{ref}'	1.0	0	2.0	1.0	kN/m²
	摩擦角	φ'	30	33	23	25	°
	剪胀角	ψ	0.0	0.0	0.0	0.0	°
	其他：使用默认值	—	是	是	是	是	—
地下水	分类类型	—	USDA	USDA	USDA	USDA	—
	SWCC 拟合方法	—	Van Genuchten	Van Genuchten	Van Genuchten	Van Genuchten	—
	土体类(USDA)	—	壤质砂土	砂土	黏土	黏土	—
	<2μm	—	6.0	4.0	70.0	70.0	%
	2~50μm	—	11.0	4.0	13.0	13.0	%
	50μm~2mm	—	83.0	92.0	17.0	17.0	%
	使用默认值	—	从数据集	从数据集	无	从数据集	—
	水平方向渗透系数	k_x	3.499	7.128	0.1	0.04752	m/d
	竖直方向渗透系数	k_y	3.499	7.128	0.05	0.04752	m/d
	渗透率变化	c_k	1×10¹⁵	1×10¹⁵	1.0	0.2	—

续表

参数类型	参数名称	符号	路堤参数值	砂土层参数值	泥土层参数值	黏土层参数值	单位
界面	界面刚度	—	刚性	刚性	刚性	刚性	—
	强度折减系数	R_{inter}	1.0	1.0	1.0	1.0	—
初始	K_0 确定	—	自动	自动	自动	自动	—
	超固结比	OCR	1.0	1.0	1.0	1.0	—
	先期固结压力	POP	0	0	5	0	kN/m^2

要创建材质集，请执行以下步骤：

(1) 单击"材料"按钮 以打开"材料设置"窗口。

(2) 创建土体材料数据集，并将其分配到钻孔中相应的土层。

(3) 关闭"修改土层"窗口，然后继续进入"结构"模式，以定义路堤和排水孔。

提示：应定义初始空隙比（e_{init}）和渗透系数（c_k）的变化规律，以便在固结分析中模拟由于土体压缩而导致的渗透性变化。当使用高级模型时，建议使用此选项。

对应代码如下：

```
material1 = g_in.soilmat()
material1.setproperties("Identification",'Embankment',"Colour",15262369,"SoilModel",
3,"Gammasat",19.0,"Gammaunsat",16.0,"eInit",0.5"nuUR",0.2,"E50ref",25e3,"Eoedref",
25e3,"Eurref",75e3,"powerm",0.5,"cref",1,"phi",30,"psi",0.0,"GwUseDefaults",True,"
GwDefaultsMethod", 0," OCR ", 1.0," POP ", 0," GroundwaterClassificationType ", 2,"
UseDefaults", True," GroundwaterSoilClassUSDA ", 1," DrainageType ", 0," ck ", 1.0e15,"
VoidRatioDependency",True,"InterfaceStrengthDetermination",0)

material2 = g_in.soilmat()
material2.setproperties(" Identification ", ' Sand '," Colour ", 10676870," SoilModel ", 3,"
Gammasat", 20.0," Gammaunsat ", 17.0," eInit ", 0.5," nuUR ", 0.2," E50ref ", 35e3," Eoedref ",
35e3," Eurref ",105e3," powerm ", 0.5," cref ", 0," phi ", 33," psi ", 3.0," GwUseDefaults ", True,"
GwDefaultsMethod ", 0," OCR ", 1.0," POP ", 0," GroundwaterClassificationType ", 2,"
UseDefaults", True," GroundwaterSoilClassUSDA ", 0," DrainageType ", 0," ck ", 1.0e15,"
VoidRatioDependency",True,"InterfaceStrengthDetermination",0)

material3 = g_in.soilmat()

material3.setproperties(" Identification ", "Peat", " Colour ", 10283244, " SoilModel ", 5, "
Gammasat ", 12.0, "Gammaunsat ", 8.0, "eInit ", 2.0, "lambdaModified ", 0.15, "kappaModified ",
0.03, " cref ", 2, " phi ", 23.0, " psi ", 0.0, " OCR ", 1.0, " POP ", 5.0, " DrainageType ", 1,
" GwUseDefaults", False, " PermVertical ", 0.05, " PermHorizontalPrimary ", 0.1, " ck ", 1.0,
"VoidRatioDependency", True, " GroundwaterClassificationType ", 2, " UseDefaults ", True, "
GroundwaterSoilClassUSDA ",11,"InterfaceStrengthDetermination",0)
```

```
material4 = g_in.soilmat()
material4.setproperties("Identification","Clay","Colour",16377283,"SoilModel",
5,"Gammasat",18.0,"Gammaunsat",15.0,"eInit",1.0,"lambdaModified",0.05,"kappaMod
ified",0.01,"cref",1,"phi",25.0,"psi",0.0,"OCR",1.0,"POP",0.0,"DrainageType",1,
"GwUseDefaults",True,"GwDefaultsMethod","VoidRatioDependency",True,"ck",0.2,
"GroundwaterClassificationType",2,"UseDefaults",True,"GroundwaterSoilClassUS-
DA",11,"InterfaceStrengthDetermination",0)
```

9.4 定义施工

路堤和排水孔在"结构"模式定义：

(1) 单击"结构"选项卡，继续在结构模式中输入结构元素。

(2) 单击侧边工具栏中的"创建土体多边形"按钮 ，然后选择"创建土体多边形"选项。

(3) 通过单击（0，0）、（0，4）、（8，4）和（20，0），可以定义绘图区域中的路堤。

(4) 右键单击已创建的多边形，并将"Embankment"（路堤）数据集指定给土体多边形，如图 9-3 所示。

(5) 定义路堤施工级别，单击侧边工具栏中的"切割多边形"按钮 ，然后通过单击（0，2）和（14，2）来定义切割线。路堤群被分为两个子群。

图 9-3 对绘图区域中土体簇的材料数据集的分配

在本项目中，将结果与没有排水的情况进行比较，来研究排水对固结时间的影响。在有排水的情况下，排水只会在计算阶段有效。定义排水孔：

(1) 单击侧边工具栏中的"创建水力条件"按钮，并在显示的菜单中选择"创建排水"选项。

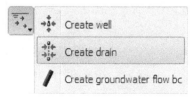

(2) 排水管定义为软层（黏土和泥炭；$y=0m$ 至 $y=-6m$）。两个连续的排水孔之间的距离为 2m。考虑到对称性，第一个排水管距离模型边界 1m。总共将创建 10 个排水管道，如图 9-4 所示。头部定义为 0.0m。

图 9-4　模型的最终几何形状

对应代码如下：

```
g_in.Soillayer_1.Soil.Material = material3
g_in.Soillayer_2.Soil.Material = material4
g_in.Soillayer_3.Soil.Material = material2
g_in.gotostructures()
g_in.polygon((0,0),(0,4),(8,4),(20,0))
g_in.Soil_4.Material = material1
g_in.cutpoly((0,2),(14,2))
g_in.drain((1,0),(1,-6))
g_in.arrayr(g_in.Line_1, 10, 2, 0)
g_in.mergeequivalents(g_in.Geometry)
```

9.5　生成网格

生成网格的执行步骤：

（1）继续进入"网格"模式。

（2）单击侧面工具栏中的"生成网格"按钮 ▶。对于"单元分布"参数，使用"介质"（默认）。

（3）单击"查看网格"按钮 🔍 以查看该网格。如图 9-5 所示。

（4）单击"关闭"选项卡以关闭"输出"程序。

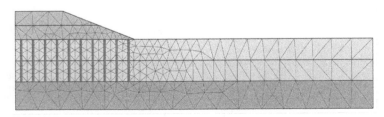

图 9-5　生成的网格

对应代码如下：

```
g_in.gotomesh()
g_in.mesh(0.06)
```

9.6 定义阶段并计算

路堤施工分为两阶段。在第 1 施工阶段之后，引入了 30d 的固结期，以使超静孔隙水压力消散。在第 2 施工阶段之后，引入另一个合并期，从中确定最终定居点。因此，除了初始阶段之外，还必须定义 4 个计算阶段。

9.6.1 初始阶段

在最初的情况下，路堤并不存在，初始阶段如图 9-6 所示。剩余的活动几何图形是水平的和水平的层，因此可以使用"K_0 过程"来计算初始应力。

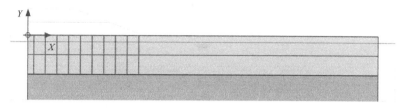

图 9-6 初始阶段

初始水压是完全静水压力，并基于位于 $y=-1$ 的一般潜水位。请注意，根据钻孔中为头部指定的值，在 $y=-1$ 处自动创建一个潜水位。除潜水水位外，在计算过程中进行固结分析时，还必须注意边界条件。在不提供任何额外输入的情况下，除了底部边界之外的所有边界都在排水，以便水可以自由地流出这些边界，超静孔隙水压力可以消散。然而，在目前的情况下，左垂直边界必须关闭，因为这是一条对称的线，所以不应该发生水平流动。剩余的边界是开放的，因为超静孔隙水压力可以通过这些边界消散。要定义适当的固结边界条件，请遵循以下步骤：

(1) 在"模型流览器"中，展开"模型条件"子目录。
(2) 展开"地下水流"子目录，将"边界"设置为"关闭"，将"边界值"设置为"打开"，如图 9-7 所示。

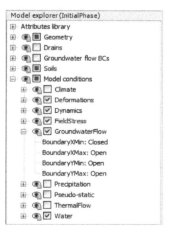

图 9-7 该问题的边界条件

对应代码如下：

```
g_in.gotostages()
g_in.set(g_in.GroundwaterFlow.BoundaryXMin, g_in.InitialPhase, "Closed")
g_in.set(g_in.GroundwaterFlow.BoundaryYMin, g_in.InitialPhase, "Open")
phase0 = g_in.InitialPhase
```

9.6.2 固结分析

固结分析介绍了计算中的时间维度。为了正确地执行整合分析，必须选择一个适当的时间步长。使用小于临界最小值的时间步长会导致应力振荡。PLAXIS 2D 中的整合选项允许全自动时间步进过程。在这个过程中，有 3 种主要的可能性。

▭	预定义期间固结，包括变化对激活几何（分布施工）的影响
☑	固结，直到几何图形中的所有超静孔隙水压力都降低到预定义的最小值（最小超孔隙水压力）
%	固结，直到达到规定的饱和度（固结度）

本例将使用前两种可能性。要定义计算阶段，请遵循以下步骤。

9.6.3 第1阶段：第1段路堤施工

第 1 阶段为固结分析、分阶段施工。
（1）单击"添加阶段"按钮，以创建一个新的阶段。
（2）在"阶段"窗口中，从"常规"子目录中的"计算类型"下拉菜单中选择固结选项。
（3）确保为"加载类型"选择了"分阶段"的构造选项。
（4）输入一个为 2d 的时间间隔。其余参数使用默认值。
（5）在"分阶段施工"模式下，激活路堤的第一部分如图 9-8 所示。

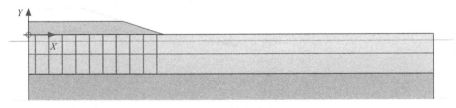

图 9-8 第 1 阶段

对应代码如下：

```
phase1 = g_in.phase(phase0)
phase1.Identification = 'First embankment'
g_in.Model.CurrentPhase = phase1
phase1.DeformCalcType = "Consolidation"
phase1.TimeInterval = 2
g_in.Polygon_2_1.activate(phase1)
```

9.6.4 第 2 阶段：第 1 固结期

第 2 阶段也是一个固结分析，分阶段施工。在这个阶段，不改变几何形状，因为只需要对最终时间进行固结分析。

(1) 单击"添加阶段"按钮，以创建一个新的阶段。

(2) 在"阶段"窗口中，从"常规"子目录中的"计算类型"下拉菜单中选择"固结"选项。

(3) 确保为正在加载类型选择"分阶段施工"选项。

(4) 输入一个为 30d 的"时间间隔"。其余参数使用默认值。

对应代码如下：

```
phase2 = g_in.phase(phase1)
phase2.Identification = 'First consolidation'
g_in.Model.CurrentPhase = phase2
phase2.DeformCalcType = "Consolidation"
phase2.TimeInterval = 30
```

9.6.5 第 3 阶段：第 2 段路堤施工

(1) 单击"添加阶段"按钮，以创建一个新的阶段。

(2) 在"阶段"窗口中，从"常规"子目录中的"计算类型"下拉菜单中选择"固结"选项。

(3) 确保为加载类型选择了"分阶段施工"选项。

(4) 输入一个为 1d 的"时间间隔"。其余参数使用默认值。

(5) 在"分阶段施工"模式下，激活路堤的第 2 部分，第 3 阶段如图 9-9 所示。

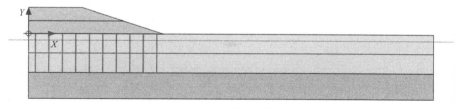

图 9-9　第 3 阶段

对应代码如下：

```
phase3 = g_in.phase(phase2)
phase3.Identification = 'Second embankment'
g_in.Model.CurrentPhase = phase3
phase3.DeformCalcType = "Consolidation"
phase3.TimeInterval = 1
g_in.Polygon_1_1.activate(phase3)
```

9.6.6 第 4 阶段：固结结束

第 4 阶段是对最小超静孔隙水压力的"固结"分析。

（1）单击"添加阶段"按钮，以创建一个新的阶段。

（2）在"常规"子选项卡中，选择"固结"选项作为计算类型。

（3）在"加载类型"下拉菜单中选择"最小孔压"选项，并接受最小压力的默认值"$1kN/m^2$"。其余参数使用默认值。

对应代码如下：

```
phase4 = g_in.phase(phase3)
phase4.Identification = 'End of consolidation'
g_in.Model.CurrentPhase = phase4
phase4.DeformCalcType = "Consolidation"
phase4.Deform.LoadingType = "Minimum excess pore pressure"
```

9.6.7 安全分析

在路堤的设计中，不仅要考虑最终的稳定性，还要考虑施工过程中的稳定性。从输出结果可以清楚地看出，第 2 阶段施工后开始形成失效机制。在问题的这个阶段，以及在其他建设阶段，要计算全局安全系数。要计算不同施工阶段的道路路堤的整体安全系数，请按照以下步骤进行：

（1）在"阶段"资源管理器中选择第 1 阶段（Phase_1）。

（2）添加一个新的"计算阶段"。

（3）双击新阶段以打开"阶段"窗口。

（4）在"阶段"窗口中，会在从"阶段"开始下拉菜单中自动选择所选阶段。

（5）在"常规"子目录中，选择"安全"作为计算类型。

（6）在"正在加载类型"框中已经选择了"增量乘数"选项。控制强度降低过程的乘数的第一个增量设置为 0.1。

（7）为了从由此产生的变形机制中排除现有的变形，请在"变形控制参数"子目录中选择"重置位移为零"选项。

（8）第一个安全计算现在已经确定。

（9）按照相同的步骤创建新的计算阶段，分析每个合并阶段结束时的稳定性。完整计算阶段如图 9-10 所示。

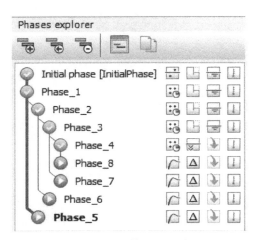

图 9-10　显示安全计算阶段的阶段浏览器

对应代码如下：

```
g_in.Model.CurrentPhase = phase1
phase5 = g_in.phase(phase1)
phase5.Identification = 'FoS First embankment'
g_in.Model.CurrentPhase = phase5
phase5.DeformCalcType = "Safety"
phase5.Deform.ResetDisplacementsToZero = True

phase6 = g_in.phase(phase2)
phase6.Identification = 'FoS First consolidation'
phase6.DeformCalcType = "Safety"
phase6.Deform.ResetDisplacementsToZero = True

phase7 = g_in.phase(phase3)
phase7.Identification = 'FoS Second embankment'
phase7.DeformCalcType = "Safety"
phase7.Deform.ResetDisplacementsToZero = True

phase8 = g_in.phase(phase4)
phase8.Identification = 'FoS End of consolidation'
phase8.DeformCalcType = "Safety"
phase8.Deform.ResetDisplacementsToZero = True
```

9.6.8 执行计算

在开始计算之前，建议为以后生成的荷载-位移曲线或应力-应变图选择节点或应力点。为此，请按照下面给出的步骤进行操作。

（1）单击侧边工具栏中的"为曲线选择点"按钮。

（2）作为第1个点，选择路堤的坡脚（20，0）。

（3）第2个点将用于绘制超静孔隙水压力的发展（和衰减）。为此，需要在模型左侧的软土层中间的一个点，因此该点位于路堤中间的下方。

（4）单击"计算"按钮，以计算该项目。在固结分析期间，时间的发展可以在"计算信息"窗口的上部进行查看如图9-11所示。

除了乘子外，还有一个参数$P_{excess,max}$，表示当前最大超静孔隙水压力。该参数在最小超静孔隙水压力固结分析的情况下非常重要，其中所有的孔隙水压力均指定为降低到预定义值以下。

对应代码如下：

```
output_port = g_in.selectmeshpoints()
s_out, g_out = new_server('localhost', output_port,
password= s_in.connection._password)
g_out.addcurvepoint('node', g_out.Soil_5_1, (20,0))
```

```
g_out.addcurvepoint('node', g_out.Soil_1_1, (0,- 3))
g_out.update()
g_in.calculate()
```

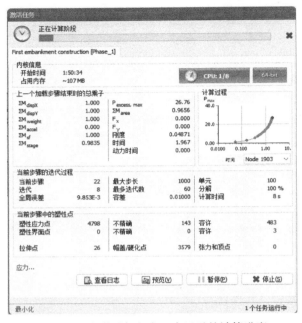

图 9-11　在激活任务窗口中显示的计算进度

9.7　结果

计算完成后,选择第 3 阶段,并点击"查看计算结果"按钮。"输出"窗口现在显示了路堤最后一部分不排水施工后的变形网格。如图 9-12 所示,考虑到第 3 阶段的结果,变形网格显示了由于不排水行为,路堤坡脚和右侧平地的隆起。

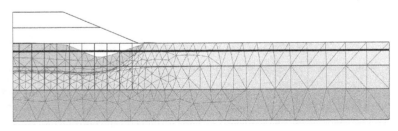

图 9-12　路堤不排水施工后的变形网(阶段 3)

(1) 选择菜单"变形"→"增量位移"→"$|\Delta u|$"。

(2) 在菜单中选择菜单"查看"→"矢量"选项,或单击工具栏中相应按钮 显示结果箭头。

在评估总位移增量时,可以看到一种破坏机制正在发展。如图 9-13 所示。

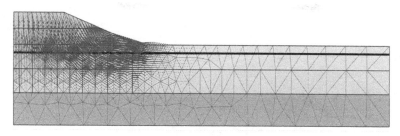

图 9-13　路堤不排水施工后的位移增量

（3）按<Ctrl+7>以显示已产生的超静孔隙水压力，也可以通过选择菜单"压力"→"孔压力"→"P_{excess}"来显示。

（4）单击"中心主要方向"按钮 。过量压力的主要方向显示在每个土体元素的中心。计算结果如图 9-14 所示。

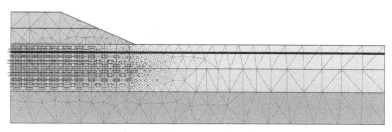

图 9-14　路堤不排水施工后的超静孔隙水压力

很明显，最高的超静孔隙水压力发生在路堤中心下方。

（1）下拉菜单中选择"第 4 阶段"。

（2）单击工具栏中的"轮廓线"按钮 ，可将结果显示为轮廓线。

（3）使用"绘制扫描线"按钮 或"视图"菜单中的相应选项来定义等高线标签的位置。

可以看出，第 4 阶段原土面和路堤的沉降明显增加。这是由于超静孔隙水压力的消散，导致土体进一步沉降。图 9-15 显示了固结后剩余的超静孔隙压力分布，检查其最大值是否低于 $1.0kN/m^2$。

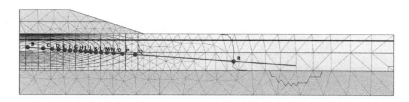

图 9-15　对于 $P_{excess}<1.0kN/m^2$ 固结后超静孔隙水压力等高线

曲线管理器可用于查看路堤下超静孔隙水压力随时间的发展情况。要创建这样的曲线，请执行以下步骤：

（1）通过单击"曲线管理器"按钮 来创建一条新的曲线。

· 141 ·

(2) 对于 X 轴，从下拉菜单中选择项目选项，然后选择目录中的"时间"。

(3) 对于 Y 轴，从下拉菜单中选择软土层中间的点（点 B）。在目录中选择"应力"→"孔隙水压力"→"P_{excess}"。

(4) 选择 Y 轴的"反向符号"选项。

(5) 单击"确定"。

(6) 打开"曲线设置"（F3），并转到第 2 个选项表。

(7) 在"显示"框中，单击"阶段"按钮。默认情况下，选择所有阶段以显示在曲线中。为了使曲线清晰，请隐藏安全阶段（第 5～8 阶段）。

(8) 单击"确定"以关闭"曲线设置"窗口。

应会出现类似于图 9-16 内容的曲线。

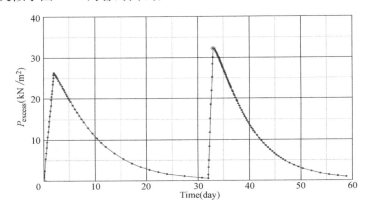

图 9-16　路堤下超静孔隙水压力的发展情况

图 9-15 清楚地显示了 4 个计算阶段。在施工阶段，超静孔隙水压力随时间的小幅增加而增加，而在固结阶段，超静孔隙水压力随时间的增加而减少。事实上，在路堤施工期间已经发生了固结，因为这涉及一个很小的时间间隔。从曲线上可以看出，需要 50 天以上才能达到完全固结。在关闭输出程序之前保存图表。

9.8　安全分析结果

在安全计算过程中，会产生额外的位移。总位移没有物理意义，但在最后一步（在失效时）中的增量位移表明了可能的失效机制。为了了解路堤施工的三个不同阶段的机理：

(1) 选择其中一个阶段，然后单击"查看计算结果"按钮 。

(2) 选择"变形"→"增量位移"→"$|\Delta u|$"菜单。

(3) 将结果展示从"矢量图"更改为"云图" ，如图 9-17 所示，位移增量的幅度无关紧要。

安全系数可以从"项目菜单"中的"计算信息"选项中获得。"计算信息"窗口的"乘数器"选项表表示负载乘数器的实际值。ΣM_{sf} 的值代表安全系数，前提是该值在前几个步骤中确实或多或少是恒定的。然而，评估安全因素的最佳方法是绘制一条曲线，其中参数 ΣM_{sf} 与某个节点的位移进行绘制。虽然位移无关，但它们表明是否发展了失效机

图 9-17　总位移增量的阴影，表明最后阶段最适用的破坏机制

制。为了以这种方式评估这三种情况下的安全因素，请遵循以下步骤：

（1）单击工具栏中的"曲线管理器"按钮。

（2）在"图表"选项表中单击"新建"。

（3）在"曲线生成"窗口中，选择 X 轴的路堤坡脚（点 A），"选择变形"→"总位移"→"$|u|$"。

（4）对于 Y 轴，选择"项目"→"乘子"→"$\sum M_{sf}$"。在图表中考虑了安全阶段。

（5）右键单击图表，并选择显示菜单中的"设置"选项。此时将弹出"设置"窗口。

（6）在与曲线对应的选项表中，单击"阶段"按钮。

（7）在"选择阶段"窗口中，选择"第 5 阶段"（Phase_5），如图 9-18 所示。

（8）单击"确定"以关闭"选择阶段"窗口。

（9）在"设置"窗口中，请更改相应选项表中的曲线的标题。

（10）单击"添加曲线"按钮，然后在显示的菜单中选择"从当前项目"选项。按照描述的步骤定义阶段 6、7 和 8 的曲线。

（11）在"设置"窗口中，单击"图表"选项卡以打开相应的选项表。

（12）在"图表"选项表中，指定图表名称。

（13）将 X 轴的缩放比例设置为"手动"，并将"最大值"的值设置为 1，如图 9-19 所示。

图 9-18　选择阶段窗口

图 9-19　设置窗口中的图表选项表

（14）单击"应用"可根据所做的更改更新图表，然后单击"确定"可关闭"设置"窗口。

(15) 若要修改图例的位置，请右键单击该图例。

(16) 在上下文菜单中，选择在图表中"查看"→"图例"。

(17) 图例可以在图表中拖动并重新定位，如图 9-20 所示。

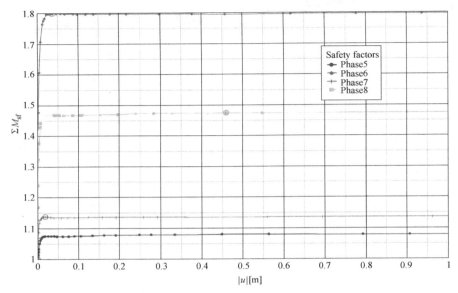

图 9-20　安全系数评价

所绘制的最大位移并不相关。可以看出，对于所有曲线，ΣM_{sf} 基本上为常值。将鼠标光标悬停在曲线上的一个点上，可以得到一个显示 ΣM_{sf} 确切值的框。

9.9　使用排水孔

本节将调查本项目中排水孔的影响。将引入 4 个新的阶段，它们具有与前四个固结阶段相同的特性。这些新阶段中的第 1 个阶段应该从初始阶段开始。新阶段的区别在于：

（1）所有新阶段的排水孔都应该是激活的，在"分阶段施工"模式中激活。

（2）前三个固结阶段（第 9～11 阶段）的"时间间隔"为 1d。最后一个阶段设置为"最小超静孔隙水压力"，最小压力赋值 1.0kN/m² （|P-stop|）。请遵循以下步骤：

1) 计算完成后，保存项目，然后选择最后一个阶段，然后单击"查看计算结果"按钮 。"输出"窗口现在显示了路堤最后一部分的排水施工后的变形网格。为了比较排水孔的影响，可以利用第 2 个点的超静孔隙水压力消散。

2) 单击"曲线管理器"按钮 以打开"曲线管理器"。

3) 在"图表"选项卡中双击图表 1 [第 2 个点（0，−3）与时间的关系]，此时将显示该图表。关闭"曲线管理器"。

4) 双击图表右侧的图例中的曲线。此时将弹出"设置"窗口。

5) 单击"添加曲线"按钮，然后在显示的菜单中选择"从当前项目"选项。弹出"曲线生成"窗口。

6) 选择Y轴的"反向符号"选项,然后单击"确定"以接受所选选项。

7) 在图表中添加一条新曲线,并在"设置"窗口中打开与之对应的新选项表。单击"阶段"按钮。从显示的窗口中选择"初始阶段"和最后四个阶段(排水),然后单击"确定"。

8) 在"设置"窗口中,请更改相应选项表中的曲线的标题。

9) 在"图表"选项表中,指定图表名称。

10) 单击"应用"以预览生成的曲线,然后单击"确定"以关闭"设置"窗口。图9-21清楚地显示了排水孔对超静孔隙水压力消散时间的影响。

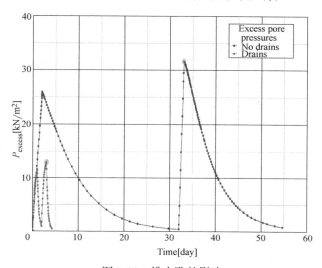

图9-21 排水孔的影响

> **提示**:可以使用曲线设置窗口中的相应按钮重新生成现有曲线,而不是添加新曲线。

对应代码如下:

```
g_in.Model.CurrentPhase = phase0
phase9 = g_in.phase(phase0)
phase9.Identification = 'First embankment + Drains'
g_in.Model.CurrentPhase = phase9
phase9.DeformCalcType = "Consolidation"
phase9.TimeInterval = 1
g_in.Polygon_2_1.activate(phase9)
g_in.Drains.activate(phase9)

phase10 = g_in.phase(phase9)
phase10.Identification = 'First consolidation + Drains'
g_in.Model.CurrentPhase = phase10
phase10.DeformCalcType = "Consolidation"
phase10.TimeInterval = 1
```

```
phase11 = g_in.phase(phase10)
phase11.Identification = 'Second embankment + Drains'
g_in.Model.CurrentPhase = phase11
phase11.DeformCalcType = "Consolidation"
phase11.TimeInterval = 1
g_in.Polygon_1_1.activate(phase11)

phase12 = g_in.phase(phase11)
phase12.Identification = 'End of consolidation + Drains'
g_in.Model.CurrentPhase = phase12
phase12.DeformCalcType = "Consolidation"
phase12.Deform.LoadingType = "Minimum excess pore pressure"
```

9.10 更新网格和更新水压分析

从固结结束（第4阶段）时的"变形网格"的输出可以看出，路堤沉降约1m。原本在潜水面以上的部分填砂物将沉降在潜水面以下。

由于浮力的作用，沉降在水位以下的土体的有效重量会发生变化，从而导致有效覆盖层的时间减少。这种效果可以在PLAXIS 2D中使用"更新的网格"和"更新的水压力"选项进行模拟。对于路堤，将研究使用这些方案的影响。

（1）在"阶段资源管理器"中选择初始阶段。

（2）添加一个新的计算阶段。

（3）以与第1阶段相同的方式定义新阶段。在"变形控制参数"子目录中，检查"更新网格"和"更新水压"选项。

（4）以同样的方式定义其他三个阶段。

当计算完成后，比较两种不同的计算方法的结果情况。

（5）在"曲线生成"窗口中，为X轴选择时间，并为Y轴选择软土层中间位置（0，-3）处的点的垂直位移（u_y）。

（6）在这条曲线中，将考虑初始阶段和从第1～4阶段的结果。

（7）向图表中添加一条新的曲线。

（8）在这条曲线中，将考虑初始阶段和从第13～16阶段的结果。结果如图9-22所示。

可以看出，当使用"更新网格"和"更新水压"选项时，沉降较少。部分原因是"更新网格"程序包括二阶变形效应，其中考虑了几何形状的变化；部分原因是"更新水压"程序导致路堤的有效重量更小。这最后一种影响是由土体所受的（恒定的）潜水水位以下的浮力引起的。使用这些程序可以对固结沉降进行分析，并考虑到大变形的积极影响。

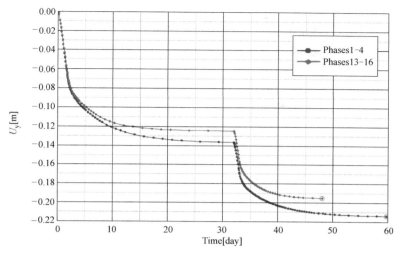

图 9-22 更新网格和水压分析对最终沉降的影响

对应代码如下：

```
g_in.Model.CurrentPhase = phase0
phase13 = g_in.phase(phase0)
phase13.Identification = 'First embankment + UpdatedMesh'
g_in.Model.CurrentPhase = phase13
phase13.DeformCalcType = "Consolidation"
phase13.TimeInterval = 2
phase13.Deform.UseUpdatedMesh = True
phase13.Deform.UseUpdatedWaterPressures = True
g_in.Polygon_2_1.activate(phase13)

phase14 = g_in.phase(phase13)
phase14.Identification = 'First consolidation + UpdatedMesh'
g_in.Model.CurrentPhase = phase14
phase14.DeformCalcType = "Consolidation"
phase14.TimeInterval = 30

phase15 = g_in.phase(phase14)
phase15.Identification = 'Second embankment + UpdatedMesh'
phase15.DeformCalcType = "Consolidation"
phase15.TimeInterval = 1
g_in.Polygon_1_1.activate(phase15)

phase16 = g_in.phase(phase15)
phase16.Identification = 'End of consolidation + UpdatedMesh'
phase16.DeformCalcType = "Consolidation"
phase16.Deform.LoadingType = "Minimum excess pore pressure"
```

9.12 案例 8 完整代码

```python
import math
from plxscripting.easy import *
s_in, g_in = new_server('localhost', 10000, password= 'Yourpassword')
folder = r'D:\PLAXIS\PLAXIS 2D temp\Test'
filename = r'Tutorial_08'
s_in.new()
g_in.SoilContour.initializerectangular(0,-10,60,4)
g_in.borehole(0)
for i in range(3):
    g_in.soillayer(0)
g_in.Soillayer_1.Zones[0].Bottom = -3
g_in.Soillayer_2.Zones[0].Bottom = -6
g_in.Soillayer_3.Zones[0].Bottom = -10
g_in.Borehole_1.Head = -1
material1 = g_in.soilmat()
material1.setproperties("Identification",'Embankment',"Colour",15262369,"SoilModel",3,"Gammasat",19.0,"Gammaunsat",16.0,"eInit",0.5"nuUR",0.2,"E50ref",25e3,"Eoedref",25e3,"Eurref",75e3,"powerm",0.5,"cref",1,"phi",30,"psi",0.0,"GwUseDefaults",True,"GwDefaultsMethod",0,"OCR",1.0,"POP",0,"GroundwaterClassificationType",2,"UseDefaults",True,"GroundwaterSoilClassUSDA",1,"DrainageType",0,"ck",1.0e15,"VoidRatioDependency",True,"InterfaceStrengthDetermination",0)
material2 = g_in.soilmat()
material2.setproperties("Identification",'Sand',"Colour",10676870,"SoilModel",3,"Gammasat",20.0,"Gammaunsat",17.0,"eInit",0.5,"nuUR",0.2,"E50ref",35e3,"Eoedref",35e3,"Eurref",105e3,"powerm",0.5,"cref",0,"phi",33,"psi",3.0,"GwUseDefaults",True,"GwDefaultsMethod",0,"OCR",1.0,"POP",0,"GroundwaterClassificationType",2,"UseDefaults",True,"GroundwaterSoilClassUSDA",0,"DrainageType",0,"ck",1.0e15,"VoidRatioDependency",True,"InterfaceStrengthDetermination",0)
material3 = g_in.soilmat()
material3.setproperties("Identification","Peat","Colour",10283244,"SoilModel",5,"Gammasat",12.0,"Gammaunsat",8.0,"eInit",2.0,"lambdaModified",0.15,"kappaModified",0.03,"cref",2,"phi",23.0,"psi",0.0,"OCR",1.0,"POP",5.0,"DrainageType",1,"GwUseDefaults",False,"PermVertical",0.05,"PermHorizontalPrimary",0.1,"ck",1.0,"VoidRatioDependency",True,"GroundwaterClassificationType",2,"UseDefaults",True,"GroundwaterSoilClassUSDA",11,"InterfaceStrengthDetermination",0)
material4 = g_in.soilmat()
material4.setproperties("Identification","Clay","Colour",16377283,"SoilModel",5,"Gammasat",18.0,"Gammaunsat",15.0,"eInit",1.0,"lambdaModified",0.05,"kappaModified",0.01,"cref",1,"phi",25.0,"psi",0.0,"OCR",1.0,"POP",0.0,"DrainageType",1,
```

```
"GwUseDefaults", True," GwDefaultsMethod "," VoidRatioDependency", True," ck ", 0.2,
"GroundwaterClassificationType", 2,"UseDefaults", True,"GroundwaterSoilClassUSDA",
11,"InterfaceStrengthDetermination",0)
g_in.Soillayer_1.Soil.Material = material3
g_in.Soillayer_2.Soil.Material = material4
g_in.Soillayer_3.Soil.Material = material2
g_in.gotostructures()
g_in.polygon((0,0),(0,4),(8,4),(20,0))
g_in.Soil_4.Material = material1
g_in.cutpoly((0,2),(14,2))
g_in.drain((1,0),(1,-6))
g_in.arrayr(g_in.Line_1, 10, 2, 0)
g_in.mergeequivalents(g_in.Geometry)
g_in.gotomesh()
g_in.mesh(0.06)
g_in.gotostages()
g_in.set(g_in.GroundwaterFlow.BoundaryXMin, g_in.InitialPhase, "Closed")
g_in.set(g_in.GroundwaterFlow.BoundaryYMin, g_in.InitialPhase, "Open")
phase0 = g_in.InitialPhase
phase1 = g_in.phase(phase0)
phase1.Identification = 'First embankment'
g_in.Model.CurrentPhase = phase1
phase1.DeformCalcType = "Consolidation"
phase1.TimeInterval = 2
g_in.Polygon_2_1.activate(phase1)
phase2 = g_in.phase(phase1)
phase2.Identification = 'First consolidation'
g_in.Model.CurrentPhase = phase2
phase2.DeformCalcType = "Consolidation"
phase2.TimeInterval = 30
phase3 = g_in.phase(phase2)
phase3.Identification = 'Second embankment'
g_in.Model.CurrentPhase = phase3
phase3.DeformCalcType = "Consolidation"
phase3.TimeInterval = 1
g_in.Polygon_1_1.activate(phase3)
phase4 = g_in.phase(phase3)
phase4.Identification = 'End of consolidation'
g_in.Model.CurrentPhase = phase4
phase4.DeformCalcType = "Consolidation"
phase4.Deform.LoadingType = "Minimum excess pore pressure"
output_port = g_in.selectmeshpoints()
s_out, g_out = new_server('localhost', output_port, password= s_in.connection._
```

```
password)
g_out.addcurvepoint('node', g_out.Soil_5_1, (20,0))
g_out.addcurvepoint('node', g_out.Soil_1_1, (0,-3))
g_out.update()
g_in.Model.CurrentPhase = phase1
phase5 = g_in.phase(phase1)
phase5.Identification = 'FoS First embankment'
g_in.Model.CurrentPhase = phase5
phase5.DeformCalcType = "Safety"
phase5.Deform.ResetDisplacementsToZero = True
phase6 = g_in.phase(phase2)
phase6.Identification = 'FoS First consolidation'
phase6.DeformCalcType = "Safety"
phase6.Deform.ResetDisplacementsToZero = True
phase7 = g_in.phase(phase3)
phase7.Identification = 'FoS Second embankment'
phase7.DeformCalcType = "Safety"
phase7.Deform.ResetDisplacementsToZero = True
phase8 = g_in.phase(phase4)
phase8.Identification = 'FoS End of consolidation'
phase8.DeformCalcType = "Safety"
phase8.Deform.ResetDisplacementsToZero = True
g_in.Model.CurrentPhase = phase0
phase9 = g_in.phase(phase0)
phase9.Identification = 'First embankment + Drains'
g_in.Model.CurrentPhase = phase9
phase9.DeformCalcType = "Consolidation"
phase9.TimeInterval = 1
g_in.Polygon_2_1.activate(phase9)
g_in.Drains.activate(phase9)
phase10 = g_in.phase(phase9)
phase10.Identification = 'First consolidation + Drains'
g_in.Model.CurrentPhase = phase10
phase10.DeformCalcType = "Consolidation"
phase10.TimeInterval = 1
phase11 = g_in.phase(phase10)
phase11.Identification = 'Second embankment + Drains'
g_in.Model.CurrentPhase = phase11
phase11.DeformCalcType = "Consolidation"
phase11.TimeInterval = 1
g_in.Polygon_1_1.activate(phase11)
phase12 = g_in.phase(phase11)
phase12.Identification = 'End of consolidation + Drains'
```

```
g_in.Model.CurrentPhase = phase12
phase12.DeformCalcType = "Consolidation"
phase12.Deform.LoadingType = "Minimum excess pore pressure"
g_in.Model.CurrentPhase = phase0
phase13 = g_in.phase(phase0)
phase13.Identification = 'First embankment + UpdatedMesh'
g_in.Model.CurrentPhase = phase13
phase13.DeformCalcType = "Consolidation"
phase13.TimeInterval = 2
phase13.Deform.UseUpdatedMesh = True
phase13.Deform.UseUpdatedWaterPressures = True
g_in.Polygon_2_1.activate(phase13)
phase14 = g_in.phase(phase13)
phase14.Identification = 'First consolidation + UpdatedMesh'
g_in.Model.CurrentPhase = phase14
phase14.DeformCalcType = "Consolidation"
phase14.TimeInterval = 30
phase15 = g_in.phase(phase14)
phase15.Identification = 'Second embankment + UpdatedMesh'
phase15.DeformCalcType = "Consolidation"
phase15.TimeInterval = 1
g_in.Polygon_1_1.activate(phase15)
phase16 = g_in.phase(phase15)
phase16.Identification = 'End of consolidation + UpdatedMesh'
phase16.DeformCalcType = "Consolidation"
phase16.Deform.LoadingType = "Minimum excess pore pressure"
g_in.set(g_in.Phases[0].ShouldCalculate, g_in.Phases[1].ShouldCalculate, g_in.Phases[2].ShouldCalculate, g_in.Phases[3].ShouldCalculate, g_in.Phases[4].ShouldCalculate, g_in.Phases[5].ShouldCalculate, g_in.Phases[6].ShouldCalculate, g_in.Phases[7].ShouldCalculate, g_in.Phases[8].ShouldCalculate, g_in.Phases[9].ShouldCalculate, g_in.Phases[10].ShouldCalculate, g_in.Phases[11].ShouldCalculate, g_in.Phases[12].ShouldCalculate, g_in.Phases[13].ShouldCalculate, g_in.Phases[14].ShouldCalculate, g_in.Phases[15].ShouldCalculate, g_in.Phases[16].ShouldCalculate, True)
g_in.calculate()
g_in.save(r'%s/%s'% (folder, 'Tutorial_08') )
```

本案例到此结束！

案例9：开挖和排水 [ADV]

在本教程中，将分析降低地下水位和板桩墙周围的渗流。使用本书案例6：锚杆＋挡墙支护结构的基坑降水开挖 [ADV] 中的几何模型，并引入井的特征。

10.1 创建和指定材料参数

材料参数与原项目保持不变，所使用的地下水参数示于表10-1。

流量参数 表 10-1

参数类型	参数名称	符号	淤泥层参数值	砂土层参数值	沃土层参数值	单位
地下水	分类类型	—	USDA	USDA	USDA	—
	SWCC 拟合方法	—	Van Genuchten	Van Genuchten	Van Genuchten	—
	土体类(USDA)	—	淤泥	砂土	沃土	—
	$<2\mu m$	—	6.0	4.0	20.0	%
	$2\sim 50\mu m$	—	87.0	4.0	40.0	%
	$50\mu m\sim 2mm$	—	7.0	92.0	40.0	%
	使用默认值	—	从数据集	从数据集	从数据集	—
	水平方向渗透系数	k_x	0.5996	7.128	0.2497	m/day
	竖直方向渗透系数	k_y	0.5996	7.128	0.2497	m/day

要创建项目，请执行以下步骤：

(1) 打开教程中定义的项目，使用案例6：锚杆＋挡墙支护结构的基坑降水开挖 [ADV]。

(2) 将项目保存为其他名称（例如，"板桩墙渗流分析"）。

对应代码如下：

```
material1 = g_in.soilmat()
material1.setproperties("Identification", 'Silt',"Colour",15262369,"SoilModel",
3,"Gammasat",20,"Gammaunsat",16,"nuUR",0.2,"E50ref",20e3,"Eoedref",20e3,"Eurref",
```

```
60e3,"powerm",0.5,"cref",1,"phi",30,"psi",0.0,"OCR",1.0,"POP",0,"GroundwaterClas
sificationType",2,"UseDefaults",True,"GroundwaterSoilClassUSDA",4,"Drainage
Type",0,"PermHorizontalPrimary",0.599616,"PermVertical",0.599616,"InterfaceS
trengthDetermination",1)

material2 = g_in.soilmat()
material2.setproperties("Identification",'Sand',"Colour",10676870,"SoilModel",3,
\"Gammasat",20,"Gammaunsat",17,"E50Ref",3e4,"Eoedref",3e4,"cref",0,"phi",34,"
psi",4,"OCR",1.0,"POP",0,"GroundwaterClassificationType",2,"UseDefaults",True,
"GroundwaterSoilClassUSDA",0,"DrainageType",0,"PermHorizontalPrimary",7.128,"
PermVertical",7.128,"InterfaceStrengthDetermination",1)

material3 = g_in.soilmat()
material3.setproperties("Identification",'Loam',"Colour",10283244,"SoilModel",
3,"Gammasat",19,"Gammaunsat",17,"nuUR",0.2,"E50ref",12e3,"Eoedref",8e3,"Eurref",
120e3,"powerm",0.8,"cref",5,"phi",29,"psi",0.0,"OCR",1.0,"POP",25.0,"Groundwater
ClassificationType",2,"UseDefaults",True,"GroundwaterSoilClassUSDA",3,"Drain
ageType",0,"PermHorizontalPrimary",0.249696,"PermVertical",0.249696,"InterfaceS
trengthDetermination",0)

g_in.Soillayer_1.Soil.Material = material1
g_in.Soillayer_2.Soil.Material = material2
g_in.Soillayer_3.Soil.Material = material3
```

10.2 定义结构元素

(1) 在结构模式下，单击侧面工具栏中的"创建水力条件" 按钮。
(2) 在显示的菜单中选择"创建井" 选项。
(3) 通过点击（40，20）和（42，17）来绘制第 1 个井。
(4) 通过单击（58，20）和（58，17）来绘制第 2 个井。

对应代码如下：

```
g_in.gotostructures()
g_in.well((42,20),(42,17))
g_in.well((58,20),(58,17))
g_in.mergeequivalents(g_in.Geometry)
```

10.3 生成网格

(1) 进入网格模式。
(2) 选择簇和两个井，如图 10-1 所示。在选择浏览器中指定 0.25 的粗糙因数。

(3) 单击"生成网格按钮" 生成网格。

(4) 单击"查看网格按钮" 以查看网格,如图 10-2 所示。

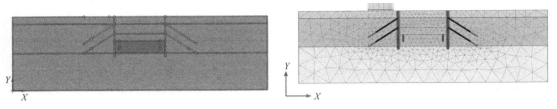

图 10-1 模型中网格的局部细化指示　　　图 10-2 生成的网格

(5) 单击"关闭"选项卡,关闭输出程序。

对应代码如下:

```
g_in.gotomesh()
g_in.set((g_in.Line_14_1.CoarsenessFactor,g_in.Line_15_1.CoarsenessFactor,g_
in.BoreholePolygon_2_5.CoarsenessFactor),0.25)
g_in.mesh(0.06)
```

10.4 定义阶段并计算

进入"分阶段施工"模式,修改在第 6 阶段进行的地下水渗流分析。

10.4.1 第 6 阶段:排水

在此阶段,井用于将开挖中的潜水水位降低到 $y=17$m。这对应于最终开挖水平以下 3m。

(1) 多选择模型中的井并激活它们。

(2) 在"选择浏览器"中,井的行为默认设置为"提取"。

(3) 将 $|Q_{well}|$ 设置为"1.5m^3/day/m"。

(4) 将 h_{min} 设置为 17m,意味着只要墙壁位置地下水水头至少为 17m 时,就会提取水。

图 10-3 显示了选择浏览器中井的参数。

图 10-3 井的性质

对应代码如下：

```
g_in.gotostages()
g_in.Model.CurrentPhase = phase6
g_in.Wells.activate(phase6)
g_in.set ((g_in.Well_2_1.Q, g_in.Well_1_1.Q), g_in.Phase_6, 1.5)
g_in.set ((g_in.Well_2_1.Hmin, g_in.Well_1_1.Hmin), g_in.Phase_6, 17)
```

10.4.2 执行计算

计算过程的定义完整。

(1) 点击"计算"按钮 ，计算项目。

(2) 计算完成后保存项目。

对应代码如下：

```
g_in.set (g_in.Phases[0].ShouldCalculate, g_in.Phases[1].ShouldCalculate, g_in.Phases[2].ShouldCalculate, g_in.Phases[3].ShouldCalculate, g_in.Phases[4].ShouldCalculate,g_in.Phases[5].ShouldCalculate, g_in.Phases[6].ShouldCalculate, True)
g_in.calculate()
g_in.save(r'%s/%s'%(folder,'Tutorial_09'))
```

10.5 结果

显示渗流场：
(1) 在下拉菜单中选择第 6 阶段。
(2) 点击菜单"应力"→"地下水渗流"→"|q|"。
结果的比例表示（比例因子＝5.0）如图 10-4 所示。

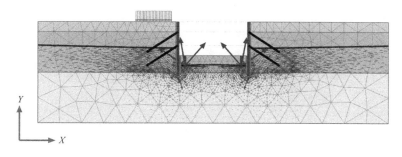

图 10-4　第 6 阶段结束时产生的渗流场

单击菜单"应力"→"孔压"→"地下水水头"，将结果与案例 6：锚杆＋挡墙支护结构的基坑降水开挖 [ADV] 中定义的项目第 6 阶段的结果进行比较。

在图 10-5 中，显示有井和没有井所得的地下水水头。

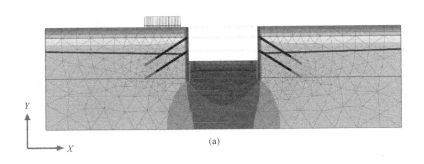

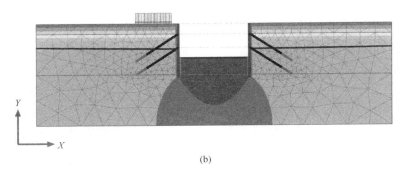

图 10-5 所得地下水水头的比较

(a) 案例 6：锚杆＋挡墙支护结构的基坑降水开挖 [ADV]；(b) 本例第 6 阶段

10.6　案例 9 完整代码

```
import math
from plxscripting.easy import *
s_in, g_in = new_server('localhost', 10000, password= 'Yourpassword')
folder  =  r'D:\PLAXIS\PLAXIS 2D temp\Test'
filename =  r'Tutorial_09'
s_in.new()
g_in.SoilContour.initializerectangular(0,0,100,30)
g_in.borehole(0)
for i in range(3):
    g_in.soillayer(0)
borehole =  g_in.Borehole_1
g_in.setsoillayerlevel(borehole, 0, 30)
g_in.setsoillayerlevel(borehole, 1, 27)
g_in.setsoillayerlevel(borehole, 2, 15)
g_in.Borehole_1.Head =  23
material1 =  g_in.soilmat()
material1.setproperties("Identification", 'Silt',"Colour", 15262369,"SoilModel", 3,
"Gammasat", 20,"Gammaunsat", 16,"nuUR", 0.2,"E50ref", 20e3,"Eoedref", 20e3,"Eurref",
```

```
60e3,"powerm",0.5,"cref",1,"phi",30,"psi",0.0,"OCR",1.0,"POP",0,"GroundwaterClassi
ficationType",2,"UseDefaults",True,"GroundwaterSoilClassUSDA",4,"DrainageType",
0,"PermHorizontalPrimary",0.599616,"PermVertical",0.599616,"InterfaceStrengthDe
termination",1)
material2 = g_in.soilmat()
material2.setproperties("Identification",'Sand',"Colour",10676870,"SoilModel",3,
\"Gammasat",20,"Gammaunsat",17,"E50Ref",3e4,"Eoedref",3e4,"cref",0,"phi",34,"psi",
4,"OCR",1.0,"POP",0,"GroundwaterClassificationType",2,"UseDefaults",True,"Groundw
aterSoilClassUSDA",0,"DrainageType",0,"PermHorizontalPrimary",7.128,"PermVerti
cal",7.128,"InterfaceStrengthDetermination",1)
material3 = g_in.soilmat()
material3.setproperties("Identification",'Loam',"Colour",10283244,"SoilModel",3,
"Gammasat",19,"Gammaunsat",17,"nuUR",0.2,"E50ref",12e3,"Eoedref",8e3,"Eurref",
120e3,"powerm",0.8,"cref",5,"phi",29,"psi",0.0,"OCR",1.0,"POP",25.0,"Groundwater
ClassificationType",2,"UseDefaults",True,"GroundwaterSoilClassUSDA",3,"Drainage
Type",0,"PermHorizontalPrimary",0.249696,"PermVertical",0.249696,"Interface
StrengthDetermination",0)
g_in.Soillayer_1.Soil.Material = material1
g_in.Soillayer_2.Soil.Material = material2
g_in.Soillayer_3.Soil.Material = material3
g_in.gotostructures()
g_in.plate((40,30),(40,14))
g_in.plate((60,30),(60,14))
platematerial = g_in.platemat()
platematerial.setproperties("Identification","DWall","Colour",16711680,"Material
Type",1,"Isotropic",True,"EA1",12e6,"EI",120e3,"StructNu",0.15,"w",8.3,"Prevent
Punching",False)
platematerial.setproperties('Isotropic',True)
g_in.setmaterial((g_in.Plate_1,g_in.Plate_2),platematerial)
g_in.posinterface(g_in.Line_1)
g_in.neginterface(g_in.Line_1)
g_in.posinterface(g_in.Line_2)
g_in.neginterface(g_in.Line_2)
g_in.line((40,23),(60,23))
g_in.line((40,20),(60,20))
g_in.n2nanchor((40,27),(31,21))
g_in.n2nanchor((60,27),(69,21))
g_in.n2nanchor((40,23),(31,17))
g_in.n2nanchor((60,23),(69,17))
g_in.set(g_in.Point_9.y,27)   ## different from Tutorial06, not needed?
ahchormaterial = g_in.anchormat()
ahchormaterial.setproperties("Identification","Anchor rod","Colour",0,"Material
Type",1,"EA",0.5e6,"Lspacing",2.5)
```

```
g_in.Line_5.NodeToNodeAnchor.Material = ahchormaterial
g_in.Line_6.NodeToNodeAnchor.Material = ahchormaterial
g_in.Line_7.NodeToNodeAnchor.Material = ahchormaterial
g_in.Line_8.NodeToNodeAnchor.Material = ahchormaterial
beammaterial= g_in.embeddedbeammat()
beammaterial.setproperties("Identification","Grout body","Colour",9392839,"MaterialType",1,"E",7.07e6,"Diameter",0.3,"Lspacing",2.5,"TSkinEndMax",400,"TSkinStartMax",400)
beammaterial.setproperties("Diameter",0.3)
embeddedbeamrow_g1 = g_in.embeddedbeamrow((31,21),(28,19))
embeddedbeamrow_g2 = g_in.embeddedbeamrow((69,21),(72,19))
embeddedbeamrow_g3 = g_in.embeddedbeamrow((31,17),(28,15))
embeddedbeamrow_g4 = g_in.embeddedbeamrow((69,17),(72,15))
g_in.set(g_in.Line_9.EmbeddedBeam.Material,beammaterial)
g_in.set(g_in.Line_9.EmbeddedBeam.Behaviour,"Grout body")
g_in.set(g_in.Line_11.EmbeddedBeam.Material,beammaterial)
g_in.set(g_in.Line_11.EmbeddedBeam.Behaviour,"Grout body")
g_in.set(g_in.Line_10.EmbeddedBeam.Material,beammaterial)
g_in.set(g_in.Line_10.EmbeddedBeam.Behaviour,"Grout body")
g_in.set(g_in.Line_12.EmbeddedBeam.Material,beammaterial)
g_in.set(g_in.Line_12.EmbeddedBeam.Behaviour,"Grout body")
g_in.group(g_in.Line_5.NodeToNodeAnchor, g_in.Line_6.NodeToNodeAnchor, g_in.Line_9.EmbeddedBeam, g_in.Line_10.EmbeddedBeam)
g_in.rename(g_in.Group_1,'GAtop')
g_in.group(g_in.Line_7.NodeToNodeAnchor, g_in.Line_8.NodeToNodeAnchor, g_in.Line_11.EmbeddedBeam, g_in.Line_12.EmbeddedBeam)
g_in.rename(g_in.Group_1,'GAbot')
g_in.lineload((28,30),(38,30))
g_in.mergeequivalents(g_in.Geometry)
g_in.gotomesh()
g_in.mesh(0.06)
g_in.gotostages()
phase0 = g_in.InitialPhase
phase1 = g_in.phase(phase0)
phase1.Identification = 'Activation of wall and load'
g_in.Model.CurrentPhase = phase1
g_in.activate(g_in.Plates, phase1)
g_in.activate(g_in.Interfaces, phase1)
g_in.activate(g_in.LineLoad_1_1, phase1)
g_in.LineLoad_1_1.qy_start[phase1] = -10
phase2 = g_in.phase(phase1)
phase2.Identification = 'First excavation'
g_in.Model.CurrentPhase = phase2
```

```
g_in.deactivate(g_in.BoreholePolygon_1_2, phase2)
phase3 = g_in.phase(phase2)
phase3.Identification = 'First anchor row'
g_in.Model.CurrentPhase = phase3
g_in.activate(g_in.GAtop, phase3)
g_in.set((g_in.NodeToNodeAnchor_1_1.AdjustPrestress, g_in.NodeToNodeAnchor_2_1.AdjustPrestress), g_in.Phase_3, True)
g_in.set((g_in.NodeToNodeAnchor_1_1.PrestressForce, g_in.NodeToNodeAnchor_2_1.PrestressForce), g_in.Phase_3, 500)
phase4 = g_in.phase(phase3)
phase4.Identification = 'Second excavation'
g_in.Model.CurrentPhase = phase4
g_in.deactivate(g_in.BoreholePolygon_2_1, phase4)
phase5 = g_in.phase(phase4)
phase5.Identification = 'Second anchor row'
g_in.Model.CurrentPhase = phase5
g_in.activate(g_in.GAbot, phase5)
g_in.set((g_in.NodeToNodeAnchor_3_1.AdjustPrestress, g_in.NodeToNodeAnchor_4_1.AdjustPrestress), g_in.Phase_5, True)
g_in.set((g_in.NodeToNodeAnchor_3_1.PrestressForce, g_in.NodeToNodeAnchor_4_1.PrestressForce), g_in.Phase_5, 1000)
phase6 = g_in.phase(phase5)
phase6.Identification = 'Final excavation'
g_in.Model.CurrentPhase = phase6
g_in.Phase_6.PorePresCalcType = "Steady state groundwater flow"
g_in.deactivate(g_in.BoreholePolygon_2_2, phase6)
g_in.gotoflow()
waterlevel_2 = g_in.waterlevel((-5,23),(4,23),(40,20),(60,20),(96,23),(105,23))
g_in.setglobalwaterlevel(waterlevel_2, phase6)
g_in.gotostages()
output_port = g_in.selectmeshpoints()
s_out, g_out = new_server('localhost', output_port, password= s_in.connection._password)
g_out.addcurvepoint('node', g_out.Plate_1_2, (40,27))
g_out.addcurvepoint('node', g_out.Plate_1_2, (40,23))
g_out.update()
g_in.gotostructures()
g_in.well((42,20),(42,17))
g_in.well((58,20),(58,17))
g_in.mergeequivalents(g_in.Geometry)
g_in.gotomesh()
g_in.set( (g_in.Line_14_1.CoarsenessFactor, g_in.Line_15_1.CoarsenessFactor,
        g_in.BoreholePolygon_2_5.CoarsenessFactor), 0.25)
```

```
g_in.mesh(0.06)
g_in.gotostages()
g_in.Model.CurrentPhase = phase6
g_in.Wells.activate(phase6)
g_in.set((g_in.Well_2_1.Q, g_in.Well_1_1.Q), g_in.Phase_6, 1.5)
g_in.set((g_in.Well_2_1.Hmin, g_in.Well_1_1.Hmin), g_in.Phase_6, 17)
g_in.set(g_in.Phases[0].ShouldCalculate, g_in.Phases[1].ShouldCalculate, g_in.Phases[2].ShouldCalculate, g_in.Phases[3].ShouldCalculate, g_in.Phases[4].ShouldCalculate, g_in.Phases[5].ShouldCalculate, g_in.Phases[6].ShouldCalculate, True)
g_in.calculate()
g_in.save(r'%s/%s' % (folder, 'Tutorial_09'))
```

本案例到此结束！

案例10：圆形水下基础在垂直循环荷载下的承载力和刚度 [ADV]

暴雨是理想化的不同量级的荷载组合，本例阐释了如何计算在遭受暴雨的循环荷载下圆形刚性水下基础（例如，一个具有夹套结构的基础）的竖向承载力和竖向刚度。示例讨论了一个半径为11m的放置在超固结黏土层上的圆形混凝土基础，并使用循环累积工具获得UDCAM-S模型的土体参数。

本例介绍了建立基础非线性应力-应变关系以及绘出循环竖向荷载分量作用下的荷载-位移曲线的步骤方法。采用2D轴对称模型对圆形基础进行分析。土体剖面由超固结比（OCR）为4、浮重度为10kN/m³、土压力系数（K_0）为1的黏土组成。由各向异性固结三轴压缩试验测出的（静态）不排水抗剪强度为常数 $S_u=130$kPa。该黏土的最大剪切模量 G_{max} 为67275kPa，其在循环荷载下的表现是基于Drammen黏土的等高线图（Andersen，Kleven和Heien，1988）得出的，并假设此可以代表土的实际性能。

目 标

（1）通过运行循环积累过程，获得UDCAM-S模型的输入参数，进而确定应力-应变曲线，优化材料模型参数。
（2）计算循环垂直总承载力。
（3）计算循环荷载作用下总构件和循环构件的竖向刚度。

几何模型

土体性质和基础几何模型如图11-1所示。

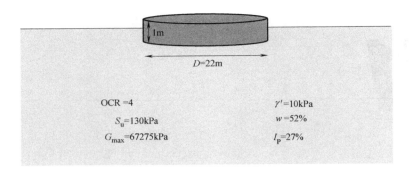

图 11-1 项目的几何图形

11.1 开始新项目

要创建新项目,请执行以下步骤:

(1) 启动 PLAXIS 2D Input 软件,然后在出现的"快速启动"对话框中选择"开始新项目"。

(2) 在"项目属性"窗口的"项目"选项卡中,输入一个合适的标题。

(3) 在"模型"选项卡中确保:

1)"模型"选项设置为"轴对称";

2)"单元"选项设置为"15 节点"。

(4) 将模型边界的限制定义为:

1) $x_{min}=0.0m$,$x_{max}=40.0m$

2) $y_{min}=-30.0m$,$y_{max}=0.0m$

对应代码如下:

```
s_in.new()    # # creat a new project
g_in.SoilContour.initializerectangular(0,-30,40,0)
g_in.setproperties("ModelType","Axisymmetry")
```

11.2 定义土层

采用钻孔定义地下土层。

定义土层:

(1) 单击"创建钻孔"按钮 ,并在 $x=0$ 处创建一个钻孔。将弹出"修改土层"窗口。

(2) 添加一个土层,顶层 0.0m,底层 $-30.0m$。

(3) 简化起见,在本例中没有考虑水力条件。因此,地下水位设置在模型底部下方,土的重度采用有效重度(水下)。

(4) 在钻孔柱中,为水头指定一个值为 -50.00,如图 11-2 所示。

11 案例10：圆形水下基础在垂直循环荷载下的承载力和刚度 [ADV]

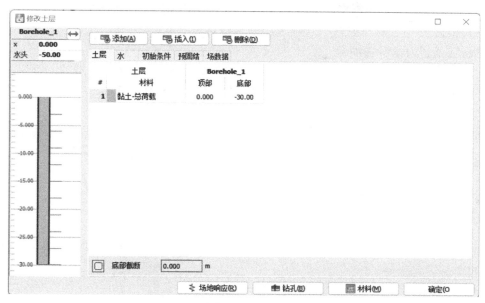

图 11-2　土层

对应代码如下：

```
g_in.borehole(0)
g_in.Borehole_1.Head = -50
g_in.soillayer(30)
```

11.3 创建和指定材料参数

需要创建三个材料集，两个给黏土层（黏土-总荷载和黏土-循环荷载），一个给混凝土基础。

打开材料窗口。

11.3.1 材料：黏土-总荷载

此材料的模型参数将由循环累积和优化工具确定。其他属性如表 11-1 所示。

材料属性　　　　　　　　　　　　　　　　　　　　　　表 11-1

参数类型	参数名称	符号	黏土-总荷载参数值	单位
常规	标识	—	黏土-总荷载	—
	土体模型	—	UDCAM-S 模型	—
	排水类型	—	不排水(C)	—
	不饱和重度	γ_{unsat}	10	kN/m³

要创建材料集，请执行以下步骤：

（1）选择"土体和界面"作为"材料集类型"，并单击"新建"按钮。

（2）根据表 11-1 在"常规"选项卡中输入相对应的值。

（3）转至"力学"选项卡。

运用循环积累和优化工具，而不是在这个选项卡中输入模型参数。这个过程包括 3 个步骤，单击"力学"选项卡→右侧窗口中的"循环累积"→"优化工具"，如图 11-3 所示。

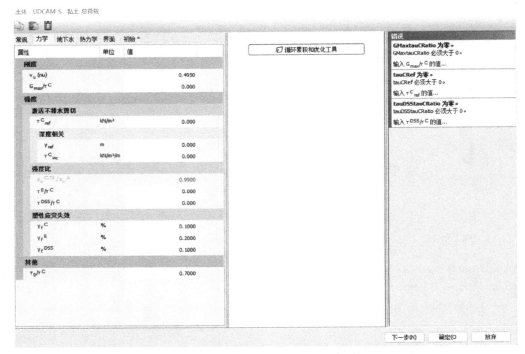

图 11-3　循环累积和优化工具

将打开新窗口如图 11-4 所示。

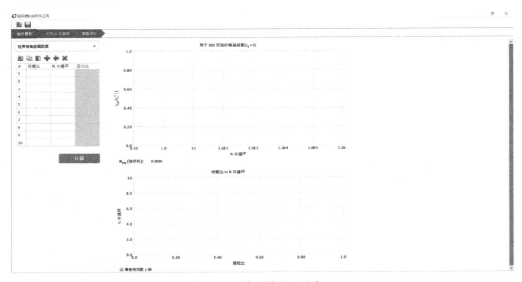

图 11-4　循环累积工具窗口

窗口中的 3 个选项卡（"循环累积"、"应力-应变曲线"和"参数优化"）为循环累积和优化程序的 3 个步骤。

1) 循环累积

该步骤的目的是确定给定土体等高线图和荷载分布的峰值荷载 N_{eq} 的等效不排水循环次数。暴风雨组成数据详见表 11-2。

设计为 6h 暴风雨的循环竖向荷载组合　　　　　表 11-2

序号	荷载比	N 次循环
1	0.02	2371
2	0.11	2877
3	0.26	1079
4	0.40	163
5	0.51	64
6	0.62	25
7	0.75	10
8	0.89	3
9	1.0	1

在"循环累积"选项卡的"选择等高线图选项"中选择相应的等高线图。在该案例中，选择"Drammen 黏土，OCR＝4"。

在空白表中输入暴风雨组合的荷载比和周期数，这些数据列于表 11-2（Jostad，Torgersrud，Engin 和 Hofstede，2015），即与最大循环竖向荷载（荷载比）和循环次数（N 次循环）相关的标准化的循环竖向荷载。这里假设土体中的循环剪应力历史与基础的最大循环竖向荷载成正比。输入数据时，应确保最小荷载比位于顶部，最大荷载比位于底部。

提示：所设计的暴风雨是一种荷载历史，被转化为一系列恒定的循环荷载。每个地块对应一个恒定振幅的多个周期，该恒定振幅由荷载组合的时间记录确定。

当在表中输入荷载数据时，荷载比与 N 次循环的关系将以图形的形式显示。对于此处给出的数据使用对数 y 轴，图像结果如图 11-5 所示。

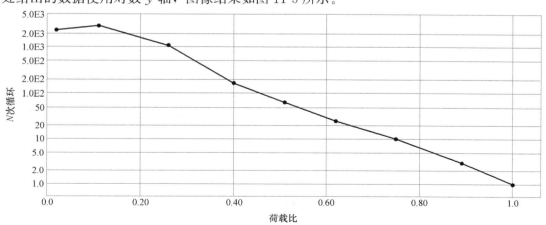

图 11-5　荷载比-N 次循环（对数比例尺）

单击"计算",计算等效循环数 N_{eq}。

所选的等高线图(图 11-6)以及最后一个循环中土体失效的比例因子(剪切应变定义为 15%)的剪切应力历史,以及不同比例因子的应力历史端点轨迹。计算出的等效循环数与端点轨迹最后一点在 x 轴的值对应,等于 6.001。

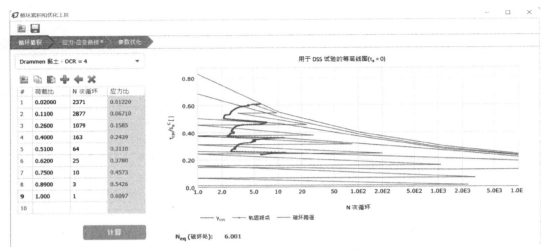

图 11-6　在 PLAXIS 2D 中的循环累积

2)应力-应变曲线

此选项卡旨在针对给定的(计算)N_{eq} 和给定的循环平均剪应力比(此处取暴风雨循环荷载和平均竖向荷载之间的比值)获得非线性应力-应变曲线。

① 转至"应力-应变曲线"选项卡。

② 保留"从循环累积"的默认选项,用于确定 N_{eq}。采用前一个表中计算的等效循环次数。

③ 保证"土体特性"为"各向异性",并且"缩放因子""DSS 和缩放因子""TX"为 1。

提示:

• 循环强度可根据土体与循环强度的比进行缩放。

• 如果土体的塑性指数和/或含水率不同于 Drammen 黏土,则可通过应用不是 1 的比例因子来缩放循环强度(请参见 Andersen(2015)获取详细信息)。

④ 将描述应力路径倾角的 DSS、三轴压缩和三轴拉伸的循环与平均剪应力的比设置为合适的值。在此示例中,选择以下输入值以获得失效时的应变兼容性,即不同应力路径在破坏时的相同循环和平均剪切应变。

(a) DSS 循环平均比 $(\Delta\tau_{cyc}/\Delta\tau_a)^{DSS}=1.1$

(b) 三轴压缩 $(\Delta\tau_{cyc}/\Delta\tau_a)^{TXC}=1.3$

(c) 延展 $(\Delta\tau_{cyc}/\Delta\tau_a)^{TXE}=-6.3$

⑤ 选择所需的荷载类型,为第 1 个材料选择"总荷载"。DSS 和三轴等高线图与循环平均比描述的应力路径共同绘制如图 11-7 所示。请注意,将对剪切应力相对于压缩时的静态不排水剪切强度进行标准化。在等高线图下方绘制提取的应力-应变曲线。

⑥ 单击"计算",在等高线图下方生成相应的标准化应力-应变曲线。结果请参见图 11-7。

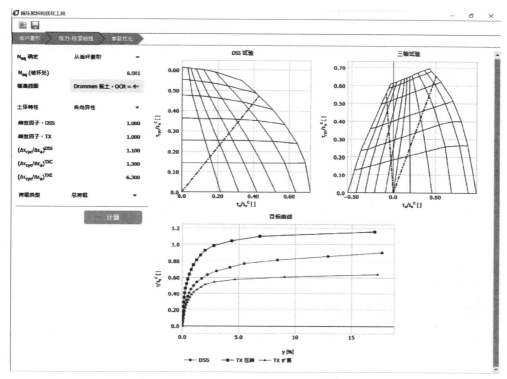

图 11-7 总荷载的应力-应变曲线

3）参数优化

优化的目的在于获得 UDCAM-S 模型的一组参数。

优化的参数范围和结果如表 11-3 所示。

优化后的参数范围和结果　　　　　　　　　　表 11-3

参数名称	符号	最小值	最大值	优化值	单位
三轴压缩破坏时初始剪切模量与抗剪强度下降的比值	G_{max}/τ^C	400.0	480.0	420.4	—
在三轴压缩试验中破坏时的剪切应变	γ_f^C	6.0	8.0	6.431	％
在三轴拉伸试验中破坏时的剪切应变	γ_f^E	5.0	8.0	7.873	％
在直剪试验中破坏时的剪切应变	γ_f^{DSS}	8.0	12.0	11.97	％
循环压缩剪强度与不排水静态压缩剪切强度的比	τ^C/S_u^C	1.14	1.16	1.152	—
循环 DSS 剪切强度与不排水静态压缩剪切强度的比	τ^{DSS}/S_u^C	0.89	0.91	0.9051	—
循环拉伸剪切强度与不排水静态压缩剪切强度的比	τ^E/S_u^C	0.62	0.64	0.6208	—
三轴压缩试验破坏时的参考降低剪切强度	τ_{ref}^C	—	—	149.7	

续表

参数名称	符号	最小值	最大值	优化值	单位
参考深度	y_{ref}	—	—	0.000	m
三轴压缩试验破坏时的降低剪切强度随深度增加值	τ_{inc}^C	—	—	0.000	$kN/m^2/m$
三轴拉伸试验破坏时剪切强度的降低值与三轴压缩试验的剪切强度的降低值的比	τ^E/τ^C	—	—	0.5389	—
相对于降低的 TXC 剪切强度的剪切强度初始调用	τ^0/τ^C	—	—	2.332E-3	
直剪试验破坏时剪切强度的降低值与三轴压缩试验剪切强度的降低值的比	τ^{DSS}/τ^C	—	—	0.7858	

使用以下步骤计算优化值。

① 单击"参数优化"选项卡。

② 在"静态属性"中输入黏土参数。将 $S_{u\,ref}^C$ 设置为 130.0，将 K_0 确定设置为手动，并将 K_0 设置为 1.0。

③ 建议的参数最大值和最小值在表 11-3 列出。

提示：

在优化中，如果希望保持此值，则将 f^C/S_u^C，τ^{DSS}/S_u^C 和 τ^E/S_u^C 的最大值和最小值设置为接近应变插值的结果。

通过将 G_{max} 除以土体属性得出的结果 $(\tau^C/S_u^C)\cdot S_u^C$，来计算 G_{max}/τ^C。

设置接近此值的最大值和最小值。

④ 单击"计算"获得优化后的参数，如图 11-8 和表 11-3 的"优化值"列中所示。

数秒后，优化值将显示在参数范围表的相应列中。根据这些值，计算出优化后的参数并在右侧表格中列出。

使用优化参数 UDCAM-S 模型进行测试模拟得到的应力-应变曲线与等高线图中的目标点一起显示。

⑤ 计算完成后，保存循环累积和优化工具的应用状态。保存的数据将用于创建其他材料。要保存应用状态，点击窗口顶部的"保存"按钮。将应用状态以文件名"optimised_total.json"保存。

⑥ 复制优化的材料参数，点击"复制参数"按钮，并返回至"土体-UDCAM-S"窗口。

⑦ 单击"粘贴材料"按钮。

"力学"选项卡中的值将替换为新值，如图 11-9 所示。

⑧ 转至"初始"选项卡，通过将 K_0 确定设置为手动，将 K_0 设置为 1，确保 K_0、$x=K_0\cdot z$（默认项），并将 K_0、x 设置为 1。

⑨ 单击"确定"，关闭已创建的材料。

⑩ 将黏土-总荷载材料分配给钻孔中的土层。

11 案例10：圆形水下基础在垂直循环荷载下的承载力和刚度 [ADV]

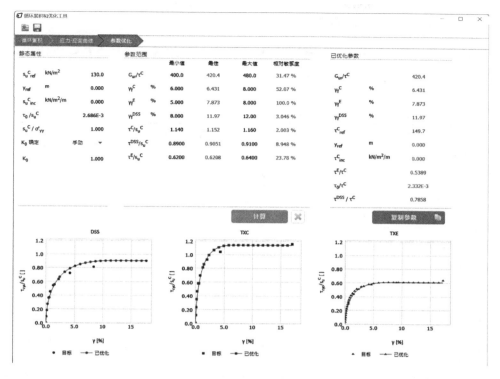

图 11-8　总荷载的优化参数

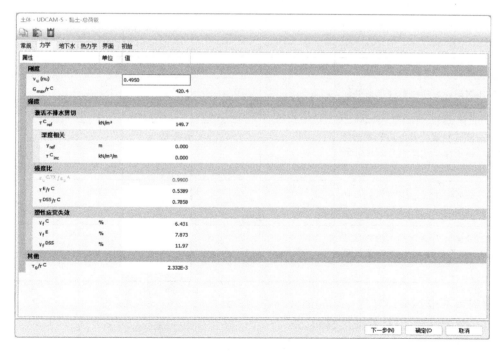

图 11-9　将参数复制到黏土总材料上

11.3.2 材料：黏土-循环荷载

为第 2 个黏土创建一种材料。来自黏土-总荷载材料的一些信息将被重复使用，但参数的优化必须根据其他条件重新计算。

优化后将看到的参数范围和结果见表 11-4。

优化后的参数范围和结果　　　　　　　　　表 11-4

参数名称	符号	最小值	最大值	优化值	单位
三轴压缩破坏时初始剪切模量与抗剪强度下降的比值	G_{max}/τ^C	700.0	800.0	703.2	—
在三轴压缩试验中破坏时的剪切应变	γ_f^C	1.0	3.0	2.966	%
在三轴拉伸试验中破坏时的剪切应变	γ_f^E	1.0	3.0	2.699	%
在直剪试验中破坏时的剪切应变	γ_f^{DSS}	1.0	3.0	2.946	%
循环压缩剪切强度与不排水静态压缩剪切强度的比	τ^C/S_u^C	0.66	0.67	0.6667	—
循环 DSS 剪切强度与不排水静态压缩剪切强度的比	τ^{DSS}/S_u^C	0.47	0.49	0.4787	—
循环拉伸剪切强度与不排水静态压缩剪切强度的比	τ^E/S_u^C	0.57	0.59	0.5790	—
三轴压缩试验破坏时的参考降低剪切强度	τ_{ref}^C	—	—	86.67	—
参考深度	y_{ref}	—	—	0.000	m
三轴压缩试验破坏时的降低剪切强度随深度增加值	τ_{inc}^C	—	—	0.000	kN/m²/m
三轴拉伸试验破坏时剪切强度的降低值与三轴压缩试验的剪切强度的降低值的比	τ^E/τ^C	—	—	0.8684	—
相对于降低的 TXC 剪切强度的剪切强度初始调用	τ^0/τ^C	—	—	0.000	—
直剪试验破坏时剪切强度的降低值与三轴压缩试验剪切强度的降低值的比	τ^{DSS}/τ^C	—	—	0.7181	—

使用以下步骤来计算优化后的值。

（1）复制"黏土-总载荷"材料。

（2）输入"黏土-循环载荷"作为识别。

（3）切换到"力学"选项卡。

11 案例10：圆形水下基础在垂直循环荷载下的承载力和刚度 [ADV]

与第一种材料一样，这里的参数也将使用"循环累积和优化"工具来确定。

（4）单击"力学"选项卡上的"循环累积和优化"工具按钮，以打开该工具。

（5）单击"打开文件" ，选择优化第一个材料后保存的应用状态 optimised_total.json。

所有选项卡都将被数据填充。

（6）保持"循环累积"选项卡不变。

（7）转到"应力-应变曲线"选项卡，将荷载类型设置为"循环荷载"。

（8）按下"计算"键，让计算完成。应力-应变曲线如图 11-10 所示。

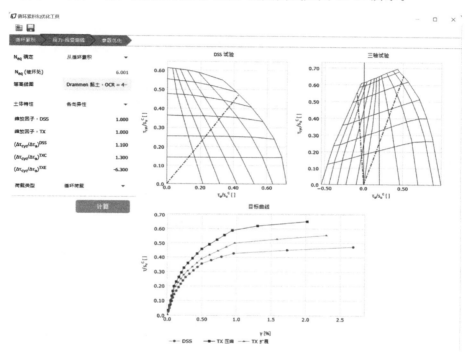

图 11-10　循环载荷作用下的应力-应变曲线

（9）转至"参数优化"选项卡。接受关于重置优化选项卡以获取更新值的通知。

（10）确保 $S_{u\,ref}^{C}$ 设置为 130.0，并将 K_0 确定设置为自动。

（11）修改"参数范围"的最小值和最大值，请参见表 11-4。

（12）单击"计算"以得到优化的参数。优化后的参数如图 11-11 所示，并且也在表 11-4 的"优化值"列中列出。

（13）将应用程序状态以文件名"optimised_cyclic.json"保存。

（14）复制优化后的材料参数，单击"复制参数"，并返回到"土体-UDCAM-S"窗口。

（15）单击"粘贴材料" 。

"力学"选项卡中的值将被替换为新的值。

（16）单击"确定"以关闭已创建的材料。

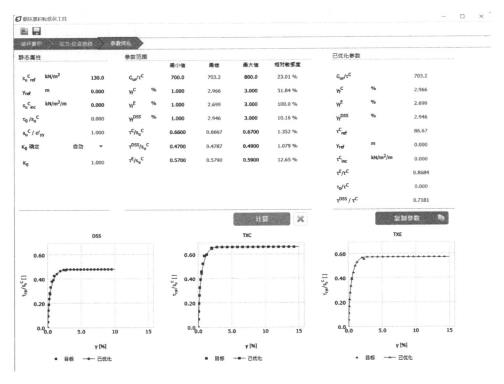

图 11-11　循环荷载的优化参数

11.3.3　材料：混凝土

为混凝土基础创建新材料。

(1) 选择"土体和界面"作为"材料集"类型，并单击"新建"按钮。

(2) 输入混凝土基础作为"标识"，并选择"线弹性"作为"土体模型"。

(3) 将"排水类型"设置为"非多孔"。

(4) 输入层属性：

1) 单位重量为 $24kN/m^3$；

2) 杨氏弹性模量为 $30 \times 10^6 kN/m^2$；

3) 泊松比为 0.1。

(5) 单击"确定"，关闭已创建的材料。

(6) 单击"确定"，关闭"材料集"窗口。

对应代码如下：

```
material1 = g_in.soilmat()
material1.setproperties( "Identification"," clay-t1"," Colour", 15262369," SoilModel",
15," Gammaunsat", 10.0," GMaxtauCRatio", 420.4," gammaFC", 6.431," gammaFE", 7.873,
"gammaFDSS", 11.97," tauCRef", 149.7," tauCInc", 0," verticalref", 0," nuU", 0.495,"
tauEtauCRatio", 0.5405, "tau0tauCRatio", 2.332E-3, "tauDSStauCRatio", 0.7875,
"K0Determination",1,"K0Primary",1)
```

```
material2 = g_in.soilmat()
material2.setproperties("Identification","clay-cl","Colour", 10676870,"SoilModel",
15," Gammaunsat ", 10.0," GMaxtauCRatio ", 703.2," gammaFC ", 2.966," gammaFE ", 2.699,
"gammaFDSS", 2.946," tauCRef ", 86.67," tauCInc ", 0," verticalref ", 0," tauEtauCRatio ",
0.8684,"tau0tauCRatio", 0,"tauDSStauCRatio", 0.7181,"nuU", 0.495,"K0Determination", 1,"
K0Primary",1)

material3 = g_in.soilmat()
material3.setproperties("Identification","clay-cl-int","Colour",16377283,"SoilModel",15,"
Gammaunsat",10.0,"GMaxtauCRatio",703.2,"gammaFC",2.966,"gammaFE",2.699,"gammaFDSS",
2.946," tauCRef ", 86.67," tauCInc ", 0," verticalref ", 0," tauEtauCRatio ", 0.8684,"
tau0tauCRatio ", 0.00233183115879803," tauDSStauCRatio ", 0.7181," nuU ", 0.495,"
InterfaceStrengthDetermination"," Manual ", " Rinter ", 0.3," K0Determination ", 1,"
K0Primary",1)

material4 = g_in.soilmat()
material4.setproperties("Identification","concrete","Colour",10283244,"SoilModel",
1,"Gammaunsat", 24.0,"DrainageType", 4,"Eref", 30e6,"nu", 0.1,"InterfaceStrengthDetermi
nation",1,"Rinter",0.3)
g_in.Soil_1.Material = material1
```

11.4 定义结构部件

11.4.1 定义混凝土基础

（1）单击"结构"选项卡，继续输入结构模型中的结构部件。

（2）在侧面工具栏中选择"创建土体多边形"功能，然后单击（0.0，0.0）、（11.0，0.0）、（11.0，−1.0）和（0.0，−1.0）。

> 提示：不要将"混凝土基础"材料指定给多边形。

对应代码如下：

```
g_in.gotostructures()
g_in.polygon((0,0),(11,0),(11,-1),(0,-1))
```

11.4.2 定义界面

创建一个界面，模拟基础和周围土体的相互作用。将界面延伸至土体中半米处。确保界面位于承台外侧（土体内部）。将分两部分创建界面：

（1）单击"创建界面"，从（11.0，−1.0）到（11.0，0.0），创建其上部，如图11-13所示。

（2）单击"创建界面"，从（11.0，−1.5）到（11.0，−1.0），创建其下部（地基和土体之间），如图11-12所示。

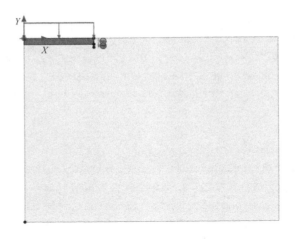

图 11-12　模型的几何形状

(3) 上部界面（地基和土体之间）建模的强度折减为 30%。

1) 复制"黏土-总荷载"材料并将其命名为"黏土-总荷载-界面"。

2) 将 R_{inter} 设置为 0.3 以折减界面强度，如图 11-13 所示。

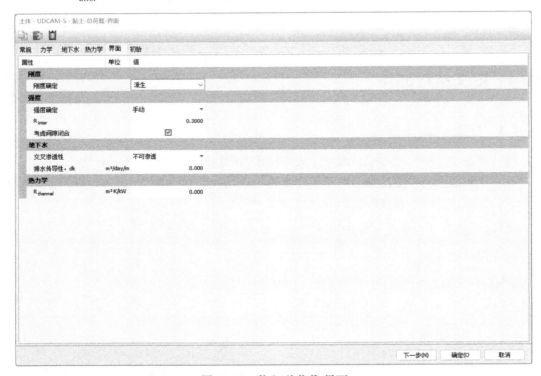

图 11-13　黏土-总荷载-界面

3) 将其分配给上部界面。

(4) 对于第 3 阶段（计算竖向循环刚度），需要另一种强度折减材料。

1) 复制"黏土-循环荷载"材料，并将其命名为"黏土-循环荷载-界面"。

2）将 R_{inter} 设置为 0.3 以折减界面强度。

3）不要对其进行分配。将在第 3 阶段进行分配。

（5）对延伸至土体中的界面材料应用全土体强度（$R_{inter}=1.0$），就是原始黏土材料"黏土-总荷载"中的隐式定义。保留"材料模式"默认设置"从相邻土体"。

该模型的几何形状如图 11-13 所示。

对应代码如下：

```
g_in.neginterface ((11,-1), g_in.Point_2)
g_in.neginterface ((11,-1.5), (11,-1))
g_in.NegativeInterface_1 = material3
g_in.mergeequivalents(g_in.Geometry)
```

11.4.3 定义垂直荷载

为了计算循环竖向性能和刚度，要在基础顶部施加竖向荷载。

（1）选择"创建线荷载"并单击（0.0，0.0）和（11.0，0.0）定义均布荷载。

（2）在"选择浏览器"中将 $q_{y,start,ref}$ 值设置为 $-1000kN/m/m$。

对应代码如下：

```
g_in.lineload((0,0),(11,0))
```

11.5 生成网格

（1）进入"网格模式"。

（2）单击侧边工具栏中的"生成网格" 。对于单元分布参数，选择"中等"（默认）。

（3）单击"查看网格"按钮 ，以查看图 11-14 所示的网格。

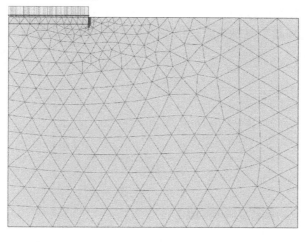

图 11-14 生成的网格

(4) 单击关闭选项卡以关闭输出程序。
对应代码如下：

```
g_in.gotomesh()
g_in.mesh(0.06)
```

11.6 定义阶段并计算

计算包含以下阶段：
(1) 在初始阶段，通过 "K_0 过程" 使用默认值生成初始应力条件。
(2) 在第 1 阶段，通过将 "混凝土" 材料分配到相应的多边形来激活承台。同时激活界面。
(3) 在第 2 阶段，计算总竖向循环承载力和刚度。
(4) 在第 3 阶段，计算竖向循环承载力和刚度。

11.6.1 初始阶段

(1) 转至 "分阶段施工" 模式。
(2) 在 "阶段浏览器" 中双击初始阶段。
(3) 确保已将 "计算类型" 设置为 "K_0 过程"。
(4) 单击 "确定"，关闭 "阶段" 窗口。
对应代码如下：

```
g_in.gotostages()
phase0 = g_in.InitialPhase
```

11.6.2 第 1 阶段：承台和界面激活

(1) 单击 "添加阶段" 按钮 ，创建新阶段。
(2) 第 1 阶段从初始阶段开始。
(3) 将 "混凝土基础" 材料分配给相应的多边形，可激活基础。
(4) 顺便激活界面。
对应代码如下：

```
phase1 = g_in.phase(phase0)
phase1.Identification = 'Footing and interface'
g_in.Model.CurrentPhase = phase1
g_in.Soil_1_Soil_2_1.setmaterial(phase1, material4)
g_in.Interfaces.activate(phase1)
```

11.6.3 第 2 阶段：承载力和刚度

在第 2 阶段，计算总循环竖向承载力和刚度。可通过增加竖向荷载（应力）直至破坏获得竖向承载力。刚度计算由力除以位移得出。

(1) 单击"添加阶段"按钮 ![icon]，创建新阶段。
(2) 第 2 阶段从第 1 阶段开始。
(3) 在"阶段"窗口中，打开"变形控制参数"子目录，选择"将位移重置为零"选项并"重置小应变"。
(4) 激活线荷载。

对应代码如下：

```
phase2 = g_in.phase(phase1)
g_in.Model.CurrentPhase = phase2
phase2.Identification = "Bearing capacity and stiffness"
phase2.Deform.ResetDisplacementsToZero = True
phase2.MaxStepsStored = 500
g_in.LineLoads.activate(phase2)
g_in.LineLoad_1_1.qy_start[phase2] = -1000
```

11.6.4 第 3 阶段：计算竖向循环刚度

在第 3 阶段（仍从第 1 阶段开始），激活"黏土-循环荷载材料"，可计算竖向循环刚度。可通过增加竖向荷载（应力）直至破坏获得竖向承载力。

(1) 单击"添加阶段"按钮 ![icon]，创建新阶段。
(2) 在"阶段"窗口，将"起始阶段"设置为"第 1 阶段"。
(3) 转至"变形控制参数"子目录，选择"将位移重置为零"选项并"重置小应变"。关闭此窗口。
(4) 用"黏土-循环荷载"替换土体材料。
(5) 为界面的上部分配"黏土-循环荷载-界面"材料。界面的下部分材料模式仍为"从相邻土体"。
(6) 激活线荷载。

计算定义已完成。

对应代码如下：

```
phase3 = g_in.phase(phase1)
g_in.Model.CurrentPhase = phase3
phase3.Identification = "Calculate vertical cyclic stiffness"
phase3.Deform.ResetDisplacementsToZero = True
phase3.MaxStepsStored = 500
g_in.LineLoads.activate(phase3)
g_in.LineLoad_1_1.qy_start[phase3] = -1000
g_in.Soil_1_1.Material.set(phase3, material2)
```

11.6.5 执行计算

在开始计算之前，建议选择节点或应力点，以便生成荷载-位移曲线或应力-应变图。

要进行此操作，请执行以下步骤：
(1) 在边栏中单击"曲线选择点"按钮。
连接图将在输出程序中显示，"选择点"窗口将被激活。
(2) 在基础底部选择一个节点（0.0，0.0）。关闭"选择点"窗口。
(3) 单击"更新"选项卡，关闭输出程序，并返回至输入程序。
(4) 单击"计算"按钮，计算项目。

对应代码如下：

```
output_port = g_in.selectmeshpoints()
s_out, g_out = new_server('localhost', output_port,
password= s_in.connection._password)
g_out.addcurvepoint('node', g_out.Soil_1_Soil_2_1, (0,0))
g_out.update()
g_in.set(g_in.Phases[0].ShouldCalculate, g_in.Phases[1].ShouldCalculate,
g_in.Phases[2].ShouldCalculate,g_in.Phases[3].ShouldCalculate,True)
g_in.calculate()
```

11.7 结果

11.7.1 总荷载竖向循环承载力

施加的竖向应力（荷载）：$q_y = -1000 \text{kN/m}^2$

破坏时的荷载大小：$q_y = 719.1 \text{kN/m}^2$

总竖向承载力：$V_{cap} = q_y \cdot 面积 = 719.1 \text{kN/m}^2 \cdot \pi \cdot (11\text{m})^2 = 273.35 \text{MN}$

对比之下，静态竖向承载力（使用静态不排水剪切强度）为 228.1MN。竖向承载力更大的原因在于，与标准无变化的试验测试获得的值相比，承受波浪荷载时的较高应变率导致剪切强度提高，而且此效应比暴风雨期间的应变软化更为显著。

11.7.2 循环荷载竖向循环承载力

施加的竖向应力（荷载）：$q_y = -1000 \text{kN/m}^2$

破坏时的荷载大小：$q_y = 458.1 \text{kN/m}^2$

总竖向承载力：$V_{cap} = q_y \cdot 面积 = 458.1 \text{kN/m}^2 \cdot \pi \cdot (11\text{m})^2 = 174.14 \text{MN}$

11.7.3 竖向刚度

总荷载和循环荷载的竖向刚度（将循环荷载计算在内）的计算方法为 $k_y = F_y / u_y$。总竖向位移包括暴风雨期间积累的竖向位移。

11.8 案例 10 完整代码

```
import math
```

11 案例10：圆形水下基础在垂直循环荷载下的承载力和刚度 [ADV]

```
from plxscripting.easy import *
s_in, g_in = new_server('localhost', 10000, password= 'Yourpassword')
folder = r'D:\PLAXIS\PLAXIS 2D temp\Test'
filename = r'Tutorial_10'
s_in.new()
g_in.SoilContour.initializerectangular(0,-30,40,0)
g_in.setproperties("ModelType","Axisymmetry")
g_in.borehole(0)
g_in.Borehole_1.Head = -50
g_in.soillayer(30)
material1 = g_in.soilmat()
material1.setproperties("Identification","clay-tl","Colour",15262369,"SoilModel",
15,"Gammaunsat",10.0,"GMaxtauCRatio",420.4,"gammaFC",6.431,"gammaFE",7.873,"gammaFDSS",
11.97,"tauCRef",149.7,"tauCInc",0,"verticalref",0,"nuU",0.495,"tauEtauCRatio",0.5405,"
tau0tauCRatio",2.332E-3,"tauDSStauCRatio",0.7875,"K0Determination",1,"K0Primary",1)
material2 = g_in.soilmat()
material2.setproperties("Identification","clay-cl","Colour",10676870,"SoilModel",
15,"Gammaunsat",10.0,"GMaxtauCRatio",703.2,"gammaFC",2.966,"gammaFE",2.699,"
gammaFDSS",2.946,"tauCRef",86.67,"tauCInc",0,"verticalref",0,"tauEtauCRatio",
0.8684,"tau0tauCRatio",0,"tauDSStauCRatio",0.7181,"nuU",0.495,"K0Determination",
1,"K0Primary",1)
material3 = g_in.soilmat()
material3.setproperties("Identification","clay-cl-int","Colour",16377283,"SoilModel",
15,"Gammaunsat",10.0,"GMaxtauCRatio",703.2,"gammaFC",2.966,"gammaFE",2.699,"
gammaFDSS",2.946,"tauCRef",86.67,"tauCInc",0,"verticalref",0,"tauEtauCRatio",
0.8684,"tau0tauCRatio",0.00233183115879803,"tauDSStauCRatio",0.7181,"nuU",0.495,"
InterfaceStrengthDetermination","Manual","Rinter",0.3,"K0Determination",1,"
K0Primary",1)
material4 = g_in.soilmat()
material4.setproperties("Identification","concrete","Colour",10283244,"SoilModel",
1,"Gammaunsat",24.0,"DrainageType",4,"Eref",30e6,"nu",0.1,"InterfaceStrengthDetermination",
1,"Rinter",0.3)
g_in.Soil_1.Material = material1
g_in.gotostructures()
g_in.polygon((0,0),(11,0),(11,-1),(0,-1))
g_in.lineload((0,0),(11,0))
g_in.neginterface ((11,-1), g_in.Point_2)
g_in.neginterface ((11,-1.5), (11,-1))
g_in.NegativeInterface_1 = material3
g_in.mergeequivalents(g_in.Geometry)
g_in.gotomesh()
g_in.mesh(0.06)
g_in.gotostages()
```

```
phase0 = g_in.InitialPhase
phase1 = g_in.phase(phase0)
phase1.Identification = 'Footing and interface'
g_in.Model.CurrentPhase = phase1
g_in.Soil_1_Soil_2_1.setmaterial(phase1, material4)
g_in.Interfaces.activate(phase1)
phase2 = g_in.phase(phase1)
g_in.Model.CurrentPhase = phase2
phase2.Identification = "Bearing capacity and stiffness"
phase2.Deform.ResetDisplacementsToZero = True
phase2.MaxStepsStored = 500
g_in.LineLoads.activate(phase2)
g_in.LineLoad_1_1.qy_start[phase2] = -1000
phase3 = g_in.phase(phase1)
g_in.Model.CurrentPhase = phase3
phase3.Identification = "Calculate vertical cyclic stiffness"
phase3.Deform.ResetDisplacementsToZero = True
phase3.MaxStepsStored = 500
g_in.LineLoads.activate(phase3)
g_in.LineLoad_1_1.qy_start[phase3] = -1000
g_in.Soil_1_1.Material.set(phase3, material2)
output_port = g_in.selectmeshpoints()
s_out, g_out = new_server('localhost', output_port, password= s_in.connection._password)
g_out.addcurvepoint('node', g_out.Soil_1_Soil_2_1, (0,0))
g_out.update()
g_in.set(g_in.Phases[0].ShouldCalculate, g_in.Phases[1].ShouldCalculate, g_in.Phases[2].ShouldCalculate, \
         g_in.Phases[3].ShouldCalculate, True)
g_in.calculate()
g_in.save(r'%s/%s' % (folder, 'Tutorial_10'))
```

本案例到此结束！

案例11：大坝的渗流分析 [ULT]

本章将讨论大坝的渗流分析。水流从左侧（河流）流向右侧（堤田）。因此，大坝的右侧将发生渗流。潜水面的位置取决于随时间变化的河流水位。

目标

- 进行仅渗流分析
- 使用横截面曲线

几何模型

图 12-1 显示了发生在地表水自由流动的大坝布局问题。堤顶宽为 2.0m。初始河水水位为 1.5m 深。河流与堤田的水位差有 3.5m。

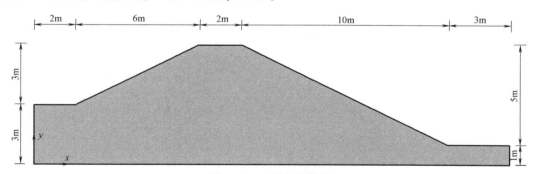

图 12-1 工程几何模型

12.1 开始新项目

要创建新项目，请执行以下步骤：

（1）启动 PLAXIS 2D Input 输入软件，在出现的"快速启动"对话框中选择"开始新项目"。

(2) 在"项目属性"窗口的项目选项卡中，输入合适的标题。
(3) 在"模型"选项卡中，保持"模型"栏"平面应变"和"单元栏 15 节点"的默认选项。
(4) 设置"模型边界"为"$x_{min}=0m$，$x_{max}=23m$，$y_{min}=0m$，$y_{max}=6m$"
(5) 保持其他参数默认，点击"确认"，"项目属性"窗口关闭。

对应代码如下：

```
s_in.new()
g_in.SoilContour.initializerectangular(0,0,23,6)
```

12.2 定义土层

根据表 12-1 数据，确定钻孔信息。

模型中的钻孔信息　　　　　　　　　表 12-1

钻孔数量	位置	水头	顶部	底部
1	2	4.5	3	0
2	8	4.5	6	0
3	10	4.0	6	0
4	20	1.0	1	0

定义土体地层学：

(1) 先单击侧边 ![] "创建钻孔"项并且在"$x=2$"处创建钻孔，"修改土层"窗口弹出。

(2) 在修改土层中"钻孔 1"处修改"水头"为 4.5m，在钻孔中"添加"一层土层，设置顶部为 3，底部为 0，再按照表 12-1 添加新钻孔，并填入相关数据。

对应代码如下：

```
sg_in.borehole(2)
g_in.soillayer(0)
g_in.Borehole_1.Head = 4.5
g_in.Soillayer_1.Zones[0].Top = 3
g_in.arrayr(g_in.Borehole_1,2,6)
g_in.Soillayer_1.Zones[1].Top = 6
g_in.arrayr(g_in.Borehole_1,2,-2)
g_in.Borehole_3.Head = 4
g_in.Soillayer_1.Zones[2].Top = 6
g_in.borehole(0)
g_in.Soillayer_1.Zones[3].Top = 1
g_in.Borehole_4.Head = 1
g_in.Borehole_3.x = 10
g_in.Borehole_4.x = 20
```

12.3 创建和指定材料参数

需要为土层创建一个材料数据集。路堤材料（砂土）的材料属性如表 12-2 所示。

路堤材料（砂土）的材料属性　　　　　　　　表 12-2

参数类型	参数名称	符号	砂土层参数值	单位
常规	土体模型	—	线弹性	—
	排水类型	—	排水	—
	不饱和重度	γ_{unsat}	20	kN/m³
	饱和重度	γ_{sat}	20	kN/m³
力学	杨氏模量	E'	10×10^3	kN/m²
	泊松比	ν'	0.3	—
地下水	分类类型	—	标准	—
	土体类（标准）	—	中等细	—
	使用默认值	—	从数据集	—
	水平方向渗透系数	k_x	0.02272	m/day
	竖直方向渗透系数	k_y	0.02272	m/day

创建材料集：

（1）钻孔创建完成后单击窗口右下方 ▣ "材料"，点击 "新建"，按照表 12-2 定义土体材料，跳过 "界面" 和 "初始" 页面，其余参数默认。

（2）点击 "确定"，关闭 "修改土层" 窗口。

对应代码如下：

```
material1 = g_in.soilmat()
material1.setproperties("Identification","sand","Colour",15262369,"SoilModel",1,"Gammasat",20.0,"Gammaunsat",20.0,"DrainageType",0,"Eref",10e3,"nu",0.3)
material1.setproperties("GroundwaterClassificationType",0)
material1.setproperties("GroundwaterSoilClassStandard",2)
material1.setproperties("GwUseDefaults",True)
material1.setproperties("GwDefaultsMethod",0)
g_in.setmaterial(g_in.Soil_1, material1)
g_in.mergeequivalents(g_in.Geometry)
```

12.4　生成网格

（1）单击 "网格" 选项，进行网格模式。

（2）选择左侧斜坡和河床的两条线，如图 12-2 所示。在左侧 "选择浏览器" 中修改其 "粗糙因数" 为 0.5，如图 12-2 所示。

图 12-2　模型

(3) 单击侧边选项中 "生成网格"，在弹出的窗口中，将"单元分布"下拉选项中选为"细"。

(4) 单击侧边选项中 "查看网格"，如图 12-3 所示。

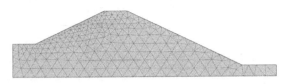

图 12-3　生成的网格

(5) 单击"关闭"选项卡，关闭输出窗口。

对应代码如下：

```
g_in.gotomesh()
g_in.set((g_in.BoundaryLine_2.CoarsenessFactor,
g_in.BoundaryLine_4.CoarsenessFactor),0.5)
g_in.mesh(0.04002)
```

12.5　定义阶段并计算

该项目主要分析的是仅渗流相关内容。计算过程包括三个阶段，将在"分阶段施工"模式中定义。在初始阶段，以平均水位计算稳定状态下的地下水流量；在第 1 阶段，考虑水位的谐波变化计算瞬态地下水流量；在第 2 阶段，计算方法与第 1 阶段相似，但周期更长。

单击"分阶段施工"选项卡，进入相应的模式。根据每个钻孔指定的水头值，自动创建全局水位，分阶段施工模式下的模型如图 12-4 所示。

提示：全局水位内部的水位线将由地下水渗流的结果所取代。

图 12-4　分阶段施工模型

12.5.1　初始阶段

(1) 双击左侧"阶段浏览器"中的"初始阶段"，在弹出的窗口中"常规"栏下"计算类型"选为"仅渗流"，其余参数默认，单击"确定"关闭阶段窗口。

(2) 在"模型浏览器"中展开"模型条件"子目录。在模型条件中展开"地下水渗流"子目录。默认的边界条件与初始阶段相关，只有"底部边界"（BoundaryYMin）是"关闭"的，如图 12-5 所示。

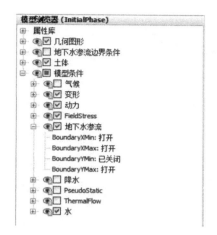

图 12-5 初始阶段地下水渗流的边界条件

（3）在"模型浏览器"中展开"地下水渗流边界条件"子目录。模型末端的边界条件由程序自动创建，并列在"GWFlowBaseBC"下。

> **提示**：当"地下水渗流边界条件"子目录下的边界条件处于激活状态，将忽略"地下水渗流"中指定的模型条件。

对应代码如下：

```
g_in.gotostages()
phase0 =  g_in.InitialPhase
phase0.DeformCalcType = "Flow only"
```

12.5.2 第 1 阶段

（1）单击 "添加阶段"，创建新阶段，双击"阶段浏览器"中的"当前阶段"。

（2）弹出阶段窗口，在"常规"栏下"孔压计算类型"下拉框中选择"瞬态地下水渗流"。

（3）设置"时间间隔"为 1d。

（4）"数值控制参数"栏下"存储的最大步数"为 50，其余设置默认。

（5）单击侧边工具栏中 "选择多个对象"按钮，鼠标移动到出现的菜单中 "选择线"处，在下拉菜单中选择"水边界"。

（6）如图 12-6 所示框选水边界，并右击，在出现的菜单中选择激活选项。

（7）在左侧"选择浏览器"下设置"行为参数"为"水头"。

（8）设置"$h_{ref}=4.5$"。

（9）设置"时间依赖性"为"时间相关"选项。

（10）单击"水头函数参数"，并 添加一个新的水头函数。

（11）在弹出的"渗流函数"窗口中信号选择"谐波"，设置"振幅"为 1m，"阶段"为 0°，"时间段"为 1d。设置如图 12-7 所示。

（12）单击"确定"，关闭"渗流函数"窗口。

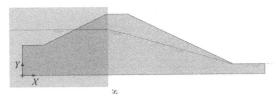

图 12-6　水边界选择

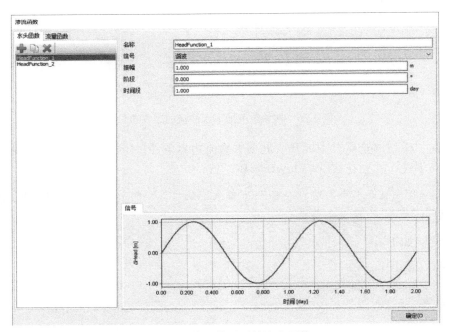

图 12-7　快速情况下的渗流函数

对应代码如下：

```
phase1 = g_in.phase(phase0)
phase1.Identification = 'Fast variation'
g_in.Model.CurrentPhase = phase1
phase1.PorePresCalcType = "Transient groundwater flow"
phase1.TimeInterval = 1
phase1.MaxStepsStored = 50
g_in.activate((g_in.BoundaryLine_2,g_in.BoundaryLine_5,g_in.BoundaryLine_4),phase1)
g_in.set((g_in.GWFlowBaseBC_2.Behaviour,g_in.GWFlowBaseBC_4.Behaviour,g_in.GWFlowBaseBC_5.Behaviour),phase1,'Head')
g_in.set((g_in.GWFlowBaseBC_2.Href,g_in.GWFlowBaseBC_4.Href,g_in.GWFlowBaseBC_5.Href),phase1, 4.5)
g_in.set((g_in.GWFlowBaseBC_2.TimeDependency,g_in.GWFlowBaseBC_4.TimeDependency,g_in.GWFlowBaseBC_5.TimeDependency),phase1,"Time dependent")
g_in.headfunction()
```

```
g_in.GWFlowBaseBC_2.HeadFunction[phase1] = g_in.HeadFunction_1
g_in.GWFlowBaseBC_4.HeadFunction[phase1] = g_in.HeadFunction_1
g_in.GWFlowBaseBC_5.HeadFunction[phase1] = g_in.HeadFunction_1
g_in.HeadFunction_1.Amplitude = 1
g_in.HeadFunction_1.Period = 1
```

12.5.3 第 2 阶段

（1）单击 添加新的阶段，双击"阶段浏览器"的"当前阶段"。
（2）在"常规"子目录下"起始阶段"下拉菜单中选择"初始阶段"。
（3）将"孔压计算类型"选择"瞬态地下水渗流"。
（4）设置"时间间隔"为 10d。
（5）在"数值控制参数"子目录下"存储的最大步数"设置为 50，其余设置默认。
（6）单击"确定"关闭阶段窗口。
（7）确保选择与第 1 阶段相同的边界。
（8）在左侧"选择浏览器"中单击"水头函数参数"，并"添加"一个新的水头函数。
（9）在弹出的"渗流函数"窗口中"信号"选择"谐波"，设置"振幅"为 1m，"阶段"为 0°，"时间段"为 10d。设置如图 12-8 所示。
（10）单击"确定"关闭"渗流函数"窗口。

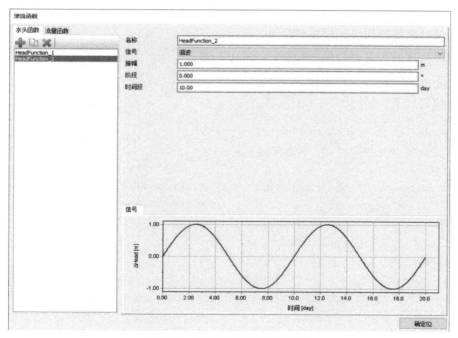

图 12-8　慢速情况下的渗流函数

对应代码如下：

```
g_in.gotoflow()
```

```
g_in.gotostages()
phase2 = g_in.phase(phase1)
phase2.Identification = 'Slow variation'
g_in.Model.CurrentPhase = phase2
phase2.PreviousPhase = g_in.InitialPhase
phase2.TimeInterval = 10
phase2.MaxStepsStored = 50
g_in.gotoflow()
g_in.gotostages()
g_in.headfunction()
g_in.GWFlowBaseBC_2.HeadFunction[phase2] = g_in.HeadFunction_2
g_in.GWFlowBaseBC_4.HeadFunction[phase2] = g_in.HeadFunction_2
g_in.GWFlowBaseBC_5.HeadFunction[phase2] = g_in.HeadFunction_2
g_in.HeadFunction_2.Amplitude = 1
g_in.HeadFunction_2.Period = 10
```

12.5.4 执行计算

（1）在"分阶段施工"模式下，侧边工具栏中点击 "选择曲线"点按钮。

（2）连接图显示在 Output 输出程序中。

（3）在选择点窗口中，选择曲线中最接近（0，3）和（8，2.5）的节点。

（4）单击更新按钮关闭输出程序。

（5）单击侧边工具栏中的 计算按钮计算项目。

（6）在计算完成后保存项目。

对应代码如下：

```
output_port = g_in.selectmeshpoints()
s_out, g_out = new_server('localhost', output_port, password= s_in.connection.
_password)
g_out.addcurvepoint('node', g_out.Soil_1_1, (0,3))
g_out.addcurvepoint('node', g_out.Soil_1_1, (8,2.5))
g_out.update()
g_in.set(g_in.Phases[0].ShouldCalculate, g_in.Phases[1].ShouldCalculate,
g_in.Phases[2].ShouldCalculate, True)
g_in.calculate()
g_in.save(r'%s/%s' % (folder, 'Tutorial_11'))
```

12.6 结果

在 Output 输出程序中，可以使用"创建动画"工具对输出程序中的结果进行动态展示。按照以下步骤创建动画：

(1) 打开输出程序，选择"应力"菜单中"孔压"出现的窗口中"地下水水头"选项，出现结果如图 12-9 所示。

(2) 选择"文件"菜单中的"创建动画"，弹出相应的窗口。

(3) 定义动画文件的"名称"（存储位置）。默认情况下，程序根据项目命名，并将其存储在项目文件夹中。同样地，也可以制作动画来比较孔隙水压力或渗流场的发展。

(4) 窗口下方只勾选"Phase_1"，取消勾选初始阶段和第 2 阶段，生成动画窗口如图 12-10 所示，点击"确定"生成动画，而后关闭。

(5) 点击侧边工具栏中的 ⬚ "线横截面"按钮。

(6) 弹出横截面点窗口，可以定义横截面的起始点和结束点。

(7) 画一个横截面通过点（2.0，3.0）和点（20.0，1.0）。横截面的结果显示在一个新的窗口中。

(8) 在横截面视图中，单击菜单栏中的"应力"，出现的选项中选择"孔压"→"$p_{主动}$"。

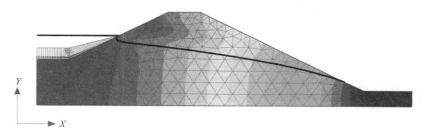

图 12-9　地下水水头

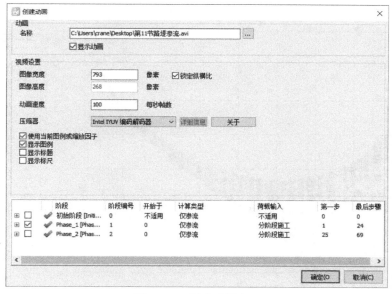

图 12-10　创建动画窗口

- 在工具菜单中选择 △ "横截面曲线"选项。在曲线窗口弹出后，选择菜单"选择样式"下拉选项中"各个步骤"。

- 选择"Phase_1"。结果在横截面上的变化会在一个新的窗口中显示。

- 对"Phase_2"进行同样的操作。这可能需要30s。
- 可以比较特定截面上谐波变化的不同时间间隔对结果的影响，见图12-11和图12-12。可见，外界水位变化越慢，对孔隙的影响越显著。

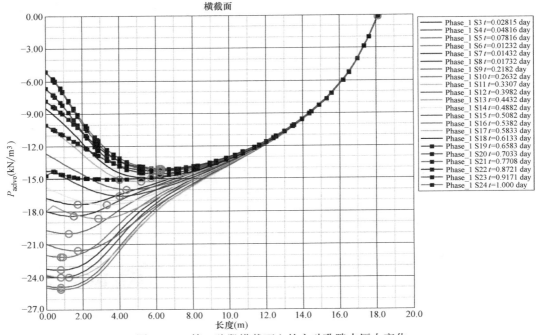

图12-11 第1阶段横截面上的主动孔隙水压力变化

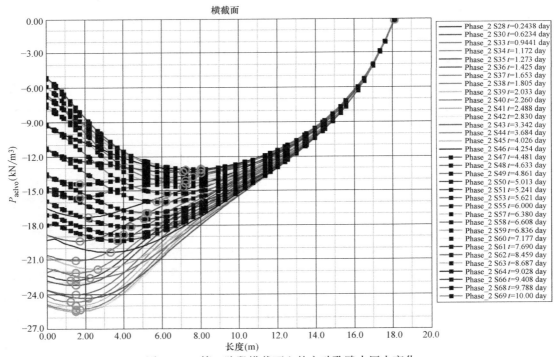

图12-12 第2阶段横截面上的主动孔隙水压力变化

12.7 案例 11 完整代码

```python
import math
from plxscripting.easy import *
s_in, g_in = new_server('localhost', 10000, password= 'Yourpassword')
folder  = r'D:\PLAXIS\PLAXIS 2D temp\Test'
filename =  r'Tutorial_11'
s_in.new()
g_in.SoilContour.initializerectangular(0,0,23,6)
g_in.borehole(2)
g_in.soillayer(0)
g_in.Borehole_1.Head =  4.5
g_in.Soillayer_1.Zones[0].Top =  3
g_in.arrayr(g_in.Borehole_1,2,6)
g_in.Soillayer_1.Zones[1].Top =  6
g_in.arrayr(g_in.Borehole_1,2,-2)
g_in.Borehole_3.Head =  4
g_in.Soillayer_1.Zones[2].Top =  6
g_in.borehole(0)
g_in.Soillayer_1.Zones[3].Top =  1
g_in.Borehole_4.Head =  1
g_in.Borehole_3.x =  10
g_in.Borehole_4.x =  20
material1 =  g_in.soilmat()
material1.setproperties("Identification","sand","Colour",15262369,"SoilModel",1,
"Gammasat",20.0,"Gammaunsat",20.0,"DrainageType",0,"Eref",10e3,"nu",0.3)
material1.setproperties("GroundwaterClassificationType",0)
material1.setproperties("GroundwaterSoilClassStandard",2)
material1.setproperties("GwUseDefaults",True)
material1.setproperties("GwDefaultsMethod",0)
g_in.setmaterial(g_in.Soil_1,material1)
g_in.mergeequivalents(g_in.Geometry)
g_in.gotomesh()
g_in.set((g_in.BoundaryLine_2.CoarsenessFactor, g_in.BoundaryLine_4.CoarsenessFactor),0.5)
g_in.mesh(0.04002)
g_in.gotostages()
phase0 =  g_in.InitialPhase
phase0.DeformCalcType =  "Flow only"
phase1 =  g_in.phase(phase0)
phase1.Identification =  'Fast variation'
g_in.Model.CurrentPhase =  phase1
```

```
phase1.PorePresCalcType = "Transient groundwater flow"
phase1.TimeInterval = 1
phase1.MaxStepsStored = 50
g_in.activate((g_in.BoundaryLine_2,g_in.BoundaryLine_5,g_in.BoundaryLine_4),phase1)
g_in.set((g_in.GWFlowBaseBC_2.Behaviour,g_in.GWFlowBaseBC_4.Behaviour,
g_in.GWFlowBaseBC_5.Behaviour),phase1,'Head')
g_in.set((g_in.GWFlowBaseBC_2.Href,g_in.GWFlowBaseBC_4.Href,g_in.GWFlowBaseBC_
5.Href),phase1,4.5)
g_in.set((g_in.GWFlowBaseBC_2.TimeDependency,g_in.GWFlowBaseBC_4.TimeDependency,g_
in.GWFlowBaseBC_5.TimeDependency),phase1,"Time dependent")
g_in.headfunction()
g_in.GWFlowBaseBC_2.HeadFunction[phase1] = g_in.HeadFunction_1
g_in.GWFlowBaseBC_4.HeadFunction[phase1] = g_in.HeadFunction_1
g_in.GWFlowBaseBC_5.HeadFunction[phase1] = g_in.HeadFunction_1
g_in.HeadFunction_1.Amplitude = 1
g_in.HeadFunction_1.Period = 1
g_in.gotoflow()
g_in.gotostages()
phase2 = g_in.phase(phase1)
phase2.Identification = 'Slow variation'
g_in.Model.CurrentPhase = phase2
phase2.PreviousPhase = g_in.InitialPhase
phase2.TimeInterval = 10
phase2.MaxStepsStored = 50
g_in.gotoflow()
g_in.gotostages()
g_in.headfunction()
g_in.GWFlowBaseBC_2.HeadFunction[phase2] = g_in.HeadFunction_2
g_in.GWFlowBaseBC_4.HeadFunction[phase2] = g_in.HeadFunction_2
g_in.GWFlowBaseBC_5.HeadFunction[phase2] = g_in.HeadFunction_2
g_in.HeadFunction_2.Amplitude = 1
g_in.HeadFunction_2.Period = 10
output_port = g_in.selectmeshpoints()
s_out,g_out = new_server('localhost',output_port,password=s_in.connection._password)
g_out.addcurvepoint('node',g_out.Soil_1_1,(0,3))
g_out.addcurvepoint('node',g_out.Soil_1_1,(8,2.5))
g_out.update()
g_in.set(g_in.Phases[0].ShouldCalculate,g_in.Phases[1].ShouldCalculate,
g_in.Phases[2].ShouldCalculate,True)
g_in.calculate()
g_in.save(r'%s/%s' % (folder,'Tutorial_11'))
```

本案例到此结束！

13

案例12：降水条件下土体饱和度变化分析 [ULT]

本例演示 PLAXIS 2D 对农业问题中土体饱和度变化的分析，此区域主要由砂土层和上覆沃土层组成。其中沟渠的水位保持不变。由于天气条件的不同，每天的降水量和蒸发量可能有所不同。计算的目的是预测降雨条件下沃土层中含水量的变化情况。降雨条件通过施加和时间相关的边界条件。

目标

- 定义降雨

几何模型

由于问题的对称性，建模时选取宽为 15m，如图 13-1 所示。上覆沃土层厚 2m，砂土层深 3m。

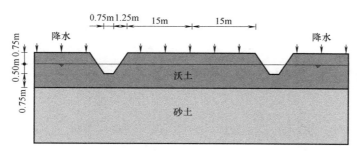

图 13-1 农田几何模型

13.1 开始新项目

通过以下步骤创建一个新工程：

(1) 打开 PLAXIS Input 程序,从"快速选择"对话框中创建一个新的工程。
(2) 在"工程属性"窗口的工程标签下,输入一个合适的标题。
(3) 在模型标签下,"模型(平面应变)"和"单元(15 节点)"保持默认选项。
(4) 设置模型尺寸"$x_{min}=0m$, $x_{max}=15m$, $y_{min}=0m$, $y_{max}=5m$"。
(5) 保持单位和常量均为默认值并点确定。
(6) 关闭"工程属性"窗口。

对应代码如下:

```
s_in.new()    # # creat a new project
g_in.SoilContour.initializerectangular(0,0,15,5)
```

13.2 定义土层

由于几何模型问题,需要修改捕捉选项。
(1) 单击工具栏底部的"捕捉选项"。
(2) 在弹出的捕捉窗口中设置"间隔天数"为 100,如图 13-2 所示。
(3) 点击"确定",关闭"捕捉"窗口。
(4) 点击"创建钻孔"按钮,分别在"$x=0.75$"和"$x=2$"创建两个钻孔。
(5) 在"修改土层"窗口添加两层土。
(6) 双击"$x=0.75$"处的钻孔,打开"修改土层"窗口→"添加土层",添加两层土,其中上层土"顶部 3.75m""底部 3m",底层土设置为"底部 0m",如图 13-3 所示。

图 13-2 捕捉选项

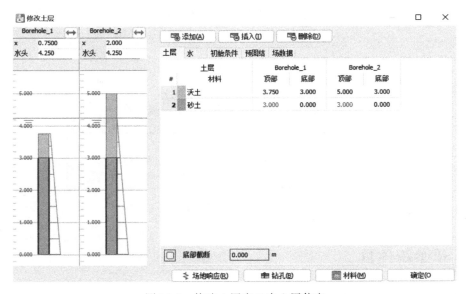

图 13-3 修改土层窗口中土层信息

（7）双击"$x=2$"处的钻孔，打开"修改土层"窗口→"添加土层"，添加两层土，其中上层土"顶部5m""底部3m"，底层土设置为"底部0m"。

（8）两个钻孔"水头"均设置在4.25m处。

对应代码如下：

```
g_in.borehole(0.75)
g_in.borehole(2)
g_in.soillayer(0)
g_in.Soillayer_1.Zones[0].Top = 3.75
g_in.Soillayer_1.Zones[0].Bottom = 3
g_in.soillayer(0)
g_in.Soillayer_2.Zones[0].Bottom = 0
g_in.Soillayer_1.Zones[1].Top = 5
g_in.Soillayer_1.Zones[1].Bottom = 3
g_in.Borehole_2.Head = 4.25
g_in.Borehole_1.Head = 4.25
```

13.3 创建和指定材料参数

需要为土层创建两组材料参数，具体参数如表13-1所示。

土的材料属性 表13-1

参数类型	参数名称	符号	壤土层参数值	砂土层参数值	单位
常规	土体模型	—	线弹性	线弹性	—
	排水类型	—	排水	排水	—
	不饱和重度	γ_{unsat}	19	20	kN/m^3
	饱和重度	γ_{sat}	19	20	kN/m^3
力学	杨氏模量	E'	1×10^3	10×10^3	kN/m^2
	泊松比	ν'	0.3	0.3	—
地下水	分类类型	—	Staring	Staring	—
	SWCC拟合方法	—	Van Genuchten	Van Genuchten	—
	下层土/上层土	—	表层土	下层土	—
	土体类(Staring)	—	亚黏土(B9)	壤质砂土(O2)	—
	使用默认值	—	从数据集	从数据集	—
	水平方向渗透系数	k_x	0.01538	0.1270	m/day
	竖直方向渗透系数	k_y	0.01538	0.1270	m/day

（1）根据表格创建土层参数集。

（2）将土层参数施加到相应土层。

对应代码如下：

```
material1 = g_in.soilmat()
material1.setproperties("Identification","sand","Colour",10676870,"SoilModel",
1,"Gammasat",20.0,"Gammaunsat",20.0,"DrainageType",0,"Eref",10e3,"nu",0.3)
```

```
material1.setproperties("GroundwaterClassificationType",3)
material1.setproperties("SWCCFittingMethod",0)
material1.setproperties("SubsoilTopsoil",0)
material1.setproperties("GroundwaterSubSoilClassStaring",1)
material1.setproperties("GwUseDefaults",True)
material2 = g_in.soilmat()
material2.setproperties("Identification","Loam","Colour",15262369,"SoilModel",1,"Gammasat",19.0,"Gammaunsat",19.0,"DrainageType",0,"Eref",1.0e3,"nu",0.3)
material2.setproperties("GroundwaterClassificationType",3 )
material2.setproperties("SWCCFittingMethod",0)
material2.setproperties("SubsoilTopsoil",1)
material2.setproperties("GroundwaterTopSoilClassStaring",8)
material2.setproperties("GwUseDefaults",True)
g_in.setmaterial(g_in.Soil_2, material1)
g_in.setmaterial(g_in.Soil_1, material2)
g_in.mergeequivalents(g_in.Geometry)
```

13.4 生成网格

(1) 切换到"网格"模式。

(2) 多选代表模型的上边界，如图 13-4 所示。

图 13-4　模型上边界

(3) 将"选择浏览器"中的"粗糙系数"设置为 0.5。

(4) 点击"生成网格"按钮 ，使用默认的"单元分布参数（中等）"。

(5) 点击"查看网格"按钮查看网格 ，如图 13-5 所示。

图 13-5　农田网格

(6) 关闭 PLAXIS output 页面。

对应代码如下：

```
g_in.gotomesh()
g_in.set((g_in.BoundaryLine_1.CoarsenessFactor,g_in.BoundaryLine_2.CoarsenessFactor,
g_in.BoundaryLine_4.CoarsenessFactor),0.5)
g_in.mesh(0.06)
```

13.5 定义阶段并计算

计算过程包括两个阶段：在初始阶段，计算稳态地下水流动；在第 1 阶段，计算瞬态地下水流动。

13.5.1 初始阶段

（1）切换到"分阶段施工"模式，本阶段仅进行流动计算。
（2）双击"初始阶段"，打开"阶段"窗口，"计算类型"选择仅"渗流"选项。
（3）其余值均使用默认值，单击"确定"按钮，关闭阶段窗口。
（4）右键模型底部边界，在下拉菜单中选择"激活"选项。
（5）在"选择浏览器"中"行为"模块选择"水头"，h_{ref} 选择 3.0m，时间依赖性选择"常量"，如图 13-6 所示。
（6）展开"模型浏览器"中"模型条件"子目录。

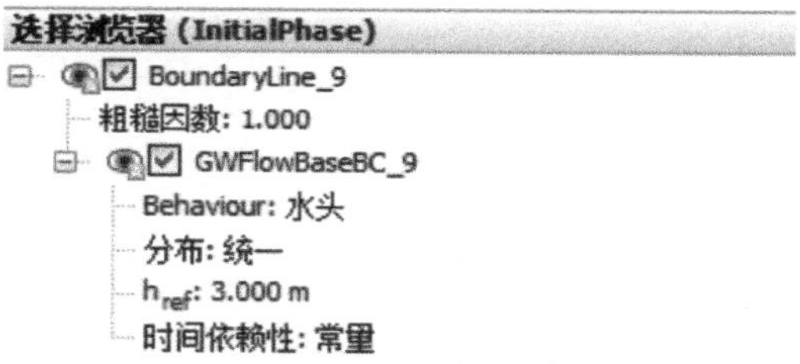

图 13-6 选择浏览器指定水头及时间依赖性

（7）展开"地下水流动"标签，设置"边界 x_{min} 和 x_{max}"为"关闭"。
（8）展开水子目录，将钻孔水位指定为"全局水位"。

> **提示**：明确分配给地下水流动边界的条件已被考虑在内。在本教程中，指定的"水头"将被考虑为模型的底部边界，而不是在"地下水渗流"子目录中指定的"关闭"选项。

对应代码如下：

```
g_in.gotostages()
phase0 = g_in.InitialPhase
phase0.DeformCalcType = "Flow only"
g_in.activate((g_in.GWFlowBaseBC_9),phase0)
g_in.set((g_in.GWFlowBaseBC_9.Behaviour),phase0,'Head')
g_in.set((g_in.GWFlowBaseBC_9.Href),phase0, 3)
g_in.set((g_in.GroundwaterFlow.BoundaryXMin),phase0,"Closed")
g_in.set((g_in.GroundwaterFlow.BoundaryXMax),phase0,"Closed")
```

13.5.2 第 1 阶段：瞬态渗流阶段

在瞬态阶段定义了降水随时间的变化。定义一个具有降水数据的流量函数如表 13-2 所示。

降水数据　　　　　　　　　　　　　　　　　表 13-2

ID	时间(d)	ΔDischarge(m^3/day/m)	ID	时间(d)	ΔDischarge(m^3/day/m)
1	0	0	9	8	0
2	1	0.01	10	9	−0.02
3	2	0.03	11	10	−0.02
4	3	0	12	11	−0.02
5	4	−0.02	13	12	−0.01
6	5	0	14	13	−0.01
7	6	0.01	15	14	0
8	7	0.01	16	15	0

（1）点击"添加阶段"按钮，创建一个新阶段。

（2）在"阶段"窗口——"常规"中"孔压计算类型"选择"瞬态地下水流动计算"选项。

（3）设置"时间间隔"为 15d。

（4）"数值控制参数"子目录中设置"最大存储步骤"为 250，其余值使用默认值。

（5）点击"确定"关闭"阶段"窗口。

（6）在"模型浏览器"中展开"属性库"子目录。

提示：要定义降雨量，需要定义一个流量函数。

（7）右键选择"渗流函数"，点击"编辑"选项，添加一个"流量函数"。

（8）为流量函数指定一个名字并在信号下拉菜单中选择"表"选项。

（9）单击"添加"列按钮，添加新列。按照表 13-2 完成输入。

（10）定义好的降雨函数如图 13-7 所示。单击"确定"关闭窗口。

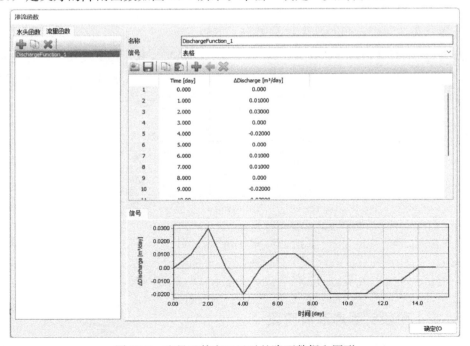

图 13-7　流量函数窗口显示的降雨数据和图形

（11）点击"模型浏览器"，选择"模型条件"，然后将"降水"选项选中。

（12）降水量 q 和条件参数 $\psi_{min}=-1m$ 和 $\psi_{max}=0.1m$ 均使用默认值。时间依赖性选择"时间相关"，下拉"流量函数"选择刚才制定好的函数，如图 13-8 所示。

图 13-8　模型浏览器中降雨选项

提示：降水量为负值表示蒸发过程。

对应代码如下：

```
phase1 = g_in.phase(phase0)
phase1.Identification = 'Transient phase'
g_in.Model.CurrentPhase = phase1
phase1.PorePresCalcType = "Transient groundwater flow"
phase1.TimeInterval = 15
phase1.MaxStepsStored = 250
g_in.dischargefunction()
g_in.DischargeFunction_1.Signal = "Table"
for i in range(6):
    g_in.DischargeFunction_1.Table.add()
for i in range(1,6):
    g_in.DischargeFunction_1.Table[i].Time = i
g_in.DischargeFunction_1.Table[1].DeltaDischarge = 0.01
g_in.DischargeFunction_1.Table[2].DeltaDischarge = 0.03
g_in.DischargeFunction_1.Table[4].DeltaDischarge = -0.02
for i in range(6):
    g_in.DischargeFunction_1.Table.add()
for i in range(6,12):
    g_in.DischargeFunction_1.Table[i].Time = i
g_in.DischargeFunction_1.Table[6].DeltaDischarge = 0.01
```

```
g_in.DischargeFunction_1.Table[7].DeltaDischarge = 0.01
g_in.DischargeFunction_1.Table[9].DeltaDischarge = -0.02
g_in.DischargeFunction_1.Table[10].DeltaDischarge = -0.02
g_in.DischargeFunction_1.Table[11].DeltaDischarge = -0.02
for i in range(4):
    g_in.DischargeFunction_1.Table.add()
for i in range(12,16):
    g_in.DischargeFunction_1.Table[i].Time = i
g_in.DischargeFunction_1.Table[12].DeltaDischarge = -0.01
g_in.DischargeFunction_1.Table[13].DeltaDischarge = -0.01
g_in.activate((g_in.Precipitation), phase1)
g_in.Precipitation.TimeDependency[g_in.Phase_1] = "Time dependent"
g_in.Precipitation.DischargeFunction[g_in.Phase_1] = g_in.DischargeFunction_1
```

13.5.3 执行计算

（1）点击"计算"按钮，开始计算。

（2）计算完成后保存该项目。

对应代码如下：

```
g_in.set(g_in.Phases[0].ShouldCalculate, g_in.Phases[1].ShouldCalculate,True)
g_in.calculate()
g_in.save(r'%s/%s'% (folder, 'Tutorial_12'))
```

13.6 结果

计算的重点是土体随时间变化的饱和度。

查看计算结果：

（1）点击"应力"菜单，选择"地下水渗流"→"饱和度"。

（2）双击图例打开"图例设置"窗口，定义的设置如图 13-9 所示。

图 13-9 图例设置值

(3) 图 13-10 展示了最后时间步饱和度的空间分布。
(4) 为了更好地查看计算结果,可以创建瞬态渗流阶段的动画。
(5) 也可以在 $x=4$m 的位置创建一个垂直断面,并绘制孔隙水压力与饱和度的断面曲线。

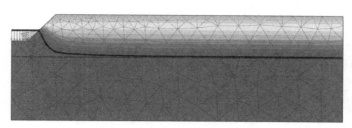

图 13-10　15d 时土层饱和度

13.7　案例 12 完整代码

```
import math
from plxscripting.easy import *
s_in, g_in = new_server('localhost', 10000, password= 'Yourpassword')
folder =  r'D:\PLAXIS\PLAXIS 2D temp\Test'
filename =  r'Tutorial_12'
s_in.new()
g_in.SoilContour.initializerectangular(0,0,15,5)
g_in.borehole(0.75)
g_in.borehole(2)
g_in.soillayer(0)
g_in.Soillayer_1.Zones[0].Top = 3.75
g_in.Soillayer_1.Zones[0].Bottom =  3
g_in.soillayer(0)
g_in.Soillayer_2.Zones[0].Bottom =  0
g_in.Soillayer_1.Zones[1].Top =  5
g_in.Soillayer_1.Zones[1].Bottom =  3
g_in.Borehole_2.Head =  4.25
g_in.Borehole_1.Head =  4.25
material1 =  g_in.soilmat()
material1.setproperties("Identification","sand","Colour",10676870,"SoilModel",1,
"Gammasat",20.0,"Gammaunsat",20.0,"DrainageType",0,"Eref",10e3,"nu",0.3)
material1.setproperties("GroundwaterClassificationType",3)
material1.setproperties("SWCCFittingMethod",0)
material1.setproperties("SubsoilTopsoil",0)
material1.setproperties("GroundwaterSubSoilClassStaring",1)
material1.setproperties("GwUseDefaults",True)
material2 =  g_in.soilmat()
```

```
material2.setproperties("Identification","Loam","Colour",15262369,"SoilModel",1,
"Gammasat",19.0,"Gammaunsat",19.0,"DrainageType",0,"Eref",1.0e3,"nu",0.3)
material2.setproperties("GroundwaterClassificationType", 3)
material2.setproperties("SWCCFittingMethod",0)
material2.setproperties("SubsoilTopsoil",1)
material2.setproperties("GroundwaterTopSoilClassStaring",8)
material2.setproperties("GwUseDefaults",True)
g_in.setmaterial(g_in.Soil_2,material1)
g_in.setmaterial(g_in.Soil_1,material2)
g_in.mergeequivalents(g_in.Geometry)
g_in.gotomesh()
g_in.set((g_in.BoundaryLine_1.CoarsenessFactor,g_in.BoundaryLine_2.CoarsenessFactor,
g_in.BoundaryLine_4.CoarsenessFactor),0.5)
g_in.mesh(0.06)
g_in.gotostages()
phase0 = g_in.InitialPhase
phase0.DeformCalcType = "Flow only"
g_in.activate((g_in.GWFlowBaseBC_9),phase0)
g_in.set((g_in.GWFlowBaseBC_9.Behaviour),phase0,'Head')
g_in.set((g_in.GWFlowBaseBC_9.Href),phase0,3)
g_in.set((g_in.GroundwaterFlow.BoundaryXMin),phase0,"Closed")
g_in.set((g_in.GroundwaterFlow.BoundaryXMax),phase0,"Closed")
phase1 = g_in.phase(phase0)
phase1.Identification = 'Transient phase'
g_in.Model.CurrentPhase = phase1
phase1.PorePresCalcType = "Transient groundwater flow"
phase1.TimeInterval = 15
phase1.MaxStepsStored = 250
g_in.dischargefunction()
g_in.DischargeFunction_1.Signal = "Table"
for i in range(6):
    g_in.DischargeFunction_1.Table.add()
for i in range(1,6):
    g_in.DischargeFunction_1.Table[i].Time = i
g_in.DischargeFunction_1.Table[1].DeltaDischarge = 0.01
g_in.DischargeFunction_1.Table[2].DeltaDischarge = 0.03
g_in.DischargeFunction_1.Table[4].DeltaDischarge = -0.02
for i in range(6):
    g_in.DischargeFunction_1.Table.add()
for i in range(6,12):
    g_in.DischargeFunction_1.Table[i].Time = i
g_in.DischargeFunction_1.Table[6].DeltaDischarge = 0.01
g_in.DischargeFunction_1.Table[7].DeltaDischarge = 0.01
```

```
g_in.DischargeFunction_1.Table[9].DeltaDischarge = - 0.02
g_in.DischargeFunction_1.Table[10].DeltaDischarge = - 0.02
g_in.DischargeFunction_1.Table[11].DeltaDischarge = - 0.02
for i in range(4):
    g_in.DischargeFunction_1.Table.add()
for i in range(12,16):
    g_in.DischargeFunction_1.Table[i].Time = i
g_in.DischargeFunction_1.Table[12].DeltaDischarge = -0.01
g_in.DischargeFunction_1.Table[13].DeltaDischarge = -0.01
g_in.activate((g_in.Precipitation), phase1)
g_in.Precipitation.TimeDependency[g_in.Phase_1] = "Time dependent"
g_in.Precipitation.DischargeFunction[g_in.Phase_1] = g_in.DischargeFunction_1
# %%
g_in.set(g_in.Phases[0].ShouldCalculate, g_in.Phases[1].ShouldCalculate, True)
g_in.calculate()
g_in.save(r'%s/%s' % (folder, 'Tutorial_12'))
```

本案例到此结束！

案例13：水位骤降情况下土坝的稳定性［ULT］

本例分析水位不同下降方式对水坝稳定性的影响。水坝水位的快速下降，会对水坝内部土体产生超静孔隙水压力，进而导致水坝的不稳定。因此有必要利用有限元方法，分析地下水瞬态流动对水坝稳定性的影响。由于地下水流动土体内部产生超静孔隙水压力，孔隙水压力会转换到变形分析和稳定性分析中。本例展示了在PLAXIS 2D中如何交互执行变形分析、瞬态地下水流动和稳定性分析。

目 标

- 定义和时间相关的水力条件（流动函数）。
- 使用水位线定义瞬态流动条件。

几何模型

水坝高30m，底部宽172.5m，顶部宽5m。水坝由黏土核心层及两边级配良好的填土组成。水坝的几何尺寸如图14-1所示。水坝左侧正常水位时25m高，考虑水位下降20m的情况。水坝右侧正常水位是地表下10m。水坝和地基土层的材料见表13-1。

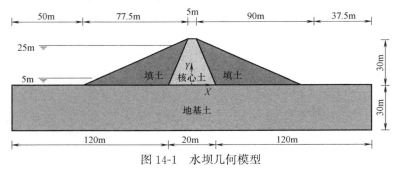

图14-1 水坝几何模型

14.1 开始新的项目

（1）打开PLAXIS 2D软件，在出现的"快速选择"对话框中选择一个"新的项目"。

(2) 在"项目属性"窗口的"项目"标签下,键入一个合适标题。
(3) 在模型标签下,模型(平面应变)和单元(15-Node)保持默认选项。
(4) 保持单位和一般设置框为默认值。
(5) 在"几何形状设定"框中设定土层模型尺寸"$x_{min}=-130$,$x_{max}=130$,$y_{min}=-30$,$y_{max}=30$",点击"确定",关闭项目属性窗口,完成设定。

对应代码如下:

```
s_in.new()   # # creat a new project
g_in.SoilContour.initializerectangular(- 130,- 30,130,30)
```

14.2 定义土层

(1) 进入"土体"模块。
(2) 利用钻孔生成地基土层,模型中考虑30m厚的超固结粉砂土作为模型的底层土层。
(3) 定义土层 在$x=0$处"创建"第一个"钻孔","修改土层"窗口将出现。
(4) 添加土层,设置土层的顶部为0和底部为-30。

对应代码如下:

```
g_in.borehole(0)
g_in.soillayer(0)
g_in.Soillayer_1.Zones[0].Bottom = - 30
```

14.3 创建和指定材料参数

(1) 单击 打开"材料设置"窗口。新建土体,根据表14-1定义"土体材料"属性。注意"界面"和"初始条件"标签不相关(不使用界面和"K_0过程")。将"地基土"材料赋值给钻孔土层。
(2) 关闭修改土层窗口,切换到结构模式定义结构单元。

土体材料属性 表14-1

参数类型	参数名称	符号	核心土参数值	填土参数值	地基土参数值	单位
常规	土体模型	—	摩尔-库仑	摩尔-库仑	摩尔-库仑	—
	排水类型	—	不排水(B)	排水	排水	—
	不饱和重度	γ_{unsat}	16	16	17	kN/m³
	饱和重度	γ_{sat}	18	20	21	kN/m³
力学	杨氏模量	E'_{ref}	1.5×10^3	20×10^3	50×10^3	kN/m²
	泊松比	ν'	0.35	0.33	0.3	—
	黏聚力	c'_{ref}	—	5	1	kN/m²
	不排水抗剪强度	$s_{u,ref}$	5	—	—	kN/m²

续表

参数类型	参数名称	符号	核心土参数值	填土参数值	地基土参数值	单位
力学	内摩擦角	φ'	—	31	35	°
	剪胀角	ψ	—	1	5	°
	杨氏模量增量	E'_{inc}	300	—	—	kN/m²/m
	参考水平	y_{ref}	30	—	—	m
	不排水抗剪强度增量	$s_{u,inc}$	3.0	—	—	kN/m³
地下水	分类类型	—	Hypres	Hypres	Hypres	—
	SWCC 拟合方法	—	Van Genuchten	Van Genuchten	Van Genuchten	—
	下层土/上层土	—	下层土	下层土	下层土	—
	土体类(Hypres)	—	超细	粗糙	粗糙	—
	使用默认值	—	否	否	否	—
	水平方向渗透系数	k_x	1×10^{-4}	1.00	0.01	m/day
	竖直方向渗透系数	k_y	1×10^{-4}	1.00	0.01	m/day

对应代码如下：

```
material1 = g_in.soilmat()
material1.setproperties("Identification", 'Core', "Colour", 15262369, "SoilModel",
2, "Gammasat", 18.0, "Gammaunsat", 16.00, "nu", 0.35, "Eref", 1.5e3, "Einc", 300, "verticalRef",
30.0, "cref", 5.0, "cinc", 3.0, "InterfaceStrengthDetermination", 0, "DrainageType", 2, "
GroundwaterClassificationType", 1, "SWCCFittingMethod", 0, "SubsoilTopsoil", 0, "
GroundwaterSoilClassStandard", 4, "GwUseDefaults", False, "PermHorizontalPrimary",
1.0e-4, "PermVertical", 1.0e-4)

material2 = g_in.soilmat()
material2.setproperties("Identification", 'Fill', "Colour", 10676870, "SoilModel", 2, "
Gammasat", 20.0, "Gammaunsat", 16.00, "nu", 0.33, "Eref", 20e3, "Einc", 300, "verticalRef", 30.0, "
cref", 5.0, "phi", 31, "psi", 1, "cinc", 3.0, "DrainageType", 0, "GroundwaterClassificationType",
1, "SWCCFittingMethod", 0, "SubsoilTopsoil", 0, "GroundwaterSoilClassStandard", 0, "
GwUseDefaults", False, "PermHorizontalPrimary", 1.0, "PermVertical", 1.0)

material3 = g_in.soilmat()
material3.setproperties("Identification", 'Subsoil', "Colour", 10283244, "SoilModel", 2, "
Gammasat", 21.0, "Gammaunsat", 17.00, "nu", 0.3, "Eref", 50e3, "cref", 1.0, "phi", 35, "psi",
5, "DrainageType", 0, "GroundwaterClassificationType", 1, "SWCCFittingMethod", 0, "
SubsoilTopsoil", 0, "GroundwaterSoilClassStandard", 0, "GwUseDefaults", False, "
PermHorizontalPrimary", 0.01, "PermVertical", 0.01)
g_in.setmaterial(g_in.Soillayer_1, material3)
```

14.4 定义结构单元

在"结构模块"中定义水坝：

(1) 单击 ![icon] "创建土体多边形",指定点(-80,0)、(92.5,0)、(2.5,30)、(-2.5,30)。

(2) 使用 ![icon] "切割多边形"命令,分割刚刚创建好的土体多边形。创建两条切割线(-2.5,30)到(-10,0)和(2.5,30)到(10,0)。

(3) 单击界面左侧"模型浏览器土体"选项展开,在 Soil_1 单击鼠标右键"菜单"→"设置材料",同上,对其他土层赋予土的材料属性。

对应代码如下:

```
g_in.gotostructures()
g_in.polygon((-80,0), (92.5,0), (2.5,30), (-2.5,30))
g_in.cutpoly((-10,0), (-2.5,30))
g_in.cutpoly((10,0), (2.5,30))
g_in.setmaterial(g_in.Soil_2, material1)
g_in.setmaterial(g_in.Soil_3, material2)
g_in.setmaterial(g_in.Soil_4, material2)
g_in.mergeequivalents(g_in.Geometry)
```

14.5 生成网格

切换标签进入"网格模块"

(1) 单击 ![icon] "划分网格"。网格选项"增强网格细化",使用"单元分布",下拉选项"细"。

(2) 单击 ![icon] "查看网格",生成的网格如图 14-2 所示。

单击"关闭"按钮,退出输出程序。

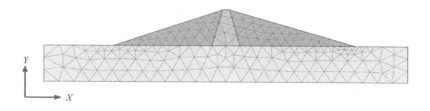

图 14-2 生成的网格

对应代码如下:

```
g_in.gotomesh()
g_in.mesh(0.04002)
```

14.6 定义阶段并计算

考虑下面的几种情况：
(1) 保持水位在 25m 的长期效应。
(2) 水位从 25m 到 5m 的快速下降情况。
(3) 水位从 25m 到 5m 的缓慢下降情况。
(4) 保持水位在 5m 的长期效应。

包括初始阶段，一共有 8 个计算阶段。初始阶段利用重力加载，计算水坝在正常工作条件下，水坝的孔隙水压力和初始应力。对于这种情况，使用稳态的地下水流动计算生成水压力分布。

初始阶段（水坝水位在 25m）后的第 1 和第 2 阶段水位都降低至 5m，但是下降的时间不同（例如水位不同的下降速度；快速下降和缓慢下降）。两种情况下使用瞬态地下水流动计算水压力分布。

第 3 计算阶段也从初始阶段开始，考虑水坝水位处于 5m 时的长期效应，使用稳态地下水流动计算水压力分布。最终，分析水坝的安全性时，所有的水压力由强度折减法计算。

> **提示**：不同计算阶段只是定义不同的水力条件。几何模型不做任何改变。水位线在"渗流模式"中定义。

14.6.1 初始阶段：水坝构造和高蓄水池

切换标签至"渗流条件"模式。程序默认在界面左侧"阶段浏览器"添加了初始阶段。

(1) 单击 "编辑初始阶段"。
(2) 在"阶段窗口"的"常规标签"命名阶段的 ID 为"High_reservoir"。
(3) 计算类型选择 "重力荷载"。
(4) 孔隙水压力计算类型选择 "稳态地下水渗流"。
(5) 不勾选"忽略吸力"选项。
(6) 阶段窗口如图 14-3 所示，单击"确定关闭阶段窗口"。

> **提示**：注意在这个案例中将做一个耦合的流动-变形分析，这种类型的分析总是考虑到非饱和区的吸力。因此，建议在耦合流动变形分析之前的计算阶段也考虑吸力（如本案例中的初始阶段），以避免在有吸力和无吸力的阶段之间变化时发生土体应力的不平衡。

14 案例13：水位骤降情况下土坝的稳定性 [ULT]

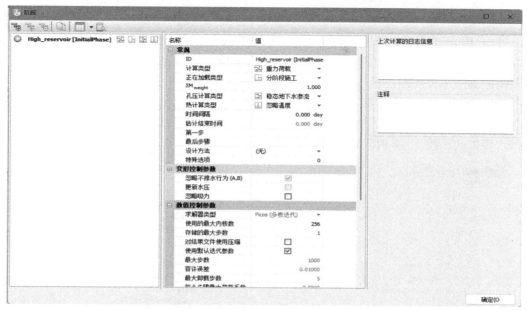

图 14-3 阶段窗口

提示：对于"重力荷载"计算类型，默认"忽略不排水（A）和（B）"。对应的选项在"阶段"窗口"变形控制参数"子目录下。

（7）单击 根据水坝水位下降情况创建对应水坝水位线。水位线由 4 个点组成；左边起点在地表上 25m（−132，25）；第 2 个点在水坝内部，位于（−10，25）；第 3 个点在坝踵附近（93，−10）；

（8）第 4 个点在右侧边界地表下 10m，位于（132，−10），定义好的水位线如图 14-4 所示。

（9）右键"创建好的水位线"并选择"全局化"选项。注意"全局水位线"也可以通过选择"模型浏览器"→"模型条件"→"水"子目录下的"全局水位"选项指定。

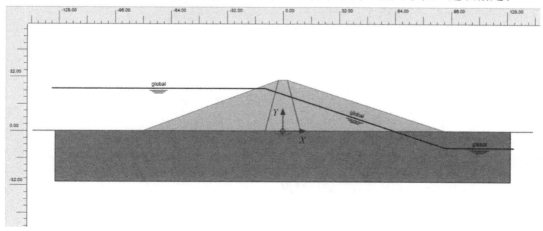

图 14-4 水坝水位处于高水位线

提示： 绘制几何线的时候通过按住<Shift>键可以绘制直线。

（10）展开"模型浏览器"中的"属性库"→"水位"→"用户水位"子目录，刚才在渗流模式中创建的水位线被编成组，放在"用户水位"内，命名为"UserWaterLevel_1"模型浏览器中水位线的位置，如图14-5所示。

（11）右键水位线重命名为"FullReservoir_Steady"，这个名称最好有实际的意义。

（12）在"模型浏览器"中展开"模型条件"→"地下水渗流"子目录。注意默认模型底部边界为"关闭"。本例取默认边界，如图14-6所示。

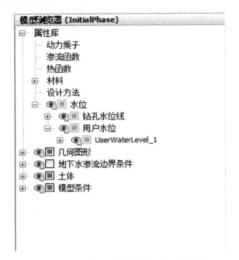 

图14-5　模型浏览器中的水位线　　　　图14-6　模型浏览器中地下水渗流的边界条件

对应代码如下：

```
g_in.gotostages()
phase0 = g_in.InitialPhase
g_in.activate((g_in.Soil_3_1), phase0)
g_in.activate((g_in.Soil_2_1), phase0)
g_in.activate((g_in.Soil_4_1), phase0)
phase0.DeformCalcType = "Gravity loading"
phase0.PorePresCalcType = "Steady state groundwater flow"
phase0.Deform.IgnoreSuction = False
g_in.gotoflow()
g_in.waterlevel((-132,25),(-10,25),(93,-10),(132,-10))
g_in.setglobalwaterlevel(g_in.UserWaterLevel_1, phase0)
```

14.6.2　第1阶段：水位快速下降

这个阶段考虑水坝水位快速下降的情况：

（1）单击 📄 "添加新的阶段"。

（2）在"阶段窗口"的"常规标签"命名阶段的ID为"Rapid_drawdown"。注意该阶段自动"选择 High_reservoir"阶段。

(3) 计算类型选择 "流固耦合分析"。

(4) "时间间隔"指定为 5d。

(5) 确保"变形控制参数"子目录下"重置为零"和"重置小应变"选项处于勾选状态。

(6) 单击"确定"按钮,"关闭"阶段窗口。

(7) 由于土层水压力根据全局水位生成,因此如果指定水位将影响所有阶段。这个阶段的水位线和前面的阶段有相同的几何模型,但是需要给水位指定和时间相关的函数。因此要创建一条新的水位线。在"模型浏览器"中,右键"FullReservoir_Steady"并选择"复制"选项,如图 14-7 所示复制一条水位线。

图 14-7 模型浏览器中复制水位线

(8) 重命名刚才创建的水位线为"FullReservoir_Rapid"。

(9) 水位线的变化情况可以利用"渗流函数"定义。注意渗流函数具有全局属性,它位于"模型浏览器"的"属性库"中。

(10) 定义流动函数,右键"渗流函数"选项并选择"编辑"选项,弹出"渗流函数"窗口。

(11) 在"水头函数"标签中单击 添加一个新的函数。

(12) 命名函数的名称为"Rapid"。

(13) 从"信号"下拉菜单中选择"线性"选项。

(14) 指定时间间隔为 5d。

(15) 指定"变化高度"ΔHead 为 −20m,代表水头下降高度,如图 14-8 所示。

(16) 单击"确定"关闭渗流函数窗口。

(17) 在"属性库"→"水位"→"用户水位"中鼠标右键单击"FullReservoir_Rapid",在菜单中选择用作"全局水位"选项。

(18) 单击"FullReservoir_Rapid"子目录。可以在选择浏览器里观察到水位线的 3 个组成部分"WaterSegment4"代表水坝左边,水坝的位置水位线。"WaterSegment5"代表倾斜下降的水位线。"WaterSegment6"代表水坝右边地基下面的水位线。

(19) 展开选择的水位线段并将"时间依赖性"选项选为"时间相关"。"水头函数"选为"Rapid",如图 14-9 所示。

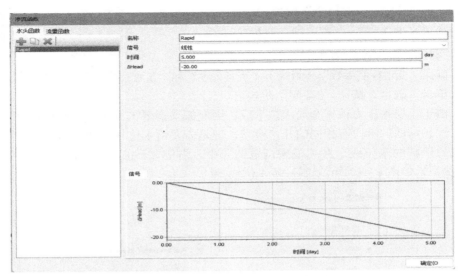

图 14-8 快速下降情况下的渗流函数

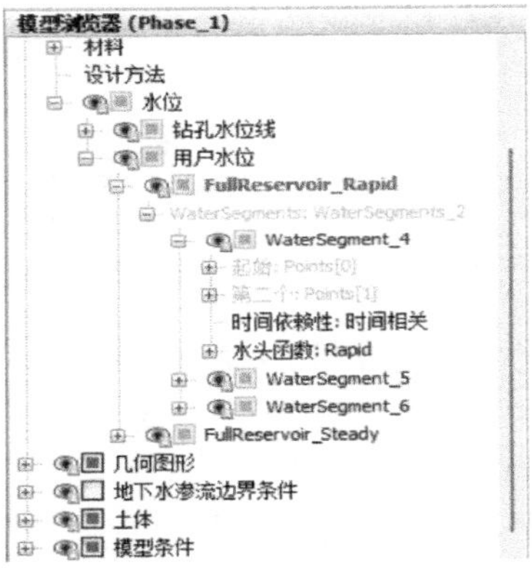

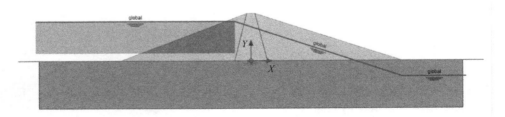

图 14-9 水位线属性

定义好的阶段如图 14-10 所示,注意图中阴影代表在本阶段水位线的变化情况。

图 14-10 水位快速下降阶段

对应代码如下:

```
phase1 = g_in.phase(phase0)
phase1.Identification = 'Rapid drawdown'
```

```
g_in.Model.CurrentPhase = phase1
phase1.DeformCalcType = "Fully coupled flow-deformation"
phase1.TimeInterval = 5
phase1.Deform.ResetDisplacementsToZero = True
g_in.duplicate(g_in.UserWaterLevel_1)
g_in.headfunction()
g_in.HeadFunction_1.Signal = "Linear"
g_in.HeadFunction_1.Time = 5
g_in.HeadFunction_1.DeltaHead = -20
g_in.setglobalwaterlevel(g_in.UserWaterLevel_2, phase1)
g_in.WaterSegment_4.TimeDependency = "Time dependent"
g_in.WaterSegment_4.HeadFunction = g_in.HeadFunction_1
```

14.6.3 第2阶段：水位缓慢下降

本阶段水坝水位下降速度较慢。

（1）在"阶段浏览器"中"添加新的阶段"，弹出"阶段"窗口。

（2）在"常规"子目录下命名ID为"Slow_drawdown"。

（3）选择"High reservoir"阶段

（4）计算类型选择"流固耦合"分析。

（5）"时间间隔"指定为50d。

（6）确保"变形控制参数"子目录中的"重置位移为零"和"重置小应变"选项处于勾选状态。不勾选"忽略吸力"选项。

（7）单击"确定"按钮"关闭"阶段窗口。

（8）复制一条新的高水位线。新建的水位线将作为"Slow drawdown"阶段的"全局水位"。虽然这个阶段的水位和先前定义的有相同的几何条件，但是流动函数是不同的。

（9）将新创建的水位线重命名为"FullReservoir_Slow"。

（10）同样的，在渗流函数中再添加一个水头函数，为缓慢下降函数命名为"Slow"。

（11）从"信号"下拉菜单选择"线性"选项。

（12）指定时间间隔为50d。

（13）指定"变化高度"ΔHead为-20m，代表水头下降高度，如图14-11所示。

（14）在"模型浏览器"右键单击"FullReservoir_Slow"，在菜单中选择作为"全局水位"。

（15）单击"FullReservoir_Rapid"子目录，在"选择浏览器"里展开"WaterSegment_7"，即代表水坝左边，水坝的位置水位线。

（16）展开选择的水位线段并将"时间依赖性"选项选为"时间相关"，水头函数选为"Slow"。

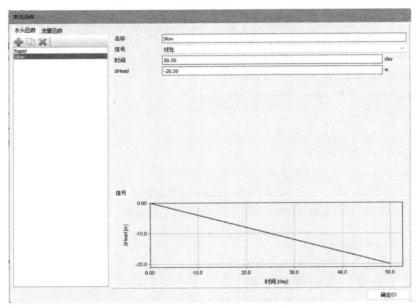

图 14-11　缓慢下降情况下的渗流函数

对应代码如下：

```
g_in.Model.CurrentPhase = phase0
phase2 = g_in.phase(phase0)
phase2.Identification = 'Slow drawdown'
g_in.Model.CurrentPhase = phase2
phase2.DeformCalcType = "Fully coupled flow-deformation"
phase2.TimeInterval = 50
g_in.duplicate(g_in.UserWaterLevel_1)
g_in.setglobalwaterlevel(g_in.UserWaterLevel_3, phase2)
g_in.WaterSegment_7.TimeDependency = "Time dependent"
g_in.headfunction()
g_in.WaterSegment_7.HeadFunction = g_in.HeadFunction_2
g_in.HeadFunction_2.Signal = "Linear"
g_in.HeadFunction_2.Time = 50
g_in.HeadFunction_2.DeltaHead = -20
```

14.6.4　第 3 阶段：低蓄水池

本阶段考虑水坝水位处于长期低水位稳定的情况。

（1）在阶段浏览器中"添加新的阶段"，弹出"阶段"窗口。

（2）在"常规"子目录命名 ID 为"Low_level"。

（3）选择"High reservoir"阶段作为起始阶段。

（4）计算类型选择 "塑性计算"。

(5) 孔隙水压力计算类型选择 ![icon] "稳态地下水渗流"选项。

(6) 确保"变形控制参数"子目录中的"忽略不排水（A，B）"，"重置位移为零"和"重置小应变"选项处于勾选状态。不勾选"忽略吸力"选项。

(7) 单击"OK"按钮"关闭"阶段窗口。

(8) 根据水坝水位下降情况定义对应水坝水位线。水位线由 4 个点组成；左边起点在地表上 5m（−132，5）；第 2 个点在水坝内部，位于（−60，5）；第 3 个点在坝踵附近（93，−10）；第 4 个点在右侧边界地表 10m，位于（132，−10）。命名水位线为"Lowlever_Steady"。

(9) 通过选择"模型浏览器水"子目录下的全局水位线选项指定（Lowlevel_Steady）为"全局水位"。前面定义好的所有水位线如图 14-12 所示。

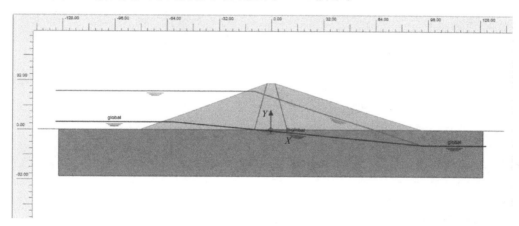

图 14-12 渗流模式下低水位模型

对应代码如下：

```
g_in.Model.CurrentPhase = phase0
phase3 = g_in.phase(phase0)
phase3.Identification = 'Low level'
g_in.Model.CurrentPhase = phase3
phase3.Deform.IgnoreUndrainedBehaviour = True
g_in.waterlevel ((-132,5),(-60,5),(93,-10),(132,-10))
g_in.setglobalwaterlevel(g_in.UserWaterLevel_4, phase3)
```

14.6.5 第 4～7 阶段安全性分析

通过第 4～7 阶段来判断前几个阶段的安全性。

(1)"添加新阶段"第 4～7 阶段，新阶段 ID 的命名规则如图 14-13 所示。

(2) 起始阶段选择各自的"父阶段"，如 ID 为"High_Reservoir_safety"的阶段选择"High_Reservoir"作为起始阶段。

(3)"计算类型"选择 ![icon] "安全"作为分析。

(4)"变形控制"子目录中选择将位移重置为零,勾选忽略吸力选项。

> 提示:在安全阶段将吸力考虑在内会得到更高的安全系数,因此在安全阶段忽略吸力是比较保守的。在 PLAXIS 2D 的安全分析中,在确定安全系数之前,首先要解决从有吸力到无吸力引起的任何不平衡。因此,ΣM_{sf} 在计算的第一部分可以减少。

(5)阶段浏览器最终视图如图 14-13 所示。

图 14-13 阶段浏览器最终视图

对应代码如下:

```
g_in.Model.CurrentPhase = phase0
phase4 = g_in.phase(phase0)
phase4.Identification = 'FoS-initial'
phase4.DeformCalcType = "Safety"
phase4.Deform.IgnoreSuction = True
phase5 = g_in.phase(phase1)
phase5.Identification = 'FoS-Rapid'
phase5.DeformCalcType = "Safety"
phase5.Deform.IgnoreSuction = True
phase5.Deform.ResetDisplacementsToZero = True
phase6 = g_in.phase(phase2)
phase6.Identification = 'FoS-Slow'
phase6.DeformCalcType = "Safety"
phase6.Deform.IgnoreSuction = True
phase6.Deform.ResetDisplacementsToZero = True
phase7 = g_in.phase(phase3)
phase7.Identification = 'FoS-Low level'
phase7.DeformCalcType = "Safety"
phase7.Deform.IgnoreSuction = True
phase7.Deform.ResetDisplacementsToZero = True
```

14.6.6 执行计算

进入分阶段施工模块。

(1)单击 ■ "激活",在初始阶段及第 1、2、3 阶段单击水坝区域激活水坝实体。

(2)单击 ✓ 为曲线生成点,选择坡肩(−2.5,30)和坡脚(−80,0),单击左上角"更新"按钮完成选择。

(3)单击 ▣ 计算该项目,忽略显示的反馈,计算完成后保存项目。

对应代码如下：

```
g_in.gotostages()
output_port = g_in.selectmeshpoints()
s_out,g_out = new_server('localhost', output_port, password = s_in.connection._password)
g_out.addcurvepoint('node', g_out.Soil_2_1, (-2.5,30))
g_out.addcurvepoint('node', g_out.Soil_1_1, (-80,0))
g_out.update()
g_in.set(g_in.Phases[0].ShouldCalculate, g_in.Phases[1].ShouldCalculate, g_in.Phases[2].ShouldCalculate, g_in.Phases[3].ShouldCalculate, g_in.Phases[4].ShouldCalculate,g_in.Phases[5].ShouldCalculate,g_in.Phases[6].ShouldCalculate, True)
g_in.calculate()
g_in.save(r'%s/%s' % (folder, 'Tutorial_13'))
```

14.7 结果

（1）单击 查看计算结果。

4个阶段计算的地下水流动生成孔隙水压力的分布结果见图14-14～图14-17。

（2）高水坝水位稳态渗流情况下孔隙水压力分布见图14-14。

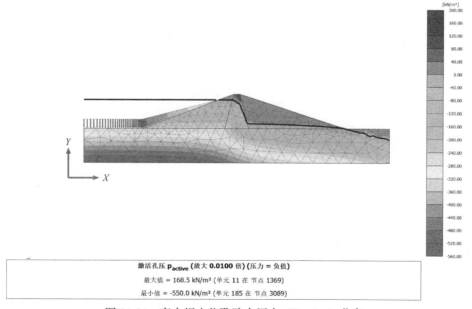

图14-14 高水坝水位孔隙水压力（Pactive）分布

（3）水坝水位快速下降情况下孔隙水压力分布见图14-15。

（4）水坝水位缓慢下降情况下孔隙水压力分布见图14-16。

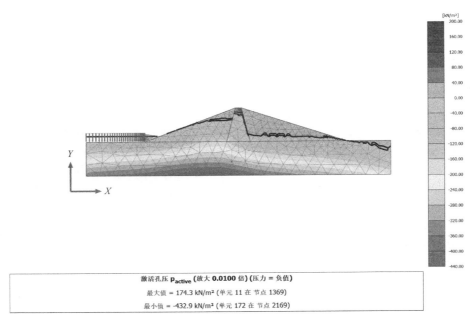

图 14-15　水位快速下降孔隙水压力（Pactive）分布

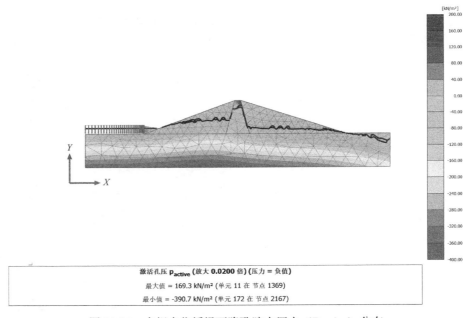

图 14-16　水坝水位缓慢下降孔隙水压力（Pactive）分布

（5）低水坝水位稳态渗流情况下孔隙水压力分布如图 14-17 所示。

提示：随着核心网格的高度细化，潜水位可以更平滑。

对于变形分析，孔隙水压力的改变会对水坝的变形产生额外变形。查看前 4 个阶段的计算结果可以看到水坝的变形和有效应力分布情况。这里主要关心不同情况下水坝安全系

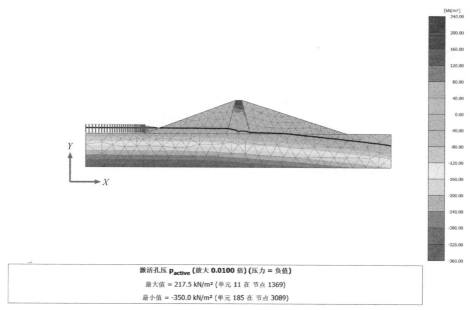

图 14-17　低水坝水位孔隙水压力（Pactive）分布

数的变化。因此，第 4~7 阶段的 $\sum M_{sf}$ 的发展是以坝顶点（-2.5，30.0）位移的函数来绘制，如图 14-18 所示。

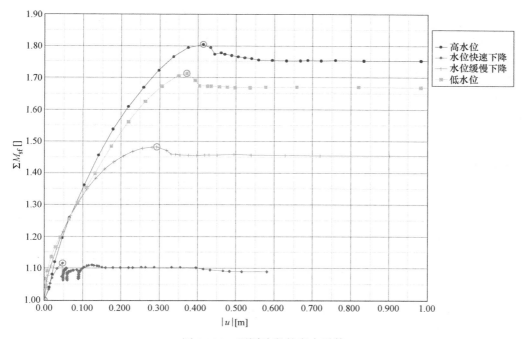

图 14-18　不同阶段的安全系数

水坝水位的快速下降会导致水坝安全性迅速减小。使用 PLAXIS2D AE 进行流固耦合分析和稳定性分析可以有效地分析这种情况。

提示:(1) 在强度折减法中,安全系数被认为是强度折减系数 $\sum M_{sf}$ 的值,在这个值上会发生渐进性失效。因此,安全分析应该以足够的步骤进行,以确保失效真的发生。这可以从位移与 $\sum M_{sf}$ 的关系图中检查出来,曲线变平了,强度不能再降低,而位移迅速增加。

(2) 通过在安全分析中忽略吸力,在计算的开始阶段引入了一个失衡力。没有吸力的贡献, $\sum M_{sf}$ 在计算的第一部分就会下降。

14.8 案例 13 完整代码

```
import math
from plxscripting.easy import *
s_in, g_in = new_server('localhost', 10000, password= 'Yourpassword')
folder  = r'D:\PLAXIS\PLAXIS 2D temp\Test'
filename =  r'Tutorial_13'
s_in.new()
g_in.SoilContour.initializerectangular(-130,-30,130,30)
g_in.borehole(0)
g_in.soillayer(0)
g_in.Soillayer_1.Zones[0].Bottom = -30
material1 = g_in.soilmat()
material1.setproperties("Identification",'Core'," Colour",15262369,"SoilModel",2,"Gammasat",18.0,"Gammaunsat",16.00,"nu",0.35,"Eref",1.5e3,"Einc",300,"verticalRef",30.0,"cref",5.0,"cinc",3.0,"InterfaceStrengthDetermination",0,"DrainageType",2,"GroundwaterClassificationType",1,"SWCCFittingMethod",0,"SubsoilTopsoil",0,"GroundwaterSoilClassStandard",4,"GwUseDefaults",False,"PermHorizontalPrimary",1.0e-4,"PermVertical",1.0e-4)
material2 = g_in.soilmat()
material2.setproperties("Identification",'Fill'," Colour",10676870,"SoilModel",2,"Gammasat",20.0,"Gammaunsat",16.00,"nu",0.33,"Eref",20e3,"Einc",300,"verticalRef",30.0,"cref",5.0,"phi",31,"psi",1,"cinc",3.0,"DrainageType",0,"GroundwaterClassificationType",1,"SWCCFittingMethod",0,"SubsoilTopsoil",0,"GroundwaterSoilClassStandard",0,"GwUseDefaults",False,"PermHorizontalPrimary",1.0,"PermVertical",1.0)
material3 = g_in.soilmat()
material3.setproperties("Identification",'Subsoil',"Colour",10283244,"SoilModel",2,"Gammasat",21.0,"Gammaunsat",17.00,"nu",0.3,"Eref",50e3,"cref",1.0,"phi",35,"psi",5,"DrainageType",0,"GroundwaterClassificationType",1,"SWCCFittingMethod",0,"SubsoilTopsoil",0,"GroundwaterSoilClassStandard",0,"GwUseDefaults",False,"PermHorizontalPrimary",0.01,"PermVertical",0.01)
g_in.setmaterial(g_in.Soillayer_1,material3)
g_in.gotostructures()
g_in.polygon((-80,0),(92.5,0),(2.5,30),(-2.5,30))
g_in.cutpoly((-10,0),(-2.5,30))
```

```
g_in.cutpoly( (10,0), (2.5,30))
g_in.setmaterial(g_in.Soil_2, material1)
g_in.setmaterial(g_in.Soil_3, material2)
g_in.setmaterial(g_in.Soil_4, material2)
g_in.mergeequivalents(g_in.Geometry)
g_in.gotomesh()
g_in.mesh(0.04002)
g_in.gotostages()
phase0 = g_in.InitialPhase
g_in.activate((g_in.Soil_3_1), phase0)
g_in.activate((g_in.Soil_2_1), phase0)
g_in.activate((g_in.Soil_4_1), phase0)
phase0.DeformCalcType = "Gravity loading"
phase0.PorePresCalcType = "Steady state groundwater flow"
phase0.Deform.IgnoreSuction = False
g_in.gotoflow()
g_in.waterlevel((-132,25),(-10,25),(93,-10),(132,-10))
g_in.setglobalwaterlevel(g_in.UserWaterLevel_1, phase0)
phase1 = g_in.phase(phase0)
phase1.Identification = 'Rapid drawdown'
g_in.Model.CurrentPhase = phase1
phase1.DeformCalcType = "Fully coupled flow-deformation"
phase1.TimeInterval = 5
phase1.Deform.ResetDisplacementsToZero = True
g_in.duplicate(g_in.UserWaterLevel_1)
g_in.headfunction()
g_in.HeadFunction_1.Signal = "Linear"
g_in.HeadFunction_1.Time = 5
g_in.HeadFunction_1.DeltaHead = -20
g_in.setglobalwaterlevel(g_in.UserWaterLevel_2, phase1)
g_in.WaterSegment_4.TimeDependency = "Time dependent"
g_in.WaterSegment_4.HeadFunction = g_in.HeadFunction_1
g_in.Model.CurrentPhase = phase0
phase2 = g_in.phase(phase0)
phase2.Identification = 'Slow drawdown'
g_in.Model.CurrentPhase = phase2
phase2.DeformCalcType = "Fully coupled flow-deformation"
phase2.TimeInterval = 50
g_in.duplicate(g_in.UserWaterLevel_1)
g_in.setglobalwaterlevel(g_in.UserWaterLevel_3, phase2)
g_in.WaterSegment_7.TimeDependency = "Time dependent"
g_in.headfunction()
g_in.WaterSegment_7.HeadFunction = g_in.HeadFunction_2
```

```
g_in.HeadFunction_2.Signal = "Linear"
g_in.HeadFunction_2.Time = 50
g_in.HeadFunction_2.DeltaHead = -20
g_in.Model.CurrentPhase = phase0
phase3 = g_in.phase(phase0)
phase3.Identification = 'Low level'
g_in.Model.CurrentPhase = phase3
phase3.Deform.IgnoreUndrainedBehaviour = True
g_in.waterlevel((-132,5),(-60,5),(93,-10),(132,-10))
g_in.setglobalwaterlevel(g_in.UserWaterLevel_4, phase3)
g_in.Model.CurrentPhase = phase0
phase4 = g_in.phase(phase0)
phase4.Identification = 'FoS-initial'
phase4.DeformCalcType = "Safety"
phase4.Deform.IgnoreSuction = True
phase5 = g_in.phase(phase1)
phase5.Identification = 'FoS-Rapid'
phase5.DeformCalcType = "Safety"
phase5.Deform.IgnoreSuction = True
phase5.Deform.ResetDisplacementsToZero = True
phase6 = g_in.phase(phase2)
phase6.Identification = 'FoS-Slow'
phase6.DeformCalcType = "Safety"
phase6.Deform.IgnoreSuction = True
phase6.Deform.ResetDisplacementsToZero = True
phase7 = g_in.phase(phase3)
phase7.Identification = 'FoS-Low level'
phase7.DeformCalcType = "Safety"
phase7.Deform.IgnoreSuction = True
phase7.Deform.ResetDisplacementsToZero = True
g_in.gotostages()
output_port = g_in.selectmeshpoints()
s_out, g_out = new_server('localhost', output_port, password= s_in.connection._password)
g_out.addcurvepoint('node', g_out.Soil_2_1, (-2.5,30))
g_out.addcurvepoint('node', g_out.Soil_1_1, (-80,0))
g_out.update()
g_in.set(g_in.Phases[0].ShouldCalculate, g_in.Phases[1].ShouldCalculate, g_in.Phases[2].ShouldCalculate, g_in.Phases[3].ShouldCalculate, g_in.Phases[4].ShouldCalculate, g_in.Phases[5].ShouldCalculate, g_in.Phases[6].ShouldCalculate, True)
g_in.calculate()
g_in.save(r'%s/%s' % (folder, 'Tutorial_13'))
```

本案例到此结束!

案例14：发电机振动条件下弹性基础的动力学响应分析 [ULT]

使用PLAXIS 2D可以模拟土体与结构之间的动力学响应关系。本案例研究了振源对周围土体的动力影响。发电机产生的振动通过基础传递给周围土层。

通过瑞利阻尼来考虑黏滞作用引起的物理阻尼。此外，由于轴对称性，"几何阻尼"对减弱振动的作用明显。

边界条件是建模的关键点之一。为了避免模型边界处产生的伪波反射（实际情况中不存在），需要施加特殊的边界条件吸收到达边界的振动波。

目标

定义动力分析
- 定义动荷载
- 定义动态边界条件（黏性）
- 用瑞利阻尼定义材料阻尼

几何模型

如图15-1所示，振源是建立在厚0.2m、直径1m的混凝土基础上的发电机。

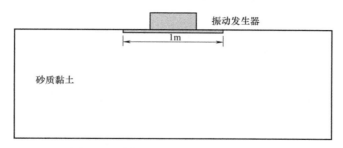

图15-1 弹性地基上的发电机几何模型

15.1 开始新项目

要创建新项目，请执行以下步骤：

(1) 启动 PLAXIS 2D Input 软件，在出现的"快速启动"对话框中选择"开始新项目"。

(2) 在"项目属性"窗口的"项目"选项卡中，输入一个合适的标题。

(3) 由于是三维问题，使用轴对称模型。在"模型"选项卡中，选择"轴对称"选项和"单元（15-Node）"，其他保持默认选项。

(4) 保留单位和常数的默认值，并将模型边界设置为"$x_{min}=0$m、$x_{max}=20$m、$y_{min}=-10$m 和 $y_{max}=0$m"。

(5) 点击"确定"，完成工程属性设定。

> **提示**：模型边界距离关注区域应该足够远，以避免可能产生的反射波的干扰。尽管我们采取了特殊的措施（吸收波边界）来避免伪波反射，但仍会存在较小的影响，因此将边界设置足够远是一个好的习惯。在动力学分析中，模型边界通常比静态分析中的边界更远。

对应代码如下：

```
s_in.new()    # # creat a new project
g_in.SoilContour.initializerectangular(0,-10,20,0)
```

15.2 定义土层

地基土层深度为 10m。地下水位设置为"$y=0$"。本示例中未考虑地下水的情况。定义土层：

(1) 单击"创建钻孔" 在"$x=0$"处创建一个钻孔。

(2) 在修改土层窗口中添加土层 1，并设置土层顶部"$y=0$m"和土层底部"$y=-10$m"。

(3) 设置水头高度为"$y=0$m"，即土体完全饱和。

对应代码如下：

```
g_in.setproperties("ModelType", "Axisymmetry")
g_in.borehole(0)
g_in.soillayer(0)
g_in.Soillayer_1.Zones[0].Bottom = -10
```

15.3 创建和指定材料参数

土层为砂质黏土，假定砂质黏土是弹性的。点击 ，进入"材料集"窗口，根据表 15-1 中的材料属性参数，创建材料并设置材料参数。给定的土体的弹性模型的值相对较高,这是因为动态分析时,土体的刚度要比静态的大,动力荷载施加得非常快且土体产生的应变非常小。

土体材料参数　　　　　　　　　　　　　　　　　　　　　　　　表 15-1

参数类型	参数名称	符号	壤土层参数值	单位
常规	土体模型	—	线弹性	—
	排水类型	—	排水	—
	不饱和重度	γ_{unsat}	20	kN/m^3
	饱和重度	γ_{sat}	20	kN/m^3
力学	杨氏模量	E'	50×10^3	kN/m^2
	泊松比	ν'	0.3	—
初始	K_0 确定	—	自动	—
	侧向土压力系数	$K_{0,x}$	0.50	—

提示:当使用摩尔-库仑或线弹性模型时,V_p 和 V_s 根据弹性参数和土的重度计算。V_p 和 V_s 也可以输入;接着弹性参数自动计算。

对应代码如下:

```
material1 = g_in.soilmat()
material1.setproperties("Identification","soil","Colour",15262369,"SoilModel",
1,"Gammasat",20.0,"Gammaunsat",20.0,"DrainageType",0,"Eref",50e3,"nu",0.3,)
g_in.Soil_1.Material = material1
```

15.4　定义结构单元

在"结构模式"中定义发电机。

基础材料参数　　　　　　　　　　　　　　　　　　　　　　　　表 15-2

参数类型	参数名称	符号	参数值	单位
常规	材料模型	—	弹性	—
	单位重度	w	5	$kN/m/m$
力学	轴向刚度	EA_1	7.6×10^6	kN/m
	弯曲刚度	EI	24×10^3	kNm^2/m
	泊松比	ν	0.15	—
	各向同性	—	是	—

(1) 点击 ,指定点 (0,0) 至 (0.5,0) 创建板,代表基础。

(2) 点击 ,进入"材料集"窗口,根据表 15-2 中的材料属性参数,创建材料并设置材料参数。假定基础为弹性材料,重度为 $5kN/m^2$。

(3) 在基础上施加分布荷载模拟发电机的重量以及由它产生的振动。荷载的真实值后面再定义。施加荷载后的模型如图 15-2 所示。

图 15-2　模型

对应代码如下：

```
platematerial = g_in.platemat()
platematerial.setproperties("Identification","Foot","Colour",16711680,"MaterialType",1,"Isotropic",True,"EA1",7.6e6,"EI",24e3,"StructNu","w",5,"PreventPunching",False)
platematerial.setproperties('Isotropic', True)
g_in.gotostructures()
g_in.plate( (0, 0), (0.5, 0))
g_in.Line_1.Plate.Material = platematerial
g_in.lineload(g_in.Line_1)
g_in.mergeequivalents(g_in.Geometry)
```

15.5　生成网格

（1）切换"标签"至网格模式

（2）点击 生成网格。使用"网格选项"窗口"单元分布"中默认的选项"中等"。

（3）点击 查看网格，生成的网格如图 15-3 所示。网格会在基础下自动细化。

（4）点击"关闭"按钮，退出输出程序。

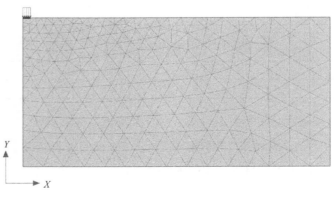

图 15-3　生成的网格

对应代码如下：

```
g_in.gotomesh()
g_in.mesh(0.06)
```

15.6 定义阶段并计算

计算包括 4 个阶段，在"分阶段施工"模式中定义。

15.6.1 初始阶段

（1）点击"分阶段施工"选项卡以定义计算阶段。
（2）程序默认在"阶段浏览器"添加了初始阶段。本例将使用初始阶段的默认设置。
对应代码如下：

```
g_in.gotostages()
phase0 = g_in.InitialPhase
```

15.6.2 第 1 阶段：设置基础

（1）点击 ![icon] 添加新的阶段，此计算阶段使用添加阶段的默认设置。
（2）激活基础。
（3）激活分布荷载的静力部分。在"选择浏览器"中修改 $q_{y,start,ref}$ 值设置为"—8kN/m/m"。不激活动力荷载部分如图 15-4 所示。

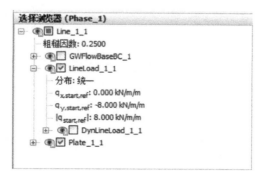

图 15-4　选择浏览器指定静力部分荷载

对应代码如下：

```
phase1 = g_in.phase(phase0)
g_in.Model.CurrentPhase = phase1
phase1.Identification = "Footing"
g_in.activate(g_in.Plates, phase1)
g_in.activate(g_in.LineLoads, phase1)
g_in.LineLoad_1_1.qy_start[phase1] = -8
```

15.6.3 第 2 阶段：开启发电机

这个阶段，施加垂直方向简谐波，振动简谐波模拟频率为 10Hz，振幅 $10kN/m^2$，以模拟发电机传递的振动。总的时间间隔为 0.5s，5 个循环。

(1) 点击 ![] 添加新的阶段。

(2) 在"阶段"窗口的"常规"子目录中，选择"动力" ![] 选项作为"计算类型"。

(3) 设置"动力时间间隔"为 0.5s。

(4) 在"阶段"窗口"变形控制参数"子目录，选择"重置位移为零"，其他参数默认。

(5) 在"模型浏览器"中，展开"属性库"子目录。

(6) 右键"动力乘子"子目录并在出现的菜单中选择"编辑"。将弹出"乘子"窗口。

(7) 点击"荷载乘子"标签。

(8) 点击 ![] 为荷载添加一个乘子。

(9) 定义"信号"为"简谐波"，"振幅"为 10，"阶段"为 0°，"频率"为 10Hz，如图 15-5 所示。

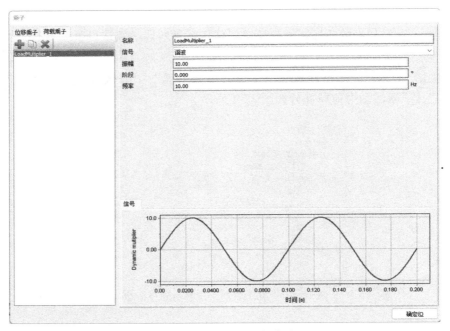

图 15-5　定义简谐波乘子

(10) 在"选择浏览器"中，激活动力荷载部分（DynLineLoad_1）。

(11) 指定荷载（q_x, q_y）=（0，−1）。点击"乘子_y"，在下拉菜单中选择"LoadMultiplier_1"，如图 15-6 所示。

提示： 动力乘子既可以在激活模式也可以在计算模式中指定。

(12) 实际上土是半无限介质，因此需要定义特殊的边界条件。如果没有这些特殊的边界条件，振动波将在模型边界上发生反射，造成扰动。为了避免这种不真实的反射，要在 $x_{\max}$，$y_{\min}$ 处指定黏性边界。在"模型浏览器"中的"模型条件"下的"动力"子目录中指定动力边界条件，如图 15-7 所示。

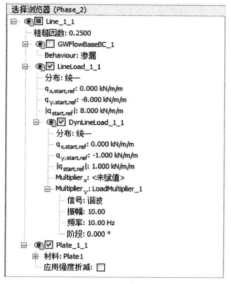

图 15-6　选择浏览器指定动力荷载部分

图 15-7　模型浏览器指定动力边界条件

对应代码如下：

```
phase2 = g_in.phase(phase1)
g_in.Model.CurrentPhase = phase2
phase2.Identification = "Start generator"
phase2.DeformCalcType = "Dynamic"
phase2.Deform.TimeIntervalSeconds = 0.5
phase2.Deform.ResetDisplacementsToZero = True
g_in.loadmultiplier()
g_in.LoadMultiplier_1.Amplitude = 10
g_in.LoadMultiplier_1.Frequency = 10
g_in.activate((g_in.DynLineLoad_1_1),phase2)
g_in.DynLineLoad_1_1.Multipliery[phase2] = g_in.LoadMultiplier_1
g_in.DynLineLoad_1_1.qy_start[phase2] = -1
g_in.Dynamics.BoundaryXMin[phase2] = "None"
g_in.Dynamics.BoundaryYMin[phase2] = "Viscous"
```

15.6.4　第 3 阶段：停止发电机

（1）点击 添加新的阶段。

（2）在"阶段"窗口的"常规"子目录中，选择"动力" 选项作为"计算类型"。

（3）设置"动力时间间隔"为 0.5s。

(4) 在"分阶段施工"模式中冻结面荷载的动力荷载。但是静力荷载仍然处于激活状态。这个阶段的动力边界条件和前一阶段相同。

对应代码如下:

```
phase3 = g_in.phase(phase2)
g_in.Model.CurrentPhase = phase3
phase3.Identification = "Stop generator"
phase3.DeformCalcType = "Dynamic"
phase3.Deform.TimeIntervalSeconds = 0.5
g_in.activate( g_in.LineLoad_1_1), phase3)
g_in.deactivate( g_in.DynLineLoad_1_1), phase3)
```

15.6.5 执行计算

(1) 点击 ▽ 选择为曲线生成的"地面点"(1.4,0),(1.9,0) 和 (3.6,0)。

(2) 点击 ∫ᵈᵛ 计算该项目。

(3) 计算完成后点击 💾 保存项目。

对应代码如下:

```
output_port = g_in.selectmeshpoints()
s_out,g_out= new_server('localhost',output_port,password= s_in.connection._password)
g_out.addcurvepoint('node', g_out.Soil_1_1, (1.4,0))
g_out.addcurvepoint('node', g_out.Soil_1_1, (1.9,0))
g_out.addcurvepoint('node', g_out.Soil_1_1, (3.6,0))
g_out.update()
g_in.set(g_in.Phases[0].ShouldCalculate, g_in.Phases[1].ShouldCalculate,
g_in.Phases[2].ShouldCalculate, g_in.Phases[3].ShouldCalculate,True)
g_in.calculate()
g_in.save(r'% s/% s' % (folder, 'Tutorial_14A'))
```

15.6.6 考虑阻尼计算

在第 2 次计算中,通过瑞利阻尼的形式引入材料阻尼。瑞利阻尼可以在材料组中进行输入。步骤如下:

(1) 用另一名字保存项目。

(2) 打开"土体材料集"窗口。

(3) 在常规页面中点击瑞利阻尼参数框。将输入法设置为 SDOF equivalent。

(4) 为了引入 5% 的材料阻尼,将两个目标的 ξ 参数值设置为 5%,分别为 ξ_1 和 ξ_2,并将 f_1 和 f_2 的频率值分别设置为 1 和 10。

(5) α 和 β 的值由程序自动计算,如图 15-8 所示。

(6) 点击"确定",关闭数据组。

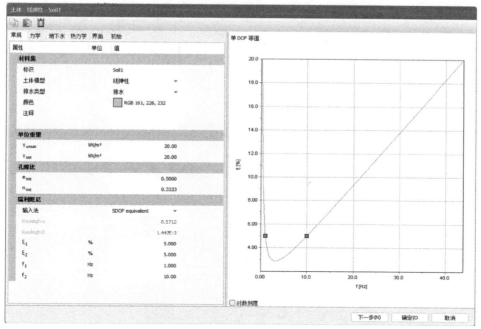

图 15-8 瑞利阻尼的输入

(7) 查看各计算阶段是否正确定义(根据前面给出的信息),然后开始计算。仅需改变土体材料参数即可。

对应代码如下:

```
material1 = g_in.soilmat()
material1.setproperties("Identification","soil","Colour",15262369,"SoilModel",
1,"Gammasat",20.0,"Gammaunsat",20.0,"DrainageType",0,"Eref",50e3,"nu",0.3,
"TargetDamping1",5,"TargetDamping2",5,"TargetFrequency1",1,"TargetFrequency2",10)
g_in.Soil_1.Material = material1
```

15.7 结果

曲线管理器工具对动力分析特别有用。可以很容易地显示实际荷载-时间(输入值)的关系,以及选定点的位移、速度和加速度随时间的关系。乘子随时间变化曲线可以通过设定 x 轴为动力时间,y 轴为垂直位移 U_y 来绘制。图 15-9 显示了结构表面选取点的响应。可以看出即使没有阻尼,振动波也将由于几何阻尼而发生衰减。

考虑阻尼的如图 15-10 所示。

对比图 15-9(无阻尼)和图 15-10(有阻尼),图 15-10 存在明显的阻尼现象。可以看出力被撤销之后($t=0.5s$)一段时间,振动波完全衰减掉。同时,位移振幅也变得很小。

通过在"变形"菜单中选择适当的选项,可以在"输出"程序中显示特定时间的位移、速度和加速度。图 15-11 显示了第 2 阶段结束时($t=0.5s$)土体内的总加速度。

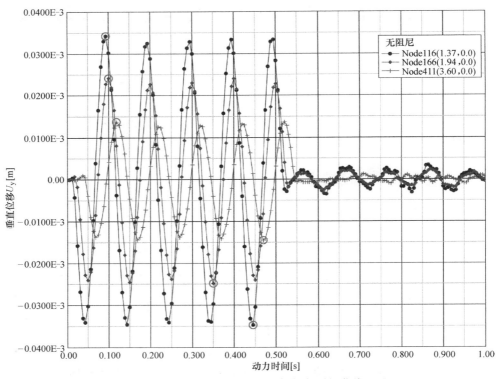

图 15-9　至振源不同距离处地表的垂直位移-时间曲线（无阻尼）

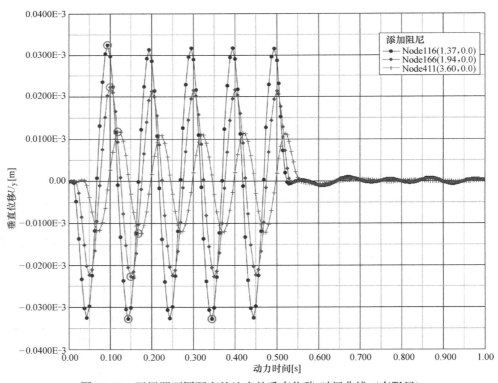

图 15-10　至振源不同距离处地表的垂直位移-时间曲线（有阻尼）

15 案例14：发电机振动条件下弹性基础的动力学响应分析［ULT］

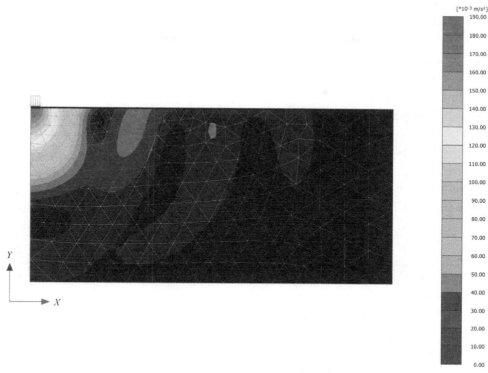

图 15-11　第 2 阶段结束时土体中的总加速度（有阻尼）

15.8　案例 14 完整代码

15.8.1　案例 14-A 无阻尼完整代码

```
import math
from plxscripting.easy import *
s_in, g_in = new_server('localhost', 10000, password= 'Yourpassword')
folder  =  r'D:\PLAXIS\PLAXIS 2D temp\Test'
filename =  r'Tutorial_14A'
s_in.new()
g_in.SoilContour.initializerectangular(0,-10,20,0)
g_in.setproperties("ModelType", "Axisymmetry")
g_in.borehole(0)
g_in.soillayer(0)
g_in.Soillayer_1.Zones[0].Bottom = -10
material1 = g_in.soilmat()
material1.setproperties("Identification","soil","Colour",15262369,"SoilModel",1,
"Gammasat",20.0,"Gammaunsat",20.0,"DrainageType",0,"Eref",50e3,"nu",0.3,)
g_in.Soil_1.Material = material1
```

```python
platematerial = g_in.platemat()
platematerial.setproperties("Identification","Foot","Colour",16711680,"MaterialType",
1,"Isotropic",True,"EA1",7.6e6,"EI",24e3,"StructNu","w",5,"PreventPunching",False)
platematerial.setproperties('Isotropic', True)
g_in.gotostructures()
g_in.plate( (0, 0), (0.5, 0))
g_in.Line_1.Plate.Material = platematerial
g_in.lineload(g_in.Line_1)
g_in.mergeequivalents(g_in.Geometry)
g_in.gotomesh()
g_in.mesh(0.06)
g_in.gotostages()
phase0 = g_in.InitialPhase
phase1 = g_in.phase(phase0)
g_in.Model.CurrentPhase = phase1
phase1.Identification = "Footing"
g_in.activate(g_in.Plates, phase1)
g_in.activate(g_in.LineLoads, phase1)
g_in.LineLoad_1_1.qy_start[phase1] = -8
phase2 = g_in.phase(phase1)
g_in.Model.CurrentPhase = phase2
phase2.Identification = "Start generator"
phase2.DeformCalcType = "Dynamic"
phase2.Deform.TimeIntervalSeconds = 0.5
phase2.Deform.ResetDisplacementsToZero = True
g_in.loadmultiplier()
g_in.LoadMultiplier_1.Amplitude = 10
g_in.LoadMultiplier_1.Frequency = 10
g_in.activate( (g_in.DynLineLoad_1_1),phase2)
g_in.DynLineLoad_1_1.Multipliery[phase2] = g_in.LoadMultiplier_1
g_in.DynLineLoad_1_1.qy_start[phase2] = -1
g_in.Dynamics.BoundaryXMin[phase2] = "None"
g_in.Dynamics.BoundaryYMin[phase2] = "Viscous"
phase3 = g_in.phase(phase2)
g_in.Model.CurrentPhase = phase3
phase3.Identification = "Stop generator"
phase3.DeformCalcType = "Dynamic"
phase3.Deform.TimeIntervalSeconds = 0.5
g_in.activate( (g_in.LineLoad_1_1), phase3)
g_in.deactivate( (g_in.DynLineLoad_1_1), phase3)
output_port = g_in.selectmeshpoints()
s_out, g_out = new_server('localhost', output_port, password= s_in.connection._
password)
```

```
g_out.addcurvepoint('node', g_out.Soil_1_1, (1.4,0))
g_out.addcurvepoint('node', g_out.Soil_1_1, (1.9,0))
g_out.addcurvepoint('node', g_out.Soil_1_1, (3.6,0))
g_out.update()
g_in.set(g_in.Phases[0].ShouldCalculate, g_in.Phases[1].ShouldCalculate, g_in.Phases[2].ShouldCalculate, g_in.Phases[3].ShouldCalculate, True)
g_in.calculate()
g_in.save(r'%s/%s' % (folder, 'Tutorial_14A'))
```

15.8.2 案例 14-B 有阻尼完整代码

```
import math
from plxscripting.easy import *
s_in, g_in = new_server('localhost', 10000, password= 'Yourpassword')
folder = r'D:\PLAXIS\PLAXIS 2D temp\Test'
filename = r'Tutorial_14B'
s_in.new()
g_in.SoilContour.initializerectangular(0,-10,20,0)
g_in.setproperties("ModelType", "Axisymmetry")
g_in.borehole(0)
g_in.soillayer(0)
g_in.Soillayer_1.Zones[0].Bottom = -10
material1 = g_in.soilmat()
material1.setproperties("Identification"," soil"," Colour", 15262369," SoilModel", 1," Gammasat", 20.0," Gammaunsat", 20.0," DrainageType", 0," Eref", 50e3," nu", 0.3," TargetDamping1",5,"TargetDamping2",5,"TargetFrequency1",1,"TargetFrequency2",10)
g_in.Soil_1.Material = material1
platematerial = g_in.platemat()
platematerial.setproperties("Identification","Foot","Colour",16711680,"MaterialType", 1,"Isotropic",True,"EA1", 7.6e6,"EI",24e3,"StructNu","w",5,"PreventPunching",False)
platematerial.setproperties('Isotropic', True)
g_in.gotostructures()
g_in.plate( (0, 0), (0.5, 0))
g_in.Line_1.Plate.Material = platematerial
g_in.lineload(g_in.Line_1)
g_in.mergeequivalents(g_in.Geometry)
g_in.gotomesh()
g_in.mesh(0.06)
g_in.gotostages()
phase0 = g_in.InitialPhase
phase1 = g_in.phase(phase0)
g_in.Model.CurrentPhase = phase1
phase1.Identification = "Footing"
g_in.activate(g_in.Plates, phase1)
```

```
g_in.activate(g_in.LineLoads, phase1)
g_in.LineLoad_1_1.qy_start[phase1] = -8
phase2 = g_in.phase(phase1)
g_in.Model.CurrentPhase = phase2
phase2.Identification = "Start generator"
phase2.DeformCalcType = "Dynamic"
phase2.Deform.TimeIntervalSeconds = 0.5
phase2.Deform.ResetDisplacementsToZero = True
g_in.loadmultiplier()
g_in.LoadMultiplier_1.Amplitude = 10
g_in.LoadMultiplier_1.Frequency = 10
g_in.activate( (g_in.DynLineLoad_1_1),phase2)
g_in.DynLineLoad_1_1.Multipliery[phase2] = g_in.LoadMultiplier_1
g_in.DynLineLoad_1_1.qy_start[phase2] = -1
g_in.Dynamics.BoundaryXMin[phase2] = "None"
g_in.Dynamics.BoundaryYMin[phase2] = "Viscous"
phase3 = g_in.phase(phase2)
g_in.Model.CurrentPhase = phase3
phase3.Identification = "Stop generator"
phase3.DeformCalcType = "Dynamic"
phase3.Deform.TimeIntervalSeconds = 0.5
g_in.activate( (g_in.LineLoad_1_1), phase3)
g_in.deactivate( (g_in.DynLineLoad_1_1), phase3)
output_port = g_in.selectmeshpoints()
s_out, g_out = new_server('localhost', output_port, password=s_in.connection._password)
g_out.addcurvepoint('node', g_out.Soil_1_1, (1.4,0))
g_out.addcurvepoint('node', g_out.Soil_1_1, (1.9,0))
g_out.addcurvepoint('node', g_out.Soil_1_1, (3.6,0))
g_out.update()
g_in.set (g_in.Phases[0].ShouldCalculate, g_in.Phases[1].ShouldCalculate, g_in.Phases[2].ShouldCalculate, g_in.Phases[3].ShouldCalculate,True)
g_in.calculate()
g_in.save(r'%s/%s' % (folder, 'Tutorial_14B') )
```

本案例到此结束!

案例15：打桩条件下周围土体的动力学响应分析 [ULT]

打桩是一个动态过程，会引起周围土体的振动。此外，由于桩周围土体中的应力快速增加，土体内会产生超静孔隙水压力。

本例的重点是桩下土体的塑性变形。为了更真实地模拟这一过程，砂土层采用具有小应变刚度的土体硬化模型。

几何模型

如图 16-1 所示，本案例将模拟直径为 0.4m 的混凝土桩穿过 11m 厚的黏土层打入砂层。

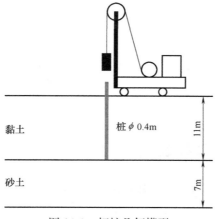

图 16-1 打桩几何模型

16.1 开始新项目

要创建新项目，请执行以下步骤：

(1) 启动 PLAXIS 2D Input 软件,在出现的"快速启动"对话框中选择"开始新项目"。

(2) 在"项目属性"窗口的项目选项卡中,输入一个合适的标题。

(3) 由于是三维问题,使用轴对称模型。在"模型"选项卡中,选择"轴对称"选项和"单元(15-Node)",其他保持默认选项。

(4) 保留单位和常数的默认值,并将模型边界设置为"$x_{min}=0m$、$x_{max}=30m$、$y_{min}=0m$ 和 $y_{max}=18m$"。

(5) 点击"OK",完成工程属性设定。

对应代码如下:

```
s_in.new()
g_in.SoilContour.initializerectangular(0,0,30,18)
g_in.setproperties("ModelType", "Axisymmetry")
```

16.2 定义土层

地基土层由 11m 厚的黏土层和 7m 厚的砂层组成。假定地下水位位于地表。根据该水位线生成整个模型中的静水压力。定义土层:

1) 单击"创建钻孔" 在 $x=0$ 处创建一个钻孔。

2) 在修改土层窗口中添加土层 1 和土层 2 并指定其高度,分别为 $y=18m$ 到 $y=7m$ 和 $y=7m$ 到 $y=0m$。

3) 设置水头高度为 $y=18m$。

对应代码如下:

```
g_in.borehole(0)
g_in.soillayer(0)
g_in.soillayer(0)
g_in.Soillayer_1.Zones[0].Top = 18
g_in.Soillayer_1.Zones[0].Bottom = 7
g_in.Borehole_1.Head = 18
```

16.3 创建和指定材料参数

黏土层采用摩尔-库仑本构模型,排水类型为"不排水(B)"。用界面折减系数模拟桩侧减少的摩擦力。

为了正确模拟桩端下方的非线性变形,砂土层采用具有小应变刚度的土体硬化本构模型。因为快速的加载过程,砂层被认为是不排水的。砂层中的延长界面并不模拟土体-结构间相互作用,所以,界面强度折减系数应当设置为刚性的。

点击 ,进入"材料集"窗口,根据表 16-1 与表 16-2 中的材料属性参数,创建材料并设置材料参数。

16 案例15：打桩条件下周围土体的动力学响应分析 [ULT]

土体材料参数 表 16-1

参数类型	参数名称	符号	黏土层参数值	桩体参数值	单位
常规	土体模型	—	摩尔-库仑	线弹性	—
	排水类型	—	不排水(B)	非多孔	—
	不饱和重度	γ_{unsat}	16	24	kN/m³
	饱和重度	γ_{sat}	18	—	kN/m³
力学	杨氏模量	E'_{ref}	5.0×10^3	30×10^6	kN/m²
	泊松比	ν'	0.3	0.1	—
	黏聚力	c'_{ref}	—	—	kN/m²
	不排水抗剪强度	$s_{u,ref}$	5.0	—	kN/m²
	杨氏模量增量	E'_{inc}	1.0×10^3	—	kN/m²
	参考水平	y_{ref}	18	—	m
	不排水抗剪强度增量	$s_{u,inc}$	3	—	kN/m³
界面	界面刚度	—	手动	刚性	—
	强度折减系数	R_{inter}	0.5	1.0	—
初始	K_0确定	—	自动	自动	—
	侧向土压力系数	$K_{0,x}$	0.5000	0.5000	—

砂层材料参数 表 16-2

参数类型	参数名称	符号	黏土层参数值	单位
常规	材料类型	—	HS-small	—
	排水类型	—	不排水(A)	—
	不饱和重度	γ_{unsat}	17	kN/m³
	饱和重度	γ_{sat}	20	kN/m³
力学	标准三轴排水试验割线刚度	E_{50}^{ref}	50×10^3	kN/m²
	侧限压缩试验切线刚度	E_{oed}^{ref}	50×10^3	kN/m²
	卸载/重加载刚度	E_{ur}^{ref}	150×10^3	kN/m²
	刚度应力水平相关幂指数	m	0.5	—
	黏聚力	c'_{ref}	0	kN/m²
	内摩擦角	φ'	31	°
	剪胀角	ψ	0	°
	当$G_s=0.722G_0$时的剪切应变	$\gamma_{0.7}$	1×10^{-4}	—
	极小应变的剪切弹性模量	G_0^{ref}	120×10^3	kN/m²
	泊松比	ν'_{ur}	0.2	—
界面	界面刚度	—	刚性	—
初始	K_0确定	—	自动	—

对应代码如下：

```
material1 = g_in.soilmat()
material1.setproperties("Identification",'Clay',"Colour",15262369,"SoilModel",2,"
Gammasat",18.0,"Gammaunsat",16.00,"nu",0.3,"Eref",5e3,"Einc",1000,"verticalRef",
18.0,"cref",5.0,"cinc",3.0,"InterfaceStrengthDetermination",1,"Rinter",0.5,"
K0Determination",1,"K0Primary",0.5,"DrainageType",2)
material1.setproperties("Einc",1000)

material2 = g_in.soilmat()
material2.setproperties("Identification","Pile","Colour",10676870,"SoilModel",
1,"Gammaunsat",24.0,"DrainageType",4,"Eref",30e6,"nu",0.1,"InterfaceStrengthDe
termination",0,"K0Determination",1,"K0Primary",0.5)

material3 = g_in.soilmat()
material3.setproperties("Identification",'Sand',"Colour",10283244,"SoilModel",4,"
Gammasat",20.0,"Gammaunsat",17.0,"nuUR",0.2,"E50ref",50e3,"Eoedref",50e3,"Eurref",
150e3,"powerm",0.5,"cref",0,"phi",31.0,"psi",0.0,"G0ref",120e3,"gamma07",0.1e-3,
"InterfaceStrengthDetermination",0,"K0Determination",1,"DrainageType",1)

g_in.Soil_2.Material = material3
g_in.Soil_1.Material = material1
```

16.4 定义结构单元

桩的宽度为 0.2m。桩体周围设置界面单元，模拟桩和土体的相互作用。界面需要延伸入砂土层 0.5m（图 16-2）。注意界面定义在有土这一侧。适当的桩-土界面模型对材料阻尼很重要，这个阻尼由于桩体周围土体滑移而且允许桩端周围充分变形而产生（模拟桩-土界面对于考虑在打桩过程中由于土体滑移所产生的材料阻尼以及使桩尖具有足够的弹性而言都是很重要的）。

> 提示：使用"放大"选项来生成桩和界面。

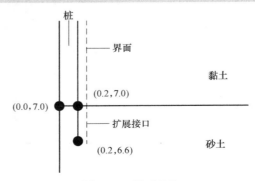

图 16-2 界面延伸

16.4.1 定义混凝土桩

(1) 点击"结构"选项卡,在"结构模式"中定义结构单元。

(2) 选择左侧工具栏中的"创建"线 ，绘制一条从(0.2,6.6)到(0.2,18)的线。

(3) 点击 创建负界面模拟桩土相互作用。

桩体是混凝土材料,采用非多孔性的线弹性模型来模拟。起初,桩并不存在,因此最初桩体区域被赋予了黏土特性。

对应代码如下:

```
g_in.gotostructures()
g_in.line((0.2,6.6),(0.2,18))
g_in.neginterface(g_in.Line_1)
```

16.4.2 定义荷载

为了模拟打桩的力,在桩顶施加分布荷载。要创建动力荷载,请执行以下操作:

(1) 点击 "创建线荷载",然后点击(0,18.0)和(0.2,18.0)定义分布荷载。

(2) 在"选择浏览器"中定义荷载分量。注意本例不使用静力荷载。如果不激活静力荷载,程序将忽略静力荷载。

(3) 展开"动力荷载"子目录并指定重力方向上的单位荷载。

(4) 单击"Multiplier_y"下拉菜单,然后单击出现的加号按钮 ，"乘子"窗口弹出,并自动添加一个新的荷载乘子。

(5) 定义"振幅"为5000、"阶段"为0°、"频率"为50Hz的谐波信号,如图16-3

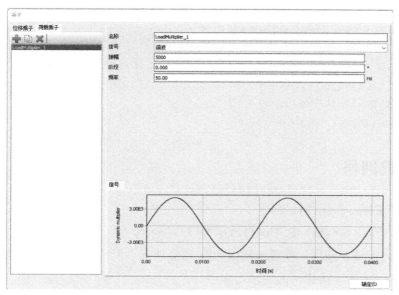

图 16-3 定义简谐波乘子

所示。在打桩阶段,只考虑该信号的半个周期(0.01s)。

> 提示:可以通过右键单击"模型浏览器"中"属性库"下的"动力乘子"来定义动力乘数。动力乘子是属性,因此可以在程序的所有模式中定义它们。

最终几何模型如图 16-4 所示。

图 16-4　几何模型

对应代码如下:

```
g_in.lineload((0,18),(0.2,18))
g_in.Line_2.LineLoad.LineLoad.qy_start = -1
g_in.loadmultiplier()
g_in.Line_2.LineLoad.LineLoad.Multipliery = g_in.LoadMultiplier_1
g_in.LoadMultiplier_1.Amplitude = 5000
g_in.LoadMultiplier_1.Frequency = 50
g_in.mergeequivalents(g_in.Geometry)
```

16.5　生成网格

(1) 切换"标签"至网格模式。

(2) 点击 ![] 生成网格,使用网格选项窗口"单元分布"中默认的选项"中等"。

(3) 点击 ![] 查看网格,生成的网格如图 16-5 所示。网格会在桩侧自动细化。

(4) 点击"关闭"按钮,退出输出程序。

对应代码如下:

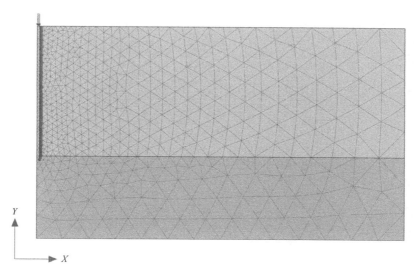

图 16-5　生成的网格

```
g_in.gotomesh()
g_in.mesh(0.06)
```

16.6　定义阶段并计算

计算过程包含 3 个阶段。初始阶段，生成初始应力场。第 1 阶段创建桩。第 2 阶段通过激活半个周期的简谐波荷载给桩施加一个冲击荷载。第 3 阶段冻结荷载，荷载保持为零，分析桩土的动力响应。后两个阶段都是动力分析计算。

16.6.1　初始阶段

初始有效应力由"K_0 过程"使用默认值生成。注意，在初始情况下，桩不存在，黏土特性应分配给相应的类组。假定地下水位位于地面。根据该潜水线，在整个几何形状中产生孔隙水压力。

对应代码如下：

```
g_in.gotostages()
phase0 = g_in.InitialPhase
```

16.6.2　第 1 阶段：激活桩

(1) 点击"添加阶段"按钮 ![icon]，添加新的阶段。

(2) 在"阶段"窗口的"常规"子目录中，"计算类型"选择"塑性"选项。

(3) 默认情况下，"正在加载类型"为"分阶段施工"。

(4) 在分布施工模式中，将桩的属性指定给代表桩的土层。

(5) 激活黏土层中的界面。"分阶段施工"模式下第 1 阶段的模型如图 16-6 所示。

图 16-6　分步施工模式第 1 阶段几何模型

对应代码如下：

```
phase1 = g_in.phase(phase0)
g_in.Model.CurrentPhase = phase1
phase1.Identification = "Pile Activation"
g_in.activate(g_in.NegativeInterface_1_1, phase1)
g_in.Soil_1_1.Material[phase1] = material2
```

16.6.3　第 2 阶段：打桩

(1) 点击"添加阶段"按钮 ，添加新的阶段。

(2) 在"阶段"窗口的"常规"子目录中，选择"动力" 选项作为"计算类型"。

(3) 设置"动力时间间隔"为 0.01s。

(4) 在"阶段"窗口"变形控制参数"子目录，选择"重置位移为零"，其他参数默认。

(5) "分阶段施工"模式下，激活分布荷载的动力荷载。"选择浏览器"中激活动力荷载如图 16-7 所示。

(6) 在"模型浏览器"中，展开"模型条件"下的"动力"子目录。

(7) 右键"动力乘子"子目录并在出现的菜单中选择"编辑"。将弹出"乘子"窗口。

(8) 将黏性边界指定为 x_{max} 和 y_{min}，如图 16-8 所示。

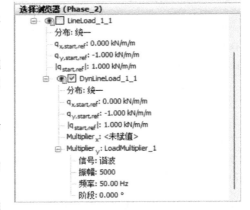

图 16-7　选择浏览器中的动力荷载

此阶段的结果是在荷载的半个谐波周期。在此阶段结束时，荷载值归为 0。

对应代码如下：

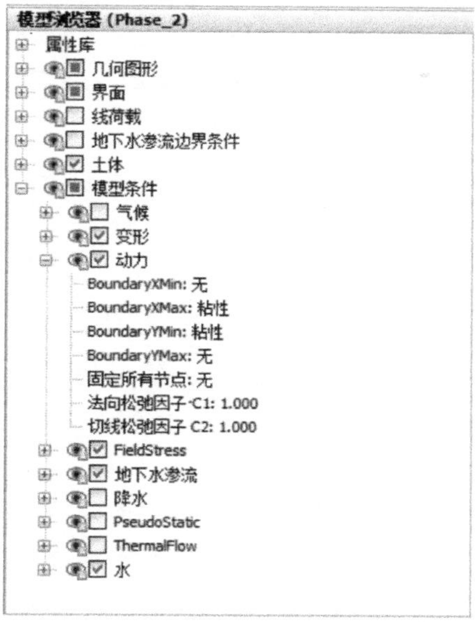

图 16-8　动力计算边界条件

```
phase2 = g_in.phase(phase1)
g_in.Model.CurrentPhase = phase2
phase2.DeformCalcType = "Dynamic"
phase2.Identification = "Pile driving"
phase2.Deform.TimeIntervalSeconds = 0.01
phase2.Deform.ResetDisplacementsToZero = True
g_in.activate( (g_in.DynLineLoad_1_1), phase2)
g_in.Dynamics.BoundaryXMin[phase2] = "None"
g_in.Dynamics.BoundaryYMin[phase2] = "Viscous"
```

16.6.4　第3阶段：衰减

（1）点击"添加阶段"按钮，添加新的阶段。

（2）在"阶段"窗口的"常规"子目录中，选择"动力"选项作为"计算类型"。

（3）设置"动力时间间隔"为 0.19s。

（4）在"分阶段施工"模式中停用面荷载的动力荷载。

对应代码如下：

```
phase3 = g_in.phase(phase2)
g_in.Model.CurrentPhase = phase3
phase3.Identification = "Fading"
phase3.DeformCalcType = "Dynamic"
phase3.Deform.TimeIntervalSeconds = 0.19
g_in.deactivate( (g_in.DynLineLoad_1_1), phase3)
```

16.6.5 执行计算

(1) 点击"为曲线选择点"按钮 ▽，在桩顶选择一个节点，用于荷载-位移曲线。

(2) 点击 ∫dv 计算该项目。

(3) 计算完成后点击 💾 保存项目。

对应代码如下：

```
output_port = g_in.selectmeshpoints()
s_out,g_out= new_server('localhost',output_port,password= s_in.connection._password)
g_out.addcurvepoint('node', g_out.Soil_1_1, (0,18))
g_out.update()
g_in.set(g_in.Phases[0].ShouldCalculate, g_in.Phases[1].ShouldCalculate,
g_in.Phases[2].ShouldCalculate, g_in.Phases[3].ShouldCalculate,True)
g_in.calculate()
g_in.save(r'% s/% s' % (folder, 'Tutorial_15'))
```

16.7 结果

图 16-9 显示了桩（顶点）的沉降与时间的关系，观察此图可得出以下结果：

(1) 冲击引起的桩顶端最大竖向沉降约为 14mm。然而，最终沉降约为 9.5mm。

(2) 大部分沉降发生在第 3 阶段冲击结束后。这是因为压缩波仍沿着桩中向下传播，造成附加沉降。

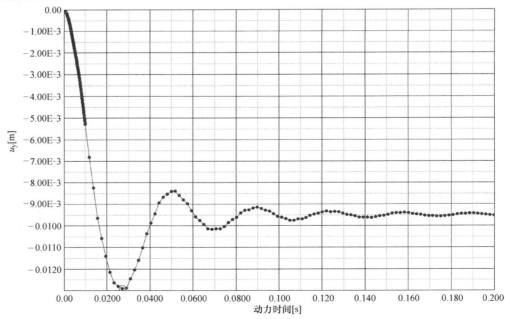

图 16-9 桩的沉降-时间曲线

（3）尽管没有瑞利阻尼，但由于土体塑性和振动波能量在模型边界处被吸收，桩的振动受阻尼影响而逐渐减弱。

当查看第 2 计算阶段（$t=0.01s$，即冲击发生后）的输出，可以看到桩端周围局部出现较大的超静孔隙水压力。土体的剪切强度因此降低，这有助于桩体贯入砂土层。由于不考虑固结，超静孔隙水压力也在第 3 阶段保持。

图 16-10 显示了 $t=0.01s$ 时界面元素中的剪应力。此图显示，整个桩身均达到最大剪应力，表明土体沿桩滑动。

图 16-10　$t=0.01s$ 时界面单元上的最大剪应力

当查看最后计算阶段（$t=0.2s$）的变形网格时，可以发现桩体的最终沉降为 9.5mm。为了观察全部动力过程，建议使用"创建动画"来查看变形网格随时间的"运动"，并能看到第 1 部分的动画比第 2 部分要慢。

16.8　案例 15 完整代码

```
import math
fromplxscripting.easy import *
s_in, g_in = new_server('localhost', 10000, password= 'Yourpassword')
folder = r'D:\PLAXIS\PLAXIS 2D temp\Test'
filename = r'Tutorial_15'
s_in.new()
g_in.SoilContour.initializerectangular(0,0,30,18)
```

```
g_in.setproperties("ModelType", "Axisymmetry")
g_in.borehole(0)
g_in.soillayer(0)
g_in.soillayer(0)
g_in.Soillayer_1.Zones[0].Top = 18
g_in.Soillayer_1.Zones[0].Bottom = 7
g_in.Borehole_1.Head = 18
# %%
material1 = g_in.soilmat()
material1.setproperties("Identification",'Clay',"Colour",15262369,"SoilModel",2,
"Gammasat",18.0,"Gammaunsat",16.00,"nu",0.3,"Eref",5e3,"Einc",1000,"verticalRef",
18.0,"cref",5.0,"cinc",3.0,"InterfaceStrengthDetermination",1,"Rinter",0.5,
"K0Determination",1,"K0Primary",0.5,"DrainageType",2)
material1.setproperties("Einc",1000)
material2 = g_in.soilmat()
material2.setproperties("Identification","Pile","Colour",10676870,"SoilModel",1,"
Gammaunsat",24.0,"DrainageType",4,"Eref",30e6,"nu",0.1,"InterfaceStrengthDetermi
nation",0,"K0Determination",1,"K0Primary",0.5)
material3 = g_in.soilmat()
material3.setproperties("Identification",'Sand',"Colour",10283244,"SoilModel",4,
"Gammasat",20.0,"Gammaunsat",17.0,"nuUR",0.2,"E50ref",50e3,"Eoedref",50e3,"Eurref",
150e3,"powerm",0.5,"cref",0,"phi",31.0,"psi",0.0,"G0ref",120e3,"gamma07",0.1e-3,"
InterfaceStrengthDetermination",0,"K0Determination",1,"DrainageType",1)
g_in.Soil_2.Material = material3
g_in.Soil_1.Material = material1
g_in.gotostructures()
g_in.line((0.2,6.6),(0.2,18))
g_in.neginterface(g_in.Line_1)
g_in.lineload((0,18),(0.2,18))
g_in.Line_2.LineLoad.LineLoad.qy_start = -1
g_in.loadmultiplier()
g_in.Line_2.LineLoad.LineLoad.Multipliery = g_in.LoadMultiplier_1
g_in.LoadMultiplier_1.Amplitude = 5000
g_in.LoadMultiplier_1.Frequency = 50
g_in.mergeequivalents(g_in.Geometry)
g_in.gotomesh()
g_in.mesh(0.06)
g_in.gotostages()
phase0 = g_in.InitialPhase
phase1 = g_in.phase(phase0)
g_in.Model.CurrentPhase = phase1
phase1.Identification = "Pile Activation"
g_in.activate(g_in.NegativeInterface_1_1, phase1)
```

```
g_in.Soil_1_1.Material[phase1] = material2
phase2 = g_in.phase(phase1)
g_in.Model.CurrentPhase = phase2
phase2.DeformCalcType = "Dynamic"
phase2.Identification = "Pile driving"
phase2.Deform.TimeIntervalSeconds = 0.01
phase2.Deform.ResetDisplacementsToZero = True
g_in.activate( (g_in.DynLineLoad_1_1), phase2)
g_in.Dynamics.BoundaryXMin[phase2] = "None"
g_in.Dynamics.BoundaryYMin[phase2] = "Viscous"
phase3 = g_in.phase(phase2)
g_in.Model.CurrentPhase = phase3
phase3.Identification = "Fading"
phase3.DeformCalcType = "Dynamic"
phase3.Deform.TimeIntervalSeconds = 0.19
g_in.deactivate( (g_in.DynLineLoad_1_1), phase3)
output_port = g_in.selectmeshpoints()
s_out, g_out = new_server('localhost', output_port, password= s_in.connection._password)
g_out.addcurvepoint('node', g_out.Soil_1_1, (0,18))
g_out.update()
g_in.set(g_in.Phases[0].ShouldCalculate, g_in.Phases[1].ShouldCalculate, g_in.Phases[2].ShouldCalculate, g_in.Phases[3].ShouldCalculate,True)
g_in.calculate()
g_in.save(r'% s/% s' % (folder, 'Tutorial_15') )
```

本案例到此结束！

17

案例16：建筑自由振动和地震分析［ULT］

本例说明了5层建筑在自由振动和地震作用下的自然频率。两种计算采用不同的动力边界条件：

(1) 在自由振动中，考虑黏滞边界条件，该选项适用于动力源在网格内部的问题。

(2) 针对地震作用，考虑自由场和合规基础边界条件。这是地震分析的首选方案，在模型底部施加动力输入。

目 标

- 进行动力计算
- 定义动力边界条件（自由场、合规基础和黏滞）
- 通过动力倍增系数定义地震
- 模拟结构的自由振动
- 通过具有小应变刚度的硬化土体模型模拟滞回行为
- 根据傅立叶频谱计算自然频率

几何模型

图 17-1 为案例几何模型，包括 5 层和地下室的建筑。包括地下室在内，宽 10m，高 17m。地面上的总高度为 5×3m=15m，地下室深 2m。地板和墙壁重量取为 5kN/m²。该建筑建在深 15m 的松散砂之上，下面是深层的、密度较大的砂土层。在该模型中，考虑深 25m 的砂土层。

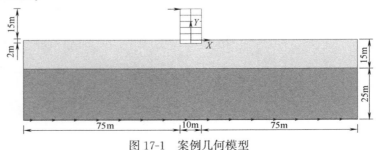

图 17-1 案例几何模型

17.1 开始新项目

要创建新项目，请执行以下步骤：

（1）启动 PLAXIS 2D Input 软件，在出现的"快速启动"对话框中选择"开始新项目"。

（2）在"项目属性"窗口的"项目"选项卡中，输入一个合适的标题。

（3）在"模型"选项卡中，选择"模型（平面应变）"和"单元（15-Node）"等默认选项。

（4）保留单位和常数的默认值，并将模型边界设置为"$x_{min}=-80m$、$x_{max}=80m$、$y_{min}=-40m$ 和 $y_{max}=15m$"。

（5）点击"OK"，完成工程属性设定。

对应代码如下：

```
s_in.new()        # # creat a new project
g_in.SoilContour.initializerectangular(- 80,- 40,80,15)
```

17.2 定义土层

地基土层深度为10m。地下水位设置为"$y=0$"。本示例中未考虑地下水的情况。定义土层：

（1）单击"创建钻孔" 在"$x=0$"处创建一个钻孔。

（2）修改土层窗口中添加两个从"$y=0m$"到"$y=-15m$"和"$y=-15m$"到"$y=-40m$"的土层。

（3）设置水头高度为"$y=-15m$"处。

对应代码如下：

```
g_in.borehole(0)
g_in.soillayer(0)
g_in.soillayer(0)
g_in.Soillayer_1.Zones[0].Bottom = - 15
g_in.Soillayer_2.Zones[0].Bottom = - 40
g_in.Borehole_1.Head = - 15
```

17.3 创建和指定材料参数

上层是非常松散的砂土而下层则是中等密度的砂土。二者均具有小应变刚度的硬化土体模型属性。忽略地下水的存在。具有小应变刚度的硬化土体模型属性的土层有固有的滞回阻尼。

（1）点击 ，进入"材料集"窗口。

(2) 根据表 17-1 中的材料属性参数，创建材料并设置材料参数。
(3) 向钻孔中的相应土层分配材料数据集。

土体材料参数　　　　　　　　　　　　　　表 17-1

参数类型	参数名称	符号	上层砂土层参数值	下层砂土层参数值	单位
常规	材料类型	—	HS-small	HS-small	—
	排水类型	—	排水	排水	—
	不饱和重度	γ_{unsat}	16	20	kN/m^3
	饱和重度	γ_{sat}	20	20	kN/m^3
力学	标准三轴排水试验割线刚度	E_{50}^{ref}	20×10^3	30×10^3	kN/m^2
	侧限压缩试验切线刚度	E_{oed}^{ref}	26×10^3	36×10^3	kN/m^2
	卸载/重加载刚度	E_{ur}^{ref}	95×10^3	110×10^3	kN/m^2
	刚度应力水平相关幂指数	m	0.5	0.5	—
	黏聚力	c_{ref}'	10	5	kN/m^2
	内摩擦角	φ'	31	28	°
	剪胀角	Ψ	0	0	°
	当 $G_s=0.722G_0$ 时的剪切应变	$\gamma_{0.7}$	1.5×10^{-4}	1×10^{-4}	—
	极小应变的剪切弹性模量	G_0^{ref}	270×10^3	100×10^3	kN/m^2
	泊松比	ν_{ur}'	0.2	0.2	—

在循环剪切荷载作用下，具有小应变刚度的硬化土体模型将表现出典型的滞回行为。从小应变剪切刚度 G_{0ref} 开始，实际刚度随剪切强度的增加而减小。图 17-2、图 17-3 显示了弹性模量折减曲线，即剪切弹性模量随应变的衰减。上方的曲线表示割线剪切弹性模量，下方的曲线表示切线剪切弹性模量。

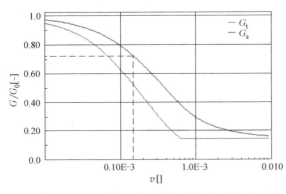

图 17-2　上层砂土层的弹性模量折减曲线

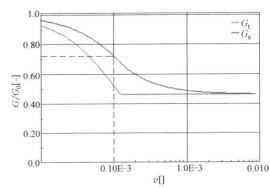

图 17-3　下层砂土层的弹性模量折减曲线

在具有小应变刚度的硬化土体模型中，切线剪切弹性模量由下限 G_{ur} 约束。

$$G_{ur}=\frac{E_{ur}}{2(1+\nu_{ur})}$$

上层砂土层和下层砂土层的 G_{ur}^{ref} 值和与 G_0^{ref} 的比值见表 17-2。该比值决定了可以得到的最大阻尼比。

基础材料参数 表 17-2

参数	上层砂土层	下层砂土层	单位
G_{ur}	39×10^3	45×10^3	kN/m²
G_0^{ref}/G_{ur}	6.82	2.18	—

图 17-4 和图 17-5 显示了阻尼比,其是模型中所用材料的剪切应变的函数。

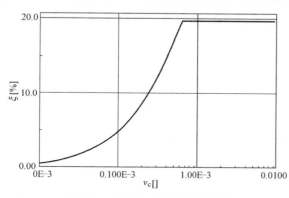

图 17-4 下层砂土层的阻尼曲线　　　　图 17-5 下层砂土层的阻尼曲线

对应代码如下:

```
material1 = g_in.soilmat()
material1.setproperties("Identification",'UpperSand',"Colour",10283244,"SoilModel",
4,"Gammasat",20.0,"Gammaunsat",16.0,"nuUR",0.2,"E50ref",20e3,"Eoedref",26e3,
"Eurref",95e3,"powerm",0.5,"cref",10,"phi",31.0,"psi",0.0,"G0ref",270e3,
"gamma07",0.15e-3,"DrainageType",0)

material2 = g_in.soilmat()
material2.setproperties("Identification",'LowerSand',"Colour",10676870,"SoilModel",
4,"Gammasat",20.0,"Gammaunsat",20.0,"nuUR",0.2,"E50ref",30e3,"Eoedref",36e3,
"Eurref",110e3,"powerm",0.5,"cref",5,"phi",28.0,"psi",0.0,"G0ref",100e3,
"gamma07",0.1e-3,"DrainageType",0)
g_in.Soil_2.Material = material2
g_in.Soil_1.Material = material1
```

17.4 定义结构单元

模型结构单元的定义见结构模式。

17.4.1 定义建筑

某5层建筑,宽10m,高17m(包括地下室)。地板和墙壁的重量取值为5kN/m²,地面上的总高度为 $5 \times 3m = 15m$,地下室深2m。

代表建筑墙壁和地板的板视为具有线弹性。注意,使用了两个不同的材料数据集,一个用于地下室，另一个用于建筑的其他部分。利用瑞利阻尼法模拟建筑的物理阻尼。

建筑材料属性（板属性）　　　　　　　　　　　　　　　　表 17-3

参数类型	参数名称	符号	建筑参数值	地下室参数值	单位
常规	材料模型	—	弹性	弹性	—
	单位重度	w	10	20	kN/m/m
	防止冲孔		否	否	—
	瑞利阻尼	Rayleigh α	0.2320	0.2320	—
		Rayleigh β	8.0×10^{-3}	8.0×10^{-3}	—
力学	各向同性	—	是	是	
	轴向刚度	EA_1	9×10^6	12×10^6	kN/m
	弯曲刚度	EI	67.5×10^3	160×10^3	kNm²/m
	泊松比	ν	0	0	

锚的材料属性　　　　　　　　　　　　　　　　　　表 17-4

参数类型	参数名称	符号	参数值	单位
常规	材料类型	—	弹性	—
力学	轴向刚度	EA	2.5×10^6	kN
	平面外间距	$L_{spacing}$	3	m

(1) 点击 ▯，在从（-5，0）到（-5，15）和从（5，0）到（5，15）处创建建筑的垂直墙壁。

(2) 再用板从（-5，-2）到（-5，0）和从（5，-2）到（5，0）处定义地下室的垂直墙壁。

(3) 通过将地下室楼层复制 5 次来定义楼层。为此，请选择地下室楼层并选择阵列按钮 ▦。现在指定，我们想要以 y 方向复制它，有 6 个副本（注意：副本数量包括原件），中间距离为 3m。

(4) 点击 ▦，进入材料集窗口，根据表 17-3 中的材料属性参数，创建材料并设置材料参数。

(5) 将地下室材料数据集分配至模型中的垂直板（2）和最低水平板（均在地面层以下）。

(6) 将建筑材料数据集分配至模型中的剩余板。

(7) 点击 ∿ 使用节点到节点锚要素来定义位于建筑物中心连接连续楼层的柱子，即从（0，-2）到（0，0）、从（0，0）到（0，3）、从（0，3）到（0，6）、从（0，6）到（0，9）、从（0，9）到（0，12）和从（0，12）到（0，15）。当然，这也可以通过绘制一个柱子并用阵列函数复制到其他位置来实现。

(8) 根据表 17-4 定义锚的属性，并将材料数据集分配至模型中的锚。

(9) 点击 ▦ 定义一个界面来模拟土体和建筑之间的相互作用。

对应代码如下:

```
platematerial = g_in.platemat()
platematerial.setproperties("Identification","Building","Colour",16711680,"MaterialType",1,"Isotropic",True,"EA1",9e6,"EI",67.5e3,"StructNu",0.0,"w",10,"PreventPunching",False)
platematerial.setproperties('Isotropic', True)
platematerial.setproperties("RayleighDampingInputMethod","Direct","RayleighAlpha",0.2320,"RayleighBeta",8.0e-3)

platematerial2 = g_in.platemat()
platematerial2.setproperties("Identification","Basement","Colour",15890743,"MaterialType",1,"Isotropic",True,"EA1",12e6,"EI",160e3,"StructNu",0.0,"w",20,"PreventPunching",False)
platematerial2.setproperties('Isotropic', True)
platematerial2.setproperties("RayleighDampingInputMethod","Direct","RayleighAlpha",0.2320,"RayleighBeta",8.0e-3)

ahchormaterial = g_in.anchormat()
ahchormaterial.setproperties("Identification","Column","Colour",0,"MaterialType",1,"EA",2.5e6,"Lspacing",3.0)
g_in.gotostructures()

g_in.plate((-5,0),(-5,15))
g_in.plate((5,0),(5,15))
g_in.plate((-5,-2),(-5,0))
g_in.plate((5,-2),(5,0))
g_in.plate((-5,-2),(5,-2))
g_in.plate((-5,0),(5,0))
g_in.arrayr(g_in.Line_6,6,0,3)
for line in g_in.Lines:
    line.Plate.Material = platematerial
g_in.Line_3.Plate.Material = platematerial2
g_in.Line_4.Plate.Material = platematerial2
g_in.Line_5.Plate.Material = platematerial2
g_in.n2nanchor((0,-2),(0,0))
g_in.n2nanchor((0,0),(0,3))
g_in.arrayr((g_in.Line_13),5, 0, 3)
for line in g_in.Lines[11:]:
    line.NodeToNodeAnchor.Material = ahchormaterial
g_in.posinterface(g_in.Line_3)
g_in.neginterface(g_in.Line_5)
g_in.neginterface(g_in.Line_4)
```

17.4.2 定义荷载

(1) 为了模拟驱动力,在桩顶创建了点荷载。若要创建动荷载:

- 点击 在建筑的左上角创建一个点荷载。
- 设置 $F_{x,\text{ref}}=10\text{kN/m}$ 和 $F_{y,\text{ref}}=0\text{kN/m}$。

(2) 地震是通过在底部边界施加指定位移来模拟的。若要定义指定位移:

- 点击 在模型底部定义线位移,从 (-80,-40) 到 (80,-40)。
- 将线位移的 x 分量设置为指定,并赋值 1.0。线位移的 y 分量是固定。应该保留默认分布(统一)。

(3) 定义线位移的动态倍增系数:

- 扩展动态线位移。
- 单击"Multiplier_x"下拉菜单,点击出现的加号按钮 ,将弹出"倍增系数"窗口,并自动添加一个新的位移倍增系数。
- 从"信号"下拉菜单中选择"表"选项。
- Bentley 社区提供包含地震数据的文件,查找"建筑的自由振动和地震分析"。下载地震信号文件"225a.smc"。
- 在倍增系数窗口中,单击打开按钮 。在出现的窗口中,在下拉菜单中更改"强震动 CD-ROM 文件"选项的"纯文本文件 *.txt",并选择出现的已保存.smc 文件。
- 选择"数据类型"下拉菜单中的加速选项。
- 选择"漂移校正"选项,并单击"确定",结束定义倍增系数。

显示定义的倍增系数如图 17-6 所示。

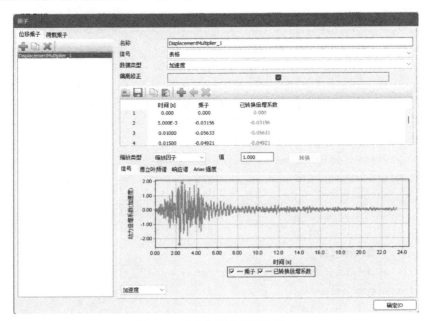

图 17-6 "动态倍增系数"窗口

对应代码如下：

```
g_in.pointload(g_in.Point_2)
g_in.Point_2.PointLoad.Fx = 10
g_in.Point_2.PointLoad.Fy = 0
g_in.linedispl((-80,-40),(80,-40))
g_in.Line_18.LineDisplacement.Displacement_x = "Prescribed"
g_in.Line_18.LineDisplacement.Displacement_y = "Fixed"
g_in.Line_18.LineDisplacement.ux_start = 1
g_in.displmultiplier()
g_in.Line_18.LineDisplacement.LineDisplacement.Multiplierx= g_in.Displacement
Multiplier_1
g_in.DisplacementMultiplier_1.Signal = "Table"
g_in.DisplacementMultiplier_1.Table.add(0,0)
g_in.DisplacementMultiplier_1.Table.add(0.005,-0.031556) # 此处需运行后手动导入地震波文件
```

17.4.3 在边界创建界面

在"结构"模式下，"自由场"和"合规基础"边界要求沿模型的垂直边界和底部边界创建界面单元。界面单元必须添加到模型中，否则"自由场"和"合规基础"边界条件将被忽略。若要定义界面：

单击"在边界创建界面"按钮，在模型边界自动生成界面。模型的几何图形如图 17-7 所示。

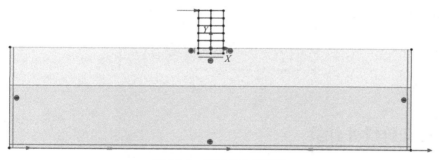

图 17-7 模型的几何图形

对应代码如下：

```
g_in.neginterface( (80,0), (80,-40))
g_in.neginterface( (80,-40), (-80,-40))
g_in.neginterface( (-80,-40), (-80,0))
g_in.mergeequivalents(g_in.Geometry)
```

17.5 生成网格

（1）切换标签至"网格"模式。

(2) 通过将边界上"粗糙度系数"改成 1 来重置边界上的网格细化。

(3) 选择两个土层,并将它们的"粗糙度系数"设置为 0.3。

(4) 点击 生成网格。使用网格选项窗口"单元分布"中默认的选项"中等"。

(5) 点击 查看网格。生成的网格如图 17-8 所示。网格会在基础下自动细化。

(6) 点击"关闭"按钮,退出输出程序。

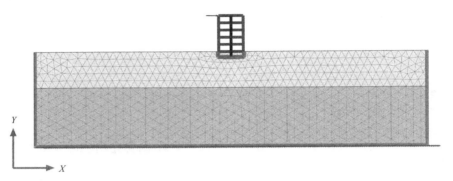

图 17-8　生成的网格

对应代码如下:

```
g_in.gotomesh()
g_in.Line_21_1.CoarsenessFactor = 1
g_in.Line_19_1.CoarsenessFactor = 1
g_in.Line_21_2.CoarsenessFactor = 1
g_in.Line_19_2.CoarsenessFactor = 1
g_in.Line_18_1.CoarsenessFactor = 1
g_in.BoreholePolygon_1_2.CoarsenessFactor = 0.3
g_in.BoreholePolygon_2_1.CoarsenessFactor = 0.3
g_in.mesh(0.06)
```

17.6　定义阶段并计算

计算过程包括初始阶段、建筑施工模拟、荷载、自由振动分析和地震分析。

17.6.1　初始阶段

(1) 点击"分阶段施工"选项卡以定义计算阶段。

(2) 程序默认在阶段浏览器添加了初始阶段。本例将使用初始阶段的默认设置,初始阶段如图 17-9 所示。

(3) 在"分阶段施工"模式下,检查建筑和荷载是否激活。

对应代码如下:

```
g_in.gotostages()
phase0 = g_in.InitialPhase
```

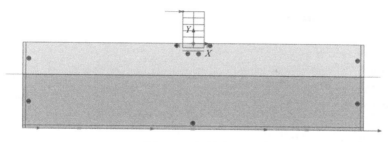

图 17-9 初始阶段

17.6.2 第 1 阶段：建筑

（1）点击 ![icon] 添加新的阶段，此计算阶段使用添加阶段的默认设置。

（2）在"分阶段施工"模式下，建造建筑（激活所有板、界面和锚），并停用地下室体积，如图 17-10 所示。

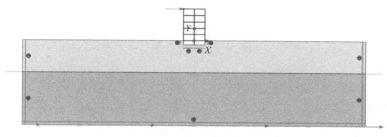

图 17-10 建筑施工

对应代码如下：

```
phase1 = g_in.phase(phase0)
g_in.Model.CurrentPhase = phase1
phase1.Identification = "Building"
g_in.activate(g_in.Plates, phase1)
g_in.activate(g_in.NodeToNodeAnchors, phase1)
g_in.activate((g_in.NegativeInterface_2_1,g_in.NegativeInterface_1_1,g_in.NegativeInterface_1_2),phase1)
g_in.deactivate((g_in.BoreholePolygon_1_1),phase1)
```

17.6.3 第 2 阶段：加载

（1）点击 ![icon] 添加新的阶段。

（2）在"阶段"窗口"变形控制参数"子目录，选择"重置位移为零"。其他参数默认。

（3）在"分阶段施工"模式下，激活荷载。荷载的值已经在"结构"模式中定义。

对应代码如下：

```
phase2 = g_in.phase(phase1)
g_in.Model.CurrentPhase = phase2
phase2.Identification = "Excitation"
phase2.Deform.ResetDisplacementsToZero = True
g_in.activate((g_in.PointLoad_1_1),phase2)
```

17.6.4 第3阶段：自由振动

（1）点击 添加新的阶段。

（2）在"阶段"窗口的"常规"子目录中，选择"动力" 选项作为"计算类型"。

（3）设置"动力时间间隔"为5s。

（4）在"分阶段施工"模式中停用点荷载。

（5）在"模型浏览器"中，展开"模型条件"子项目卡。

（6）展开"动力"子选项卡。检查边界条件边界 x_{min}、边界 x_{max} 和边界 y_{min} 是否有黏性，如图17-11所示。

图17-11 动态计算的边界条件

> **提示：**
> 为了更好地显示结果，可以创建自由振动和地震的动画。如果要创建动画，建议增加保存步骤的数量，做法是在"阶段"窗口的"参数"页面中为"保存的最大步数"参数分配适当的值。

对应代码如下：

```
phase3 = g_in.phase(phase2)
g_in.Model.CurrentPhase = phase3
phase3.Identification = "Free vibration"
phase3.DeformCalcType = "Dynamic"
phase3.Deform.TimeIntervalSeconds = 5
phase3.Deform.UseDefaultIterationParams = False
phase3.Deform.MaxSteps = 1000
g_in.deactivate( (g_in.PointLoad_1_1), phase3)
g_in.Dynamics.BoundaryYMin[phase3] = "Viscous"
```

17.6.5 第4阶段：地震

（1）点击 添加新的阶段。

（2）在"阶段"窗口中，将"起始阶段"选项设置为第1阶段（建筑施工）。

(3) 在"阶段"窗口的"常规"子目录中，选择"动力" 选项作为"计算类型"。

(4) 设置"动力时间间隔"为 20s。

(5) 选择"变形控制参数"子选项卡中的将"位移重置为零"。

(6) 在"数字控制参数"中，取消选择选项"使用默认迭代参数"，并将"最大步数"设置为 1000，以获得更详细的时间-加速曲线。

(7) 在"模型浏览器"中，展开"模型条件"子选项卡。

(8) 展开"动态"子选项卡。将"边界 $X_{\min}$""边界 $X_{\max}$"设置为"自由场"。将"边界 $Y_{\min}$"设置为"合规基础"。

(9) 无需激活界面元素即可启用"自由场"或"合规基础"边界（图 17-12）。

(10) 在"模型"浏览器，激活线位移及其动态分量。请确保 $u_{x,\text{start,ref}}$ 的值设置为 0.5m。考虑到模型底部的边界条件将使用合规基础来定义，采用的输入信号必须是基岩（内）运动的一半。

图 17-12 动态计算（Phase_4）的边界条件

对应代码如下：

```
g_in.Model.CurrentPhase = phase1
phase4 = g_in.phase(phase1)
g_in.Model.CurrentPhase = phase4
phase4.Identification = "Earthquake"
phase4.DeformCalcType = "Dynamic"
phase4.Deform.TimeIntervalSeconds = 20
phase4.Deform.ResetDisplacementsToZero = True
phase4.Deform.UseDefaultIterationParams = False
phase4.Deform.MaxSteps = 1000
g_in.Dynamics.BoundaryXMin[phase4] = "Free-field"
g_in.Dynamics.BoundaryYMin[phase4] = "Compliant base"
g_in.activate( (g_in.LineDisplacement_1_1), phase4)
g_in.activate( (g_in.DynLineDisplacement_1_1), phase4)
g_in.LineDisplacement_1_1.ux_start[phase4] = 0.5
g_in.DisplacementMultiplier_1.DataType = "Accelerations"
g_in.DisplacementMultiplier_1.DriftCorrection = True
```

17.6.6 执行计算

(1) 点击 选择为曲线生成地面点 (1.4, 0), (1.9, 0) 和 (3.6, 0)。

(2) 点击 计算该项目。

(3)计算完成后点击 💾 保存项目。

对应代码如下：

```
output_port = g_in.selectmeshpoints()
s_out, g_out = new_server('localhost', output_port,
password= s_in.connection._password)
g_out.addcurvepoint('node', g_out.Plate_11_1, (0,15))
g_out.update()
g_in.set(g_in.Phases[0].ShouldCalculate,g_in.Phases[1].ShouldCalculate,g_in.Phases
[2].ShouldCalculate, g_in.Phases[3].ShouldCalculate,g_in.Phases[4].ShouldCalculate,
True)
g_in.calculate()
```

17.7 结果

图 17-13 显示了第 2 阶段（施加水平荷载）结束时的变形结构。

图 17-14 为自由振动阶段所选点 A（0，15）的位移时程。从图上可以看出，由于土

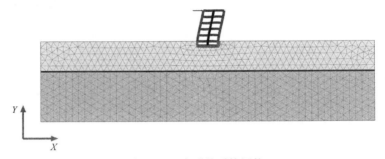

图 17-13 变形的系统网格

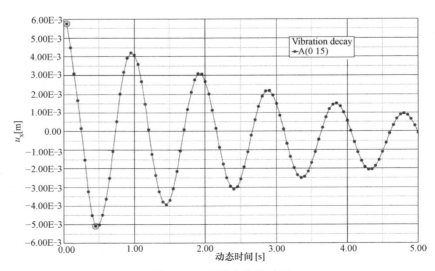

图 17-14 所选点位移时程

体和建筑中的阻尼，振幅随着时间慢慢衰减。

在曲线生成窗口的傅里叶页面中，选择功率（频谱）并单击确定，生成图表，如图 17-15 所示。根据此图，可以计算建筑的主频率约为 1Hz。

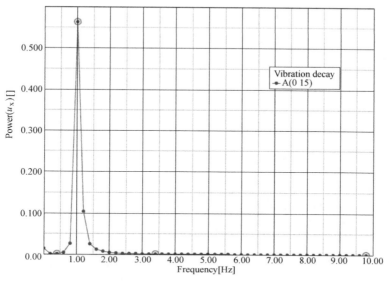

图 17-15　频率表示（频谱）

图 17-16 显示了地震阶段（动力分析）所选点（0，15）的横向加速度时程。为了更好地呈现结果，可以创建自由振动和地震的动画。

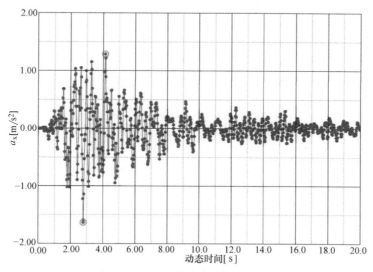

图 17-16　加速在动态时间上的变化

17.8　案例 16 完整代码

```
import math
```

```
fromplxscripting.easy import *
s_in, g_in = new_server('localhost', 10000, password= 'Yourpassword')
folder = r'D:\PLAXIS\PLAXIS 2D temp\Test'
filename = r'Tutorial_16'
s_in.new()
g_in.SoilContour.initializerectangular(-80,-40,80,15)
g_in.borehole(0)
g_in.soillayer(0)
g_in.soillayer(0)
g_in.Soillayer_1.Zones[0].Bottom = -15
g_in.Soillayer_2.Zones[0].Bottom = -40
g_in.Borehole_1.Head = -15
material1 = g_in.soilmat()
material1.setproperties("Identification",'UpperSand',"Colour",10283244,"SoilModel",4,"Gammasat",20.0,"Gammaunsat",16.0,"nuUR",0.2,"E50ref",20e3,"Eoedref",26e3,"Eurref",95e3,"powerm",0.5,"cref",10,"phi",31.0,"psi",0.0,"G0ref",270e3,"gamma07",0.15e-3,"DrainageType",0)
material2 = g_in.soilmat()
material2.setproperties("Identification",'LowerSand',"Colour",10676870,"SoilModel",4,"Gammasat",20.0,"Gammaunsat",20.0,"nuUR",0.2,"E50ref",30e3,"Eoedref",36e3,"Eurref",110e3,"powerm",0.5,"cref",5,"phi",28.0,"psi",0.0,"G0ref",100e3,"gamma07",0.1e-3,"DrainageType",0)
g_in.Soil_2.Material = material2
g_in.Soil_1.Material = material1
platematerial = g_in.platemat()
platematerial.setproperties("Identification","Building","Colour",16711680,"MaterialType",1,"Isotropic",True,"EA1",9e6,"EI",67.5e3,"StructNu",0.0,"w",10,"PreventPunching",False)
platematerial.setproperties('Isotropic',True)
platematerial.setproperties("RayleighDampingInputMethod","Direct","RayleighAlpha",0.2320,"RayleighBeta",8.0e-3)
platematerial2 = g_in.platemat()
platematerial2.setproperties("Identification","Basement","Colour",15890743,"MaterialType",1,"Isotropic",True,"EA1",12e6,"EI",160e3,"StructNu",0.0,"w",20,"PreventPunching",False)
platematerial2.setproperties('Isotropic',True)
platematerial2.setproperties("RayleighDampingInputMethod","Direct","RayleighAlpha",0.2320,"RayleighBeta",8.0e-3)
ahchormaterial = g_in.anchormat()
ahchormaterial.setproperties("Identification","Column","Colour",0,"MaterialType",1,"EA",2.5e6,"Lspacing",3.0)
g_in.gotostructures()
g_in.plate((-5,0),(-5,15))
```

```
g_in.plate((5,0),(5,15))
g_in.plate((-5,-2),(-5,0))
g_in.plate((5,-2),(5,0))
g_in.plate((-5,-2),(5,-2))
g_in.plate((-5,0),(5,0))
g_in.arrayr(g_in.Line_6,6,0,3)
for line in g_in.Lines:
    line.Plate.Material = platematerial
g_in.Line_3.Plate.Material = platematerial2
g_in.Line_4.Plate.Material = platematerial2
g_in.Line_5.Plate.Material = platematerial2
g_in.n2nanchor((0,-2),(0,0))
g_in.n2nanchor((0,0),(0,3))
g_in.arrayr ((g_in.Line_13), 5, 0, 3)
for line in g_in.Lines[11:]:
    line.NodeToNodeAnchor.Material = ahchormaterial
g_in.posinterface(g_in.Line_3)
g_in.neginterface(g_in.Line_5)
g_in.neginterface(g_in.Line_4)
g_in.pointload(g_in.Point_2)
g_in.Point_2.PointLoad.Fx = 10
g_in.Point_2.PointLoad.Fy = 0
g_in.linedispl((-80,-40),(80,-40))
g_in.Line_18.LineDisplacement.Displacement_x = "Prescribed"
g_in.Line_18.LineDisplacement.Displacement_y = "Fixed"
g_in.Line_18.LineDisplacement.ux_start = 1
g_in.displmultiplier()
g_in.Line_18.LineDisplacement.LineDisplacement.Multiplierx = g_in.DisplacementMultiplier_1
g_in.DisplacementMultiplier_1.Signal = "Table"
g_in.DisplacementMultiplier_1.Table.add(0,0)
g_in.DisplacementMultiplier_1.Table.add(0.005,-0.031556) ### 这里需要运行完以后再手动导入地震波文件
g_in.neginterface( (80, 0), (80,-40))
g_in.neginterface( (80, -40), (-80, -40))
g_in.neginterface( (-80, -40), (-80, 0))
g_in.mergeequivalents(g_in.Geometry)
g_in.gotomesh()
g_in.Line_21_1.CoarsenessFactor = 1
g_in.Line_19_1.CoarsenessFactor = 1
g_in.Line_21_2.CoarsenessFactor = 1
g_in.Line_19_2.CoarsenessFactor = 1
g_in.Line_18_1.CoarsenessFactor = 1
```

```
g_in.BoreholePolygon_1_2.CoarsenessFactor = 0.3
g_in.BoreholePolygon_2_1.CoarsenessFactor = 0.3
g_in.mesh(0.06)
g_in.gotostages()
phase0 = g_in.InitialPhase
phase1 = g_in.phase(phase0)
g_in.Model.CurrentPhase = phase1
phase1.Identification = "Building"
g_in.activate(g_in.Plates, phase1)
g_in.activate(g_in.NodeToNodeAnchors, phase1)
g_in. activate ((g_in. NegativeInterface_2_1, g_in. NegativeInterface_1_1, g_in. NegativeInterface_1_2),phase1)
g_in.deactivate((g_in.BoreholePolygon_1_1),phase1)
phase2 = g_in.phase(phase1)
g_in.Model.CurrentPhase = phase2
phase2.Identification = "Excitation"
phase2.Deform.ResetDisplacementsToZero = True
g_in.activate((g_in.PointLoad_1_1),phase2)
phase3 = g_in.phase(phase2)
g_in.Model.CurrentPhase = phase3
phase3.Identification = "Free vibration"
phase3.DeformCalcType = "Dynamic"
phase3.Deform.TimeIntervalSeconds = 5
phase3.Deform.UseDefaultIterationParams = False
phase3.Deform.MaxSteps = 1000
g_in.deactivate( (g_in.PointLoad_1_1), phase3)
g_in.Dynamics.BoundaryYMin[phase3] = "Viscous"
g_in.Model.CurrentPhase = phase1
phase4 = g_in.phase(phase1)
g_in.Model.CurrentPhase = phase4
phase4.Identification = "Earthquake"
phase4.DeformCalcType = "Dynamic"
phase4.Deform.TimeIntervalSeconds = 20
phase4.Deform.ResetDisplacementsToZero = True
phase4.Deform.UseDefaultIterationParams = False
phase4.Deform.MaxSteps = 1000
g_in.Dynamics.BoundaryXMin[phase4] = "Free-field"
g_in.Dynamics.BoundaryYMin[phase4] = "Compliant base"
g_in.activate( (g_in.LineDisplacement_1_1), phase4)
g_in.activate( (g_in.DynLineDisplacement_1_1), phase4)
g_in.LineDisplacement_1_1.ux_start[phase4] = 0.5
g_in.DisplacementMultiplier_1.DataType = "Accelerations"
g_in.DisplacementMultiplier_1.DriftCorrection = True
```

```
output_port = g_in.selectmeshpoints()
s_out, g_out = new_server('localhost', output_port, password= s_in.connection._password)
g_out.addcurvepoint('node', g_out.Plate_11_1, (0,15))
g_out.update()
g_in.set(g_in.Phases[0].ShouldCalculate,g_in.Phases[1].ShouldCalculate,g_in.Phases[2].ShouldCalculate,g_in.Phases[3].ShouldCalculate,g_in.Phases[4].ShouldCalculate,True)
g_in.calculate()
g_in.save(r'% s/% s' % (folder, 'Tutorial_16') )
```

本案例到此结束!

案例17：通航船闸的热膨胀 [ULT]

由于要维修通航船闸（材料为混凝土），因此需要将其临时"挖空"。"挖空"一段时间后，空气温度上升很多，这将引起船闸里侧受热膨胀，然而靠近土一侧的船闸温度相对来说较低。这将使墙体产生向后的弯矩，进而增加了墙后土体的侧向应力，同时增加了墙体本身的弯矩。

本例将展示如何使用温度模块进行这类问题的分析。

目标

- 定义热力函数
- 使用热膨胀
- 执行完 THM（热-水-力学）全耦合计算

几何模型

项目的几何模型如图 18-1 所示。

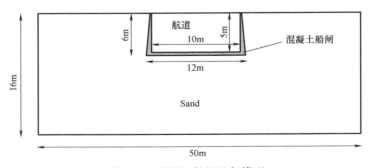

图 18-1 混凝土船闸几何模型

18.1 开始新项目

（1）打开 PLAXIS 2D 程序，将会弹出"快速启动"对话框，选择一个新的工程。

(2) 在"项目属性"窗口的项目标签下,键入一个合适标题。
(3) 在"模型"标签下,模型(平面应变)和单元(15-Node)保持默认选项。
(4) 在几何形状设定框中设定土层模型尺寸"$x_{min}=0$, $x_{max}=25$, $y_{min}=-16$, $y_{max}=0$"。
(5) 点击"OK"即关闭工程属性窗口,完成设定。
对应代码如下:

```
s_in.new()
g_in.SoilContour.initializerectangular(0,-16,25,0)
```

18.2 定义土层

(1) ⊞ 在点"$x=0$"处"创建钻孔"。这时"修改土层"窗口自动弹出。
(2) 本项目只有一层土。添加土层并指定其高度,顶部 0m,底部 -16m。
(3) 水位线位于"$y=-4m$"。在钻孔柱状图上边指定水头为"$-4m$"。
对应代码如下:

```
g_in.borehole(0)
g_in.soillayer(0)
g_in.Soillayer_1.Zones[0].Bottom = -16
g_in.Borehole_1.Head = -4
```

18.3 创建和指定材料参数

(1) ▦ 打开"材料设置"窗口,为砂土和混凝土定义"材料属性"。
(2) 按表 18-1 中的参数定义土层并分别指定给相应土层。
(3) 关闭"修改土层"窗口。

土层材料属性　　　　　　　　　　　　　　　　　　　表 18-1

参数类型	参数名称	符号	砂土层参数值	混凝土参数值	单位
常规	材料类型	—	HS-small	线弹性	—
	排水类型	—	排水	非多孔	—
	不饱和重度	γ_{unsat}	20	24	kN/m³
	饱和重度	γ_{sat}	20	—	kN/m³
	初始孔隙比	e_{init}	0.5	0.5	—
力学	杨氏模量	E'	—	$25×10^6$	kN/m²
	泊松比	ν'_{ur}	—	0.15	—
	标准三轴排水试验割线刚度	E_{50}^{ref}	$40×10^3$	—	kN/m²
	侧限压缩试验切线刚度	E_{oed}^{ref}	$40×10^3$	—	kN/m²
	卸载/重加载刚度	E_{ur}^{ref}	$1.2×10^5$	—	kN/m²
	刚度应力水平相关幂指数	m	0.5	—	—

续表

参数类型	参数名称	符号	砂土层参数值	混凝土参数值	单位
力学	黏聚力	c'_{ref}	2	—	—
	内摩擦角	φ'	32	—	°
	剪胀角	ψ	2	—	°
	当 $G_s=0.722G_0$ 时的剪切应变	$\gamma_{0.7}$	0.1×10^{-3}	—	—
	极小应变的剪切弹性模量	G_0^{ref}	80×10^3	—	kN/m²
地下水	分类类型	—	USDA	—	—
	SWCC 拟合方法	—	Van Genuchten	—	—
	土体类（USDA）	—	砂土	—	—
	使用默认值	—	从数据集	—	—
热力学	比热容	c_s	860	900	kJ/t/K
	热导系数	λ_s	4×10^{-3}	1×10^{-3}	kW/m/K
	热膨胀类型	—	线性	线性	—
	土密度	ρ_s	2.6	2.5	t/m³
	热膨胀 X 分量	α_x	0.5×10^{-6}	0.01×10^{-3}	1/K
	热膨胀 Y 分量	α_y	0.5×10^{-6}	0.01×10^{-3}	1/K
	热膨胀 Z 分量	α_z	0.5×10^{-6}	0.01×10^{-3}	1/K
界面	界面刚度	—	刚性	手动	—
	强度折减系数	R_{inter}	1.0	0.67	—
初始	K_0 确定	—	自动	自动	—

对应代码如下：

```
material1 = g_in.soilmat()
# %%
material1.setproperties("Identification", 'Sand',"Colour", 15262369,"SoilModel", 4,"
Gammasat",20.0,"Gammaunsat", 20,"einit", 0.5,"E50ref", 40e3,"Eoedref", 40e3,"Eurref",
120e3,"powerm",0.5,"cref",2,"phi", 32.0,"psi", 2.0,"G0ref", 80e3,"gamma07", 0.1e-3,"
InterfaceStrengthDetermination", 0,"DrainageType", 0,"GroundwaterClassification
Type", 2,"SWCCFittingMethod", 0,"GroundwaterSoilClassStandard", 0,"GwUseDefaults",
True,"ThCs", 860,"rhoS", 2.6,"ThLambdaS", 4e-3,
"ThermalExpansionType", 0,"ThAlphaSX", 0.5E-6,"ThAlphaSY", 0.5E-6,
"ThAlphaSZ", 0.5E-6)

material2 = g_in.soilmat()
material2.setproperties("Identification","Concrete","Colour", 10676870,"SoilModel",
1,"Gammaunsat",24.0,"einit",0.5,"DrainageType", 4,"Eref", 25e6,"nu", 0.15,"Interface
StrengthDetermination",1,"Rinter", 0.67,"ThCs", 900,"rhoS", 2.5,"ThLambdaS", 1e-3,"
ThAlphaSX", 0.01E-3,"ThAlphaSY", 0.01E-3,"ThAlphaSZ", 0.01E-3)
g_in.setmaterial(g_in.Soillayer_1, material1)
```

18.4 结构单元定义

在"分阶段施工"模式下,船闸用混凝土块来模拟。
(1) 切换到"结构"模式。
(2) ▣ 单击竖向工具栏中的"创建土体多边形"命令,并在出现的下拉菜单选择创建土体多边形。
(3) 在绘图区单击 (0,-5)、(5,-5)、(5,0)、(5.5,0)、(6,-6)、(0,-6) 和 (0,-5)。

> 提示:可以选择捕捉选项,并将间距设置为 0.5,这可以很方便生成多边形。
> 混凝土材料稍后将在分阶段施工模式中指定。

(4) ✎ 单击竖向工具栏中的"创建热流动边界"按钮,并创建竖向边界和底部边界。
(5) 竖向边界默认行为选项为关闭。
(6) 选中底部边界,并将"选择浏览器"中的行为选择为温度。
(7) 设置参考温度 T_{ref} 为 283.4K,如图 18-2 所示。
模型的几何形状现在已经完成,如图 18-3 所示。

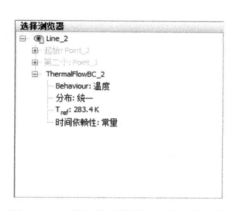

图 18-2 选择对象浏览器中的热边界条件

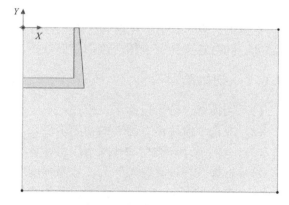

图 18-3 模型的几何形状

对应代码如下:

```
g_in.gotostructures()
g_in.polygon ((0,- 5),(5,- 5),(5,0),(5.5,0),(6,- 6),(0,- 6),(0,- 5))
g_in.tfbc ((0,0),(0,- 16))
g_in.tfbc (g_in.Point_2,(25,- 16))
g_in.tfbc (g_in.Point_3,(25,0))
g_in.Line_2.ThermalFlowBC.Behaviour = "Temperature"
g_in.Line_2.ThermalFlowBC.Tref = 283.4
g_in.mergeequivalents(g_in.Geometry)
```

18.5 网格划分

(1) 进入"网格"模式。

(2) 选择刚才创建的土体多边形,并将"选择浏览器"中的"粗糙度"设置为 0.25。

(3) 创建网格。设置单元分布为"中等"。

(4) 查看网格。生成的网格如图 18-4 所示。

(5) 单击"关闭"按钮,退出输出程序。

对应代码如下:

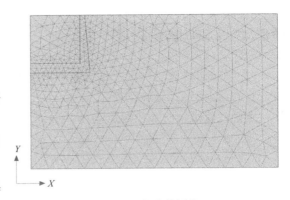

图 18-4 生成的网格

```
g_in.gotomesh()
g_in.BoreholePolygon_1_Polygon_1_1.CoarsenessFactor = 0.25
g_in.mesh(0.06)
```

18.6 定义阶段并计算

本例的计算过程分三个阶段。在塑性计算阶段激活混凝土块,激活之后增加混凝土块的温度,同时定义为完全耦合流动变形分析。

18.6.1 初始阶段

(1) 切换至"分阶段施工"模式。

(2) 双击"阶段浏览器"的初始阶段。

(3) 本例中计算类型和孔隙水压力计算类型使用默认的选项。

(4) 选择"热计算类型"为"地温梯度",并关闭阶段窗口。

(5) 在分阶段施工模式中激活模型条件子目录下的热流动,并设置 T_{ref} 的值为 283.4K。h_{ref} 和地温梯度取默认的值,如图 18-5、图 18-6 所示。

图 18-5 选择浏览器的热流动选项

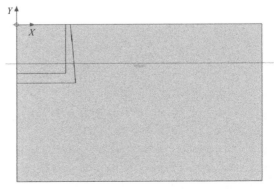

图 18-6 初始阶段

对应代码如下：

```
g_in.gotostages()
g_in.InitialPhase.Flow.ThermalCalcType = "Earth gradient"
g_in.activate(g_in.ThermalFlow, g_in.InitialPhase)
g_in.ThermalFlow.T_ref[g_in.InitialPhase] = 283
phase0 = g_in.InitialPhase
```

18.6.2 第1阶段

（1）添加一个新的阶段（Phase_1）。

（2）双击"阶段浏览器"中的 Phase_1。

（3）在"阶段浏览器"，ID 名称中键入一个合适的名字并将"孔压计算类型"选择为"稳态地下水流动"。

（4）"热计算类型"选择为"稳态热流动"。

（5）注意重置位移为零和忽略吸力都勾选上。

（6）在分阶段施工模式下，为生成的土体多边形（代表通航船闸）选择材料为混凝土，如图 18-7 所示。

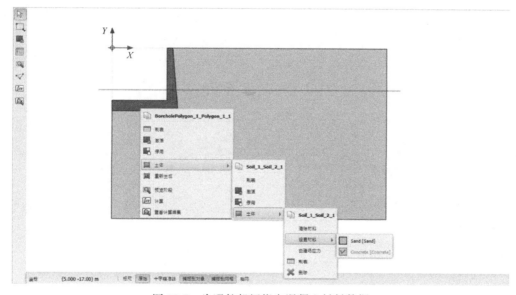

图 18-7　为通航船闸指定混凝土材料数据

（7）右键要挖空的土层类组，选择下拉菜单中的冻结选项。

（8）将"选择浏览器"中该土层类组的"水力条件"设置为"干"。

（9）多选开挖墙的侧向竖直和底部水平边界线。

（10）"激活选择浏览器"中地下水流动边界条件。

（11）将行为设置为水头，h_{ref} 为 −5m，如图 18-8 所示。这用来模拟被"挖空"的船闸。

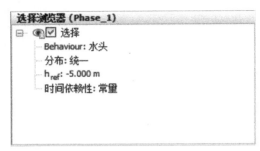

图 18-8 选择对象浏览器地下水流动边界条件

(12) 激活"模型浏览器"中的全部的热流边界条件。

(13) 激活"模型浏览器"中模型条件子目录中的气候条件。

(14) 设置空气温度为 283K 和表面热传递 $1kW/m^2$，如图 18-9 所示。这用来定义地面和船闸内侧的温度条件。

(15) 冻结热流选项。这是因为进行稳态热流计算时才使用包含气候条件的热流边界条件，而选择地温梯度选项时，不使用热流边界条件。

(16) 图 18-10 显示了第 1 阶段定义完成后的模型。

图 18-9 第 1 阶段的模型条件　　　　图 18-10 第 1 阶段的模型

对应代码如下：

```
phase1 = g_in.phase(phase0)
g_in.Model.CurrentPhase = phase1
phase1.Identification = "Construction"
phase1.PorePresCalcType = "Steady state groundwater flow"
phase1.Flow.ThermalCalcType = "Steady state thermal flow"
g_in.setmaterial(g_in.Soil_1_Soil_2_1, phase1, material2)
g_in.deactivate((g_in.BoreholePolygon_1_1), phase1)
g_in.WaterConditions_1_1.Conditions[phase1] = "Dry"
g_in.activate((g_in.ThermalFlowBCs), phase1)
g_in.activate((g_in.Climate), phase1)
g_in.Climate.AirTemperature[phase1] = 283
g_in.Climate.SurfaceTransfer[phase1] = 1
g_in.deactivate((g_in.ThermalFlow), phase1)
```

18.6.3 第 2 阶段

（1） 添加一个新的阶段 Phase_2。

（2）双击"阶段浏览器"中的 Phase_2。

（3）设置计算类型为渗流与变形完全耦合分析。

（4）热计算类型设置为使用前一阶段温度。这意味着计算时考虑了温度效应并且初始温度使用前一阶段温度。

（5）"时间间隔"设置为 10d。

（6）选中重置位移为零和忽略吸力选项。

本阶段气候选项需要定义一个和时间相关的温度函数。创建温度函数的具体步骤如下：

1）右键"模型浏览器"属性库中的"热函数"选项，在出现的下拉菜单中选择"编辑"选项，将弹出"热函数"窗口。

2） 在"温度函数"标签中，通过单击对应按钮添加一个新的函数。这个新的函数默认被高亮显示，同时右侧显示需要定义的信息。

3）信号栏中默认选项为简谐波。

4）为振幅指定值为 15，时间为 40d。图表显示了定义的函数，如图 18-11 所示。因为阶段的时间间隔定义为 10d，本阶段仅考虑了温度循环的四分之一，这意味着 10d 后温度增加到 15K。

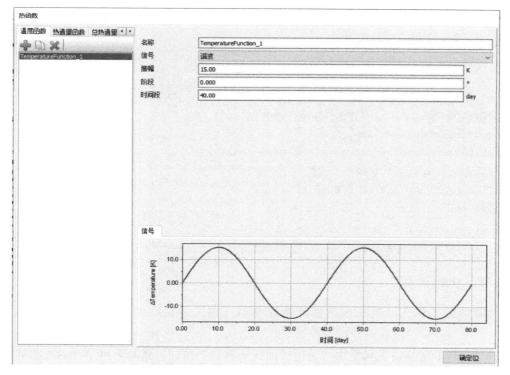

图 18-11　温度函数窗口

5) 单击"OK",关闭热函数窗口。

6) 展开"模型浏览器"中"模型条件"子目录。

7) 将"气候"选项中的与时间相关选项选择为"和时间相关",并指定上面定义好的温度函数,如图 18-12 所示。

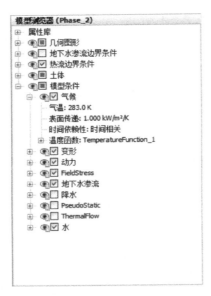

图 18-12　第 2 阶段的模型条件

对应代码如下:

```
phase2 = g_in.phase(phase1)
g_in.Model.CurrentPhase = phase2
phase2.Identification = "Heating"
phase2.DeformCalcType = "Fully coupled flow-deformation"
phase2.Flow.ThermalCalcType = "Use temperatures from previous phase"
phase2.TimeInterval = 10
phase2.Deform.ResetDisplacementsToZero = True
g_in.temperaturefunction()
g_in.TemperatureFunction_1.Amplitude = 15
g_in.TemperatureFunction_1.Period = 40
g_in.Climate.TimeDependency[phase2] = "Time dependent"
g_in.Climate.TemperatureFunction[phase2] = g_in.TemperatureFunction_1
```

18.6.4　执行计算

计算的定义现在已经完成。在开始计算前,建议为稍后生成的曲线选择节点或应力点。

(1) 单击竖向工具栏中"为生成曲线选择点"按钮。选择一些为生成曲线的特殊的点[例如开挖的顶点(5,0)]。

（2）$\boxed{fv}$ 开始运行计算。

（3）💾 计算完成之后保存。

对应代码如下：

```
output_port = g_in.selectmeshpoints()
s_out,g_out= new_server('localhost',output_port,password= s_in.connection._password)
g_out.addcurvepoint('node', g_out.Soil_1_1, (5,0))
g_out.update()
g_in.set(g_in.Phases[0].ShouldCalculate,
g_in.Phases[1].ShouldCalculate,g_in.Phases[2].ShouldCalculate, True)
g_in.calculate()
g_in.save(r'% s/% s' % (folder, 'Tutorial_17'))
```

18.7　结果

在"阶段浏览器"，选择"初始阶段"并单击竖向工具栏中的"查看计算结果"按钮。在输出程序中，选择"应力"菜单中"热流"→"温度选项"。

图 18-13 显示了初始温度分布，初始温度基于参考地面温度和地温梯度，显示了地面温度为 283K 和模型底部为 283.4K。

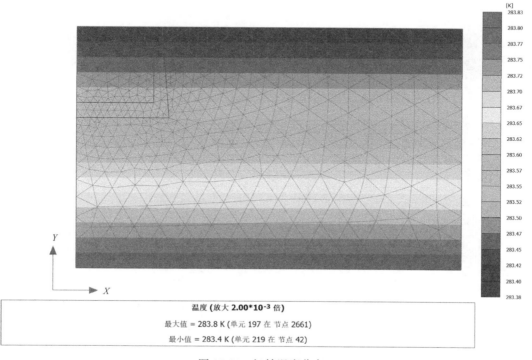

图 18-13　初始温度分布

图 18-14 显示了第 1 阶段稳态热流计算的温度分布。事实上，模型顶部和底部的温度和初始阶段的温度一样。然而，因为地表温度现在定义为气候条件（空气温度），这个温度也施加在船闸内侧，影响地表的温度分布。

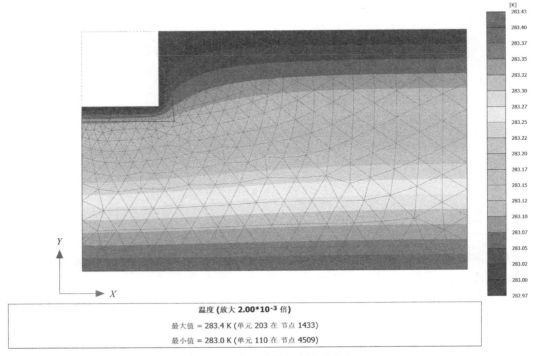

图 18-14　第 1 阶段稳态温度分布

第 2 阶段气候条件中的空气温度逐渐从 283K 到 298K（通过定义振幅为 15K，四分之一的简谐波），得到了最关注的计算结果。图 18-15 显示了地表的温度与时间的函数。

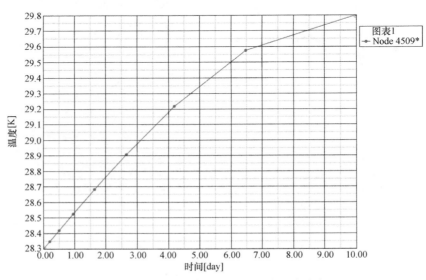

图 18-15　A 点随时间函数变化的温度分布

由于船闸内侧温度的增加,然而船闸外侧的温度保持不变,这将使墙弯向土体。图 18-16 显示了第 2 阶段变形网格。这个弯向后面的弯矩,将使船闸后面土体的侧向应力增大,向被动土压力状态发展,如图 18-17 所示。注意,图 18-17 中图形大小不同,因为它只显示了多孔介质的应力。在后处理窗口中,点击查看"菜单"→"设置",设置窗口结果标签下可以改变。

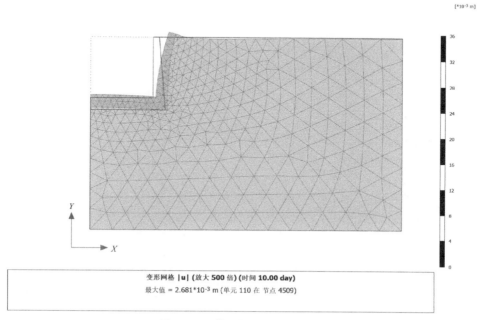

图 18-16　第 2 阶段变形的网格

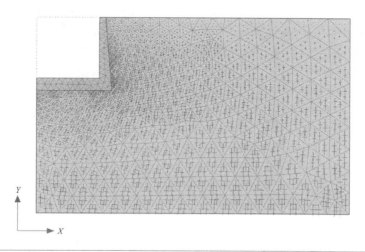

图 18-17　第 2 阶段有效主应力

18.8 案例 17 完整代码

```
import math
fromplxscripting.easy import *
s_in, g_in = new_server('localhost', 10000, password= 'Yourpassword')
folder = r'D:\PLAXIS\PLAXIS 2D temp\Test'
filename = r'Tutorial_17'
s_in.new()
g_in.SoilContour.initializerectangular(0,-16,25,0)
g_in.borehole(0)
g_in.soillayer(0)
g_in.Soillayer_1.Zones[0].Bottom = -16
g_in.Borehole_1.Head = -4
material1 = g_in.soilmat()
material1.setproperties("Identification",'Sand',"Colour",15262369,"SoilModel",4,
"Gammasat",20.0,"Gammaunsat",20,"einit",0.5,"E50ref",40e3,"Eoedref",40e3,"Eurref",
120e3,"powerm",0.5,"cref",2,"phi",32.0,"psi",2.0,"G0ref",80e3,"gamma07",0.1e-3,
"InterfaceStrengthDetermination",0,"DrainageType",0,"GroundwaterClassificationType",
2,"SWCCFittingMethod",0,"GroundwaterSoilClassStandard",0,"GwUseDefaults",True,
"ThCs",860,"rhoS",2.6,"ThLambdaS",4e-3,"ThermalExpansionType",0,"ThAlphaSX",0.5E
6,"ThAlphaSY",0.5E-6,"ThAlphaSZ",0.5E-6)
material2 = g_in.soilmat()
material2.setproperties("Identification","Concrete","Colour",10676870,"SoilModel",1,"
Gammaunsat",24.0,"einit",0.5,"DrainageType",4,"Eref",25e6,"nu",0.15,"InterfaceStrength
Determination",1,"Rinter",0.67,"ThCs",900,"rhoS",2.5,"ThLambdaS",1e-3,"ThAlphaSX",
0.01E-3,"ThAlphaSY",0.01E-3,"ThAlphaSZ",0.01E-3)
g_in.setmaterial(g_in.Soillayer_1, material1)
g_in.gotostructures()
g_in.polygon ((0,-5),(5,-5),(5,0),(5.5,0),(6,-6),(0,-6),(0,-5))
g_in.tfbc ((0,0),(0,-16))
g_in.tfbc (g_in.Point_2,(25,-16))
g_in.tfbc (g_in.Point_3,(25,0))
g_in.Line_2.ThermalFlowBC.Behaviour = "Temperature"
g_in.Line_2.ThermalFlowBC.Tref = 283.4
g_in.mergeequivalents(g_in.Geometry)
g_in.gotomesh()
g_in.BoreholePolygon_1_Polygon_1_1.CoarsenessFactor = 0.25
g_in.mesh(0.06)
g_in.gotostages()
g_in.InitialPhase.Flow.ThermalCalcType = "Earth gradient"
g_in.activate(g_in.ThermalFlow, g_in.InitialPhase)
```

```
g_in.ThermalFlow.T_ref[g_in.InitialPhase] = 283
phase0 = g_in.InitialPhase
phase1 = g_in.phase(phase0)
g_in.Model.CurrentPhase = phase1
phase1.Identification = "Construction"
phase1.PorePresCalcType = "Steady state groundwater flow"
phase1.Flow.ThermalCalcType = "Steady state thermal flow"
g_in.setmaterial(g_in.Soil_1_Soil_2_1, phase1, material2)
g_in.deactivate((g_in.BoreholePolygon_1_1), phase1)
g_in.WaterConditions_1_1.Conditions[phase1] = "Dry"
g_in.activate((g_in.ThermalFlowBCs), phase1)
g_in.activate((g_in.Climate), phase1)
g_in.Climate.AirTemperature[phase1] = 283
g_in.Climate.SurfaceTransfer[phase1] = 1
g_in.deactivate((g_in.ThermalFlow), phase1)
phase2 = g_in.phase(phase1)
g_in.Model.CurrentPhase = phase2
phase2.Identification = "Heating"
phase2.DeformCalcType = "Fully coupled flow-deformation"
phase2.Flow.ThermalCalcType = "Use temperatures from previous phase"
phase2.TimeInterval = 10
phase2.Deform.ResetDisplacementsToZero = True
g_in.temperaturefunction()
g_in.TemperatureFunction_1.Amplitude = 15
g_in.TemperatureFunction_1.Period = 40
g_in.Climate.TimeDependency[phase2] = "Time dependent"
g_in.Climate.TemperatureFunction[phase2] = g_in.TemperatureFunction_1
output_port = g_in.selectmeshpoints()
s_out, g_out = new_server('localhost', output_port, password= s_in.connection._password)
g_out.addcurvepoint('node', g_out.Soil_1_1, (5,0))
g_out.update()
g_in.set(g_in.Phases[0].ShouldCalculate, g_in.Phases[1].ShouldCalculate, g_in.Phases[2].ShouldCalculate, True)
g_in.calculate()
g_in.save(r'% s/% s' % (folder, 'Tutorial_17'))
```

本案例到此结束！

案例18：隧道施工中冻结管的应用 [ULT]

本例展示由于地层冻结导致耦合地下水流动和热流动的变化。隧道的施工中使用冻结管。首先在土层中安装冻结管，冻结土层使土层不透水，以便开挖隧道。这种施工方法需要很多能量冷却土层，所以当存在地下水流动时通过模拟制冷行为，以便设计最佳的冷冻系统。

目 标

- 模拟土层冻结，热流动和地下水流动耦合
- 模拟未冻土体含水量
- 使用命令行定义结构单元

几何模型

本案例半径为3m的隧道，在厚度为30m的土层中施工，几何模型如图 19-1 所示。从左到右都存在地下水流动，进而影响着土层的热力学行为。首先土层遭受低温的冻结管，一旦土层充分冻结，就开始隧道施工。本例中不包含隧道施工过程。

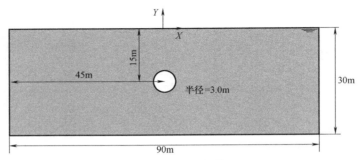

图 19-1　案例几何模型

因为地下水流动引起温度的不对称分布，因此模拟整个模型，然而在原来的案例中仅取一半模型就足够了。

19.1 开始新项目

(1) 打开 PLAXIS 2D AE 程序,将会弹出"快速选择"对话框,选择一个新的工程。
(2) 在"项目属性"窗口的"项目"标签下,键入一个合适标题。
(3) 在"模型"标签下,模型(平面应变)和单元(15-Node)保持默认选项。单位值也取默认值。注意质量的单位自动设置为吨。
(4) 在几何形状设定框中设定土层模型尺寸"$x_{min}=-45$,$x_{max}=45$,$y_{min}=-30$,$y_{max}=0$"。
(5) 在物理常数标签中,设置 T_{water} 和 T_{ref} 为283K,其他物理常数保持默认值。
(6) 点击"确定",关闭"项目属性"窗口,完成设定。

对应代码如下:

```
s_in.new()
g_in.SoilContour.initializerectangular(-45,-30,45,0)
```

19.2 土层定义

(1) 创建钻孔命令,在"$x=0$"处,弹出"修改土层"对话框。
(2) 在修改土层窗口添加一层土,顶部=0m,底部=-30m。设置水头高度为地表位置 0m。

根据表19-1,创建材料数据。

对应代码如下:

```
g_in.borehole(0)
g_in.soillayer(0)
g_in.Soillayer_1.Zones[0].Bottom = -30
```

19.3 创建和指定材料参数

按表19-1中的参数定义常规参数和地下水。

土的材料属性   表 19-1

参数类型	参数名称	符号	砂土层参数值	单位
常规	材料类型	—	摩尔-库仑	—
	排水类型	—	排水	—
	不饱和重度	γ_{unsat}	18	kN/m³
	饱和重度	γ_{sat}	18	kN/m³
	初始孔隙比	e_{init}	0.5	—

续表

参数类型	参数名称	符号	砂土层参数值	单位
力学	杨氏模量	E'	100×10^3	kN/m^2
	泊松比	ν'_{ur}	0.3	—
	黏聚力	c'_{ref}	0	kN/m^2
	内摩擦角	φ'	37	°
	剪胀角	ψ	0	°
地下水	分类类型	—	标准	—
	土体类(标准)	—	中等	—
	使用默认值	—	否	—
	水平方向渗透系数	k_x	1	m/day
	竖直方向渗透系数	k_y	1	m/day
热力学	比热容	c_s	860	kJ/t/K
	热导系数	λ_s	4×10^{-3}	kW/m/K
	土密度	ρ_s	2.6	t/m^3
	热膨胀类型	—	线性	—
	热膨胀	α_s		1/K
	未冻水饱和度法	—	用户定义(表19-2)	—
界面	界面刚度		刚性	
	热阻	$R_{thermal}$	0	$m^2 \cdot K/kW$
初始	K_0 确定		自动	

为了模拟特定温度下流过土层中的水流量,通过定义特定温度下未冻结含水量表确定未冻结含水量曲线。其他项目中也可以使用该表,因此可以保持这张表加载到其他项目中。

(1) 单击"热"标签,输入表19-1给定的值。
(2) 单击标签底部未冻结含水量前的复选框。
(3) 通过单击"添加列"按钮为表添加列。按照表19-2输入相应数据。
(4) 按照表19-1键入"界面"和"初始标签"中的值。
(5) 单击"确定",关闭数据组。
(6) 指定材料给土层。

砂土未冻结含水量　　　　　　　　　　表19-2

序号	温度(K)	未冻结含水量
1	273.0	1.00
2	272.0	0.99
3	271.6	0.96
4	271.4	0.90

续表

序号	温度/K	未冻结含水量[—]
5	271.3	0.81
6	271.0	0.38
7	270.8	0.15
8	270.6	0.06
9	270.2	0.02
10	269.5	0.00

对应代码如下：

```
material1 = g_in.soilmat()
material1.setproperties("Identification", 'Sand',"Colour",10676870,"SoilModel",
2,"Gammasat",18.0,"Gammaunsat",18,"nu",0.3,"einit",0.5,"Eref",100e3,"cref",0,
"phi",37.0,"psi",0.0,"InterfaceStrengthDetermination",0,"Rthermal",0,"Drainage
Type",0)
material1.setproperties("GroundwaterClassificationType",0)
material1.setproperties("GroundwaterSoilClassStandard",1)
material1.setproperties("GwUseDefaults",False,"PermHorizontalPrimary",1.0,"Perm
Vertical",1.0)
material1.setproperties("ThCs", 860,"rhoS",2.6,"ThLambdaS",4e-3)
material1.setproperties("ThAlphaSV",15E-6)
material1.setproperties ( " PhaseChange", True," UnfrozenWaterSaturationMethod"," user
defined")
material1.setproperties("UnfrozenWaterSaturationTable","[273,1,272,0.99,271.6,
0.96,271.4,0.9,271.3,0.81,271,0.38,270.8,0.15,270.6,0.06,270.2,0.02,269.5,0]")
g_in.Soillayer_1.Soil.Material = material1
```

19.4 定义结构单元

通过定义和冻结管直径（10cm）相同长度的线模拟冻结管，包括对流边界条件。为了简单，本例中只定义12根冷冻元件，然而实际上为了使土层足够的冻结，使用了更多的冷冻元件。

(1) 切换到"结构"模式。

(2) 单击竖向工具栏中"创建线"按钮。

(3) 单击命令行，键入"line0 −12.05 0 −11.95"，按<Enter>键创建第一个冻结管。

(4) 根据表 19-3 类似地创建其余冻结管。

(5) 使用竖向工具栏中选择"更多对象"→"选择线"，将刚才创建的线选中。

(6) 右键选择线，选择热流边界条件为"冷冻管"，创建热流边界条件。

(7) 选中冻结管，展开"选择浏览器"中"热流边界"条件子目录。

(8)"行为"设置为"对流",T_{fluid}为"250K",传递系数指定为"$1.0kW/m^2/K$"。

(9) 绘制代表边界条件的线(0,0)和(85,0)。

(10) 右键创建的线并从下拉菜单中选择热流边界条件选项。

(11) 再次右键创建的线并从下拉菜单中选择地下水流动边界"创建边界条件"。

(12) 相似的创建边界(−45,0)到(45,−30),(45,−30)到(−45,−30)和(0,−45)和(−45,0)。

PLAXIS允许施加不同热力边界条件。本例中冻结管模拟为对流边界条件。

(13) 多选创建的边界。

(14) 热流边界条件行为设置为温度,T_{ref}为283K。

为了指定地下水边界条件,按照下列步骤:

(1) 多选顶部和底部边界。

(2) 对于地下水流动边界,设置行为为关闭。

(3) 选择左边边界,设置行为为流入"$q_{ref}=0.1m/day$"。

(4) 右边界有默认的渗漏行为。

使用隧道设计器创建隧道。因为本例中不考虑变形,因此没有必要为隧道指定板的材料属性。生成的隧道仅用来沿冻结管周围生成更密实和均匀的网格。在任何阶段都不激活隧道,但是PLAXIS将会发现线单元并根据这些单元生成网格。改变冻结管单元的粗糙系数将生成更密实,但是相对不均匀的网格。

(5) 单击竖向工具栏中的"创建隧道"按钮,在绘图区单击(0,−18)。

(6) 形状类型选择"圆",注意默认选项是自由。

(7) 本例使用默认的定义整个隧道选项。

(8) 切换至"线段"标签,为生成的两个线段半径定义为3m。

(9) 单击"生成"按钮,生成定义的隧道。关闭"隧道设计器"窗口。

模型的几何信息如图19-2所示。

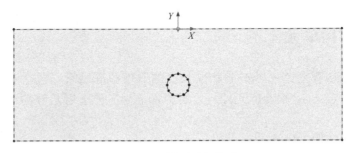

图19-2 模型几何信息

对应代码如下:

```
g_in.gotostructures()
g_in.line((0,- 11.95), (0,- 12.05))
g_in.arrayp((g_in.Line_1),(0,- 15), 360, 12, True)
for lines in g_in.Lines:
```

```
    g_in.tfbc(lines)
    lines.ThermalFlowBC.Behaviour = "Convection"
    lines.ThermalFlowBC.Tfluid = 250
    lines.ThermalFlowBC.TransferCoefficient = 1
g_in.tfbc ((- 45,0), (- 45,- 30))
g_in.tfbc (g_in.Point_26, (45,- 30))
g_in.tfbc (g_in.Point_27, (45,0))
g_in.tfbc (g_in.Point_25, g_in.Point_28)
for i in range(13,17):
    lines2 =  g_in.Lines[i-1]
    g_in.gwfbc(lines2)
    lines2.ThermalFlowBC.Behaviour = "Convection"
    lines2.ThermalFlowBC.Tfluid = 250
    lines2.ThermalFlowBC.TransferCoefficient = 1
    lines2.ThermalFlowBC.Behaviour = "Temperature"
    lines2.ThermalFlowBC.Tref = 283
    if i= = 13:
        lines2.GWFlowBC.Behaviour = "Inflow"
        lines2.GWFlowBC.Qref = 0.1
    if i= = 14or i= = 16:
        lines2.GWFlowBC.Behaviour = 'Closed'
g_in.tunnel(0,- 18)
g_in.Tunnel_1.CrossSection.ShapeType = "Circular"
g_in.Tunnel_1.CrossSection.Segments[0].ArcProperties.Radius =  3
g_in.generatetunnel(g_in.Tunnel_1)
g_in.mergeequivalents(g_in.Geometry)
```

19.5 网格生成

（1）切换到网格模式。

（2）使用默认的单元分布参数（中等）。

（3）生成的结果如图 19-3。

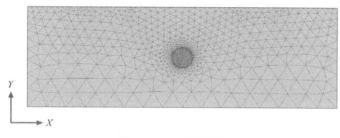

图 19-3 生成的网格

（4）单击"关闭"按钮，关闭输出窗口。

对应代码如下：

```
g_in.gotomesh()
g_in.mesh(0.06)
```

19.6 定义阶段并计算

本例计算执行仅渗流计算。

19.6.1 初始阶段

（1）切换到"分阶段施工"模式。
（2）双击"阶段浏览器"的"初始阶段"。
（3）阶段窗口常规标签计算类型选择"仅渗流"选项。
（4）热力计算类型选择"地温梯度"选项。
（5）在分阶段施工模式中"激活模型条件"子目录的热流动并将 T_{ref} 值改为283K，h_{ref} 为 0。地温梯度为 0K/m，初始阶段模型如图 19-4 所示。

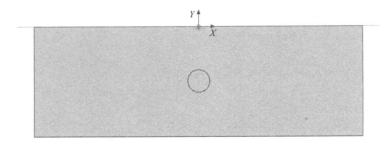

图 19-4 初始阶段

对应代码如下：

```
g_in.gotostages()
g_in.InitialPhase.DeformCalcType = "Flow only"
g_in.InitialPhase.Flow.ThermalCalcType = "Earth gradient"
g_in.activate(g_in.ThermalFlow, g_in.InitialPhase)
g_in.ThermalFlow.EarthGradient[g_in.InitialPhase] = 0
phase0 = g_in.InitialPhase
```

19.6.2 第1阶段

（1）![]添加新的阶段。
（2）双击"阶段浏览器"中第1阶段。
（3）在"阶段"窗口，为本阶段键入一个合适的名称（例如"瞬态计算"）。

(4) ![icon] 将"孔压计算类型"选择为"瞬态地下水流动"。

(5) ![icon] "热计算类型"选择为"瞬态热流选项"。

(6) 设置时间间隔为 180d，储存最大步骤为 100，这样计算完成后能够查看中间时间步。

(7) 在"分阶段施工"模式中，通过单击"模型浏览器"热流边界条件前复选框，激活所有的热力边界条件。

(8) 在"模型浏览器"中，激活地下水渗流边界条件子目录中的左边、顶部、右边和底部四个地下水渗流边界条件。

(9) 在"模型浏览器"中"冻结模型条件"子目录中的"热流条件"选项。

对应代码如下：

```
phase1 = g_in.phase(phase0)
g_in.Model.CurrentPhase = phase1
phase1.Identification = "Freezing"
phase1.PorePresCalcType = "Transient groundwater flow"
phase1.Flow.ThermalCalcType = "Transient thermal flow"
phase1.TimeInterval = 180
phase1.MaxStepsStored = 100
g_in.activate((g_in.GroundwaterFlowBCs), phase1)
g_in.activate((g_in.ThermalFlowBCs), phase1)
g_in.deactivate((g_in.ThermalFlow), phase1)
```

19.6.3　执行计算

(1) 单击竖向工具栏中的为"生成曲线选择点"按钮。为生成曲线选择一些特征点（例如两个冻结管中间的节点）。

(2) ![icon] 在"分阶段施工"模式中选择"计算"按钮，计算项目。

(3) ![icon] 计算完成后保存该项目。

对应代码如下：

```
output_port = g_in.selectmeshpoints()
s_out, g_out = new_server('localhost', output_port,
password= s_in.connection._password)
g_out.addcurvepoint('node', g_out.Soil_1_2, (0,- 15))
g_out.addcurvepoint('node', g_out.Soil_1_1, (- 2.9,- 14.22))
g_out.update()
g_in.set(g_in.Phases[0].ShouldCalculate, g_in.Phases[1].ShouldCalculate,True)
g_in.calculate()
```

19.7　结果

计算结果可能是两个冻结管间最终没有地下水流动，地下水流过整个模型和稳态和瞬态计算温度分布的情况。输出程序中查看计算结果：

(1) 单击工具栏中的"查看计算结果"。

(2) 选择菜单"应力"→"热流动"→"温度"。

(3) 图 19-5 显示了瞬态计算最后计算步温度的空间分布。

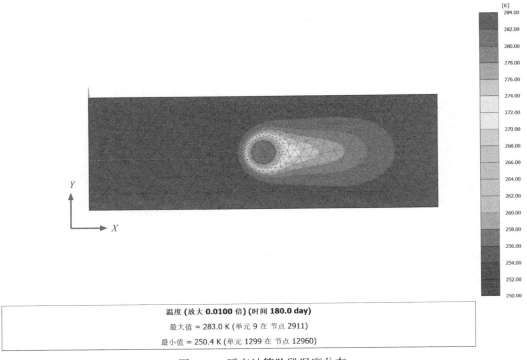

图 19-5　瞬态计算阶段温度分布

(4) 菜单"应力"→"地下水流动"→"$|q|$"。

(5) 在视图菜单中选择箭头选项或者单击对应的按钮以矢量图的形式显示。

(6) 在输出程序中，可以查看计算结果的中间保存的计算步，也可以查看隧道冻结过程。

(7) 图 19-6 显示了瞬态计算某一个中间步的地下水渗流场分布（大约 38d）。

(8) 图 19-7 显示了瞬态渗流计算最后时间步渗流场。可以非常清楚地看到整个隧道内部都冻结了，没有渗流发生。

(9) 由图 19-8 可以看出温度下降非常快，直到约 273K，孔隙水开始由水变成冰。在这一过程中，温度几乎保持不变，直到所有孔隙水都变成冰（在 $t=122$s 时），冰的温度才进一步下降。

19 案例18：隧道施工中冻结管的应用 [ULT]

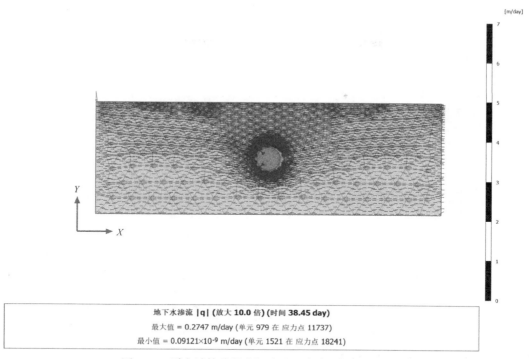

图 19-6　瞬态计算阶段中间步地下水渗流场（$t \approx 38$d）

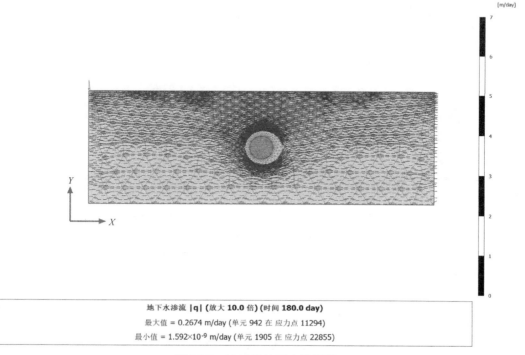

图 19-7　180d 后地下水渗流场

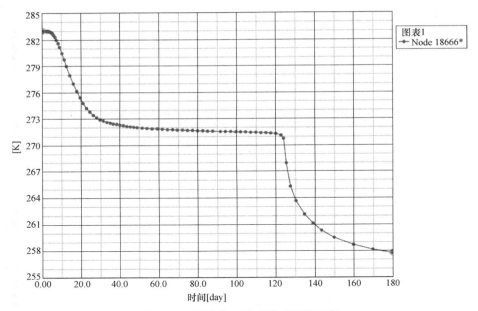

图 19-8　隧道中心温度随时间的下降

19.8　案例 18 完整代码

```
import math
from plxscripting.easy import *
s_in, g_in = new_server('localhost', 10000, password= 'Yourpassword')
folder = r'D:\PLAXIS\PLAXIS 2D temp\Test'
filename = r'Tutorial_18'
s_in.new()
g_in.SoilContour.initializerectangular(- 45,- 30,45,0)
g_in.borehole(0)
g_in.soillayer(0)
g_in.Soillayer_1.Zones[0].Bottom =  - 30
material1 = g_in.soilmat()
material1.setproperties("Identification", 'Sand',"Colour",10676870,"SoilModel", 2,
"Gammasat",18.0,"Gammaunsat", 18, "nu", 0.3, "einit", 0.5, "Eref", 100e3, "cref", 0, "phi",
37.0,"psi", 0.0, "InterfaceStrengthDetermination", 0, "Rthermal", 0, "DrainageType", 0)
material1.setproperties("GroundwaterClassificationType",0)
material1.setproperties("GroundwaterSoilClassStandard",1)
material1.setproperties("GwUseDefaults", False, "PermHorizontalPrimary", 1.0, "PermVertical",1.0)
material1.setproperties("ThCs", 860,"rhoS",2.6,"ThLambdaS", 4e-3)
material1.setproperties("ThAlphaSV",15E-6)
material1.setproperties("PhaseChange",True,"UnfrozenWaterSaturationMethod","user
```

```
defined")
material1.setproperties ("UnfrozenWaterSaturationTable","[273,1,272,0.99,271.6,
0.96,271.4,0.9,271.3,0.81,271,0.38,270.8,0.15,270.6,0.06,270.2,0.02,269.5,0]")
g_in.Soillayer_1.Soil.Material = material1
g_in.gotostructures()
g_in.line((0,-11.95),(0,-12.05))
g_in.arrayp((g_in.Line_1),(0,-15),360,12,True)
for lines in g_in.Lines:
    g_in.tfbc(lines)
    lines.ThermalFlowBC.Behaviour = "Convection"
    lines.ThermalFlowBC.Tfluid = 250
    lines.ThermalFlowBC.TransferCoefficient = 1
g_in.tfbc ((-45,0), (-45,-30))
g_in.tfbc (g_in.Point_26, (45,-30))
g_in.tfbc (g_in.Point_27, (45,0))
g_in.tfbc (g_in.Point_25, g_in.Point_28)
for i in range(13,17):
    lines2 = g_in.Lines[i-1]
    g_in.gwfbc(lines2)
    lines2.ThermalFlowBC.Behaviour = "Convection"
    lines2.ThermalFlowBC.Tfluid = 250
    lines2.ThermalFlowBC.TransferCoefficient = 1
    lines2.ThermalFlowBC.Behaviour = "Temperature"
    lines2.ThermalFlowBC.Tref = 283
    if i==13:
        lines2.GWFlowBC.Behaviour = "Inflow"
        lines2.GWFlowBC.Qref = 0.1
    if i==14 or i==16:
        lines2.GWFlowBC.Behaviour = 'Closed'
g_in.tunnel(0,-18)
g_in.Tunnel_1.CrossSection.ShapeType = "Circular"
g_in.Tunnel_1.CrossSection.Segments[0].ArcProperties.Radius = 3
g_in.generatetunnel(g_in.Tunnel_1)
g_in.mergeequivalents(g_in.Geometry)
g_in.gotomesh()
g_in.mesh(0.06)
g_in.gotostages()
g_in.InitialPhase.DeformCalcType = "Flow only"
g_in.InitialPhase.Flow.ThermalCalcType = "Earth gradient"
g_in.activate(g_in.ThermalFlow, g_in.InitialPhase)
g_in.ThermalFlow.EarthGradient[g_in.InitialPhase] = 0
phase0 = g_in.InitialPhase
phase1 = g_in.phase(phase0)
```

```
g_in.Model.CurrentPhase = phase1
phase1.Identification = "Freezing"
phase1.PorePresCalcType = "Transient groundwater flow"
phase1.Flow.ThermalCalcType = "Transient thermal flow"
phase1.TimeInterval = 180
phase1.MaxStepsStored = 100
g_in.activate((g_in.GroundwaterFlowBCs), phase1)
g_in.activate((g_in.ThermalFlowBCs), phase1)
g_in.deactivate((g_in.ThermalFlow), phase1)
output_port = g_in.selectmeshpoints()
s_out, g_out = new_server('localhost', output_port, password= s_in.connection._password)
g_out.addcurvepoint('node', g_out.Soil_1_2, (0,- 15))
g_out.addcurvepoint('node', g_out.Soil_1_1, (- 2.9,- 14.22))
g_out.update()
g_in.set(g_in.Phases[0].ShouldCalculate, g_in.Phases[1].ShouldCalculate,True)
g_in.calculate()
g_in.save(r'% s/% s' % (folder, 'Tutorial_17'))
```

本案例到此结束！

参 考 文 献

[1] 北京金土木软件技术有限公司. PLAXIS 岩土工程软件使用指南 [M]. 北京：人民交通出版社，2010.

[2] 刘志祥，张海清. PLAXIS 3D 基础教程 [M]. 北京：机械工业出版社，2015.

[3] 刘志祥，张海清. PLAXIS 高级应用教程 [M]. 北京：机械工业出版社，2015.

[4] ADACHI T, OKA F. Constitutive equation for normally consolidated clays based on elastoviscoplasticity [J]. Soils and Foundations，1982 (22)：57-70.

[5] ATKINSON J H, Bransby P L. The mechanics of soils [M]. London：McGraw-Hill，1978.

[6] BATHE K J. Finite element analysis in engineering analysis [M]. New Jersey：Prentice-Hall，1982.

[7] Benz T，Schwab R，Vermeer P A，et al. A Hoek- Brown criterion with intrinsic material strength factorization [J]. Int. J. of Rock Mechanics and Mining Sci.，2007，45 (2)：210-222.

[8] BJERUM L. Engineering geology of Norwegian normally-consolidated marine clays as related to settlements of buildings [J]. Seventh Rankine Lecture，Geotechnique，1967 (17)：81-118.

[9] BOLTON M D. The strength and dilatancy of sands [J]. Geotechnique，1986，36 (1)：65-78.

[10] BORIA R I, KAVAMNJIAN E. A constitutive model for the r-8-t behaviour of wet clays [J]. Geotechnique，1985 (35)：283-298.

[11] BRINKGREVE R B J, BAKKER H L. In Proc. 7th Int. Conf. on Comp. Methods and Advances in Geomechan [C]. Cairns，1991：1117-1122.

[12] BRINKGREVE R B J, ENGIN E, SWOLFS W M, et al. PLAXIS 2D 2015 User's Manuals [M]. The Netherlands，PLAXIS BV，Delft，2015.

[13] BRINKGREVE R B J, KAPPERT M H, BONNIER P G. Numerical Models in Geomechanics-NUMOG X [C]. London：Taylor & Francis Group, 2007：737-742.

[14] BRINKGREVE R B J. Geomaterial models and numerical analysis of softening [D]. Delft：Delft University of Technology，1994.

[15] BUISMAN K. Proceedings of the First International Conference on Soil Mechanics and Foundation Engineerit Cambridge，Mass，1936 [C]. Mass：Harvard Printing Office，1965 (1)：103-107.

[16] BURLAND J B. Deformation of soft clay [D]. Cambridge：Cambridge University，1967.

[17] BURLAND J B. The yielding and dilation of clay (Correspondence) [J]. Geotechnique, 1965 (15)：211-214.

[18] CUR. Geotechnical exchange format for cpt-data [R]. Technical report，CUR，2004.

[19] DAS B M. Fundamentals of soil dynamics [M]. New York：Elsevier，1983.

[20] DAVIS E H, Booker J R. The effect of increasing strength with depth on the bearing capacity of clays [J]. Geotechnique，1973，23 (4)：551-563.

[21] DRUCKER D C, PRAGER W. Soil mechanics and plastic analysis or limit design [J]. Quart. Appl. Math. 1952, 10 (2)：157-165.

[22] DUNCAN J M, CHANG C Y. Nonlinear analysis of stress and strain in soil [J]. ASCE J. of the Soil Mech. And Found. Div.，1970 (96)：1629-1653.

[23] FUNG Y C. Foundations of solid mechanics [M]. New Jersey：Prentice-Hall，1965.

[24] GIBSON R E. Some results concerning displacements and stresses in a non- homogeneous elastic half-space [J]. Geotechnique，1967 (17)：58-64.

[25] GOODMAN R E, TAYLOR R L, BREKKET L. A model for the mechanics of jointed rock [J]. Journal of Soil Mechanics & Foundations Div, 1968, 94 (sm3): 637-659.

[26] JOYNER W B, CHEN A T F. Calculation of non linear ground response in earthquake [J]. Bulletin of Seism logical Society of America, 1969 (65): 1315-1336.

[27] KRAMER S L. Geotechnical earthquake engineering [M]. New Jersey: Prentice-Hall, 1996.

[28] LYSMER J, KUHLMEYER R L. Finite dynamic model for infinite media [J]. Engineering mechanics division ASCE, 1969 (95): 859-877.

[29] MATTIASSON K. Numerical results from large deflection beam and frame problems analyzed by means of ellip integrals [J]. Int. J. Numer. Methods Eng., 1981 (17): 145-153.

[30] PESCHL G M. Institute for Soil Mechanics and Foundation Engineering [C]. Graz: Graz University of Technology, 2004.

[31] SCHANK O, GARTNER K. On fast factorization pivoting methods for symmetric indefinite systems [J]. Electron Transactions on Numerical Analysis, 2006 (23): 158-179.

[32] SCHANK O, WACHTER A, HAGEMANN M. Matching-based preprocessing algorithms to the solution of saddl point problems in large-scale nonconvex interior-point optimization [J]. Computational Optimization and applications, 2007, 36 (2-3): 321-341.

[33] SCHANZ T, VERMEER P A, BONNIER P G. Beyond 2000 in Computational Geotechnics [C]. Rotterdam: Balk ma, 1999: 281-290.

[34] SCHANZ T, VERMEER P A. Angles of friction and dilatancy of sand [J]. Geotechnique, 1996 (46): 145-151.

[35] SCHANZ T, VERMEER P A. Special issue on pre-failure deformation behaviour of geomaterials Geotechnique, 1998 (48): 383-387.

[36] SCHIKORA K, FINK T. Berechnmungsmethoden moderner bergmannischer bauweisen beim u-bahnbau [J]. Bauingenieur, 1982 (57): 193-198.

[37] SLUIS J J M. Validation of Embedded Pile Row in PLAXIS 2D [D]. Delt: Delft University of Technology, 2012.

[38] SMITH I M, Griffith D V. Programming the finite element method [M]. 2nd ed. Hoboken: John Wiley & Sons, 1982.

[39] VAID Y, CAMPANELLA R C. Time-dependent behaviour of undisturbed clay [J]. ASCE Journal of the Geotec nical Engineering Division, 1977, 103 (GT7): 693-709.

[40] VAN LANGEN H, VERMEER P A. Automatic step size correction for non- associated plasticity problems [J]. Int. J. Numer. Meth. Engng., 1990, 29 (3): 579-598.

[41] VAN LANGEN H, VERMEER P A. Interface elements for singular plasticity points [J]. Int. J. Num. Anal Meth. in Geomech., 1991 (15): 301-315.

[42] VAN LANGEN H. Numerical analysis of soil structure interaction [D]. Delft: Delft University of Technolog, 1991.

[43] VERMEER P A, DE BORST R. Non-associated plasticity for soils, concrete and rock [J]. HERON, 1984, 29 (3): 3-64.

[44] VERMEER P A, STOLLE D FE, BONNIER P G. Proc. 9th Int. Conf. Comp. Meth. and Adv. Geomech [C]. Wuhan, China, 1998 (4): 2469-2478.

[45] VERMEER P A. Proc. 3rd Int. Conf. Num. Meth. Geomech [C]. Rotterdam: Balkema, 1979: 377-387.

[46] VERMEER P A, Van Langen H. Soil collapse computations with finite elements [J]. Archive of

Applied Mechanics, 1989, 59 (3): 221-236.

[47] ZIENKIEWICZ O C, CHEUNG Y K. The finite element method in structural and continuum mechanics [M]. London: McGraw-Hill, 1967.

[48] ZIENKIEWICZ O C. The finite element method [M]. London: McGraw-Hill, 1977.

[49] GOUDA INDRARATNA B N, REDANA I W, SALIM W. Achtergronden bij numerieke modellering van geotechnische constructies, deel 2. CUR 191. Stichting CUR, Predicted and observed behaviour of soft clay foundation s stabilised with vertical drains [C]. Proc. GeoEng. 2000, Melbourne.

[50] ANDERSEN K H, KLEVEN A, HEIEN D. Cyclic soil data for design of gravity structures [J]. Joumal of Geotechnical Engineering, 1988: 517-539.

[51] ANDERSEN K H. Cyclic soil parameters for offshore foundation design, volume The 3rd ISSMGE McClelland Lecture of Frontiers in Offshore Geotechnics III. Meyer. Ed [M]. Taylor & Francis Group, London, ISFOG 2015.

[52] JOSTAD H P, TORGERSRUD Ø, ENGIN H K, et al. A FE procedure for calculation of fixity of jack-up foundations with skirts using cyclic strain contour diagrams [C]. City University London, UK, 2015.

[53] BRINKGREVE R B J, KAPPERT M H, BONNIER P G. Hysteretic damping in small-strain stiffness model [C] //In Proc. 10th Int. Conf. on Comp. Methods and Advances in Geomechanics Rhodes, Greece. 2017: 737-742.